"国家级一流本科课程"配套教材系列

软件工程理论与实践

李　莉　　　　主　编
刘志光 李　琰　副主编

清華大學出版社
北京

内 容 简 介

本书是国家级一流本科课程“软件工程”指定教材。本书利用知识图谱为读者构建了软件工程理论的清晰框架，系统地介绍了软件工程的概念、原理、过程、主要方法、软件分析与设计的原则、建模工具和技术，并以实际的软件项目——“大学生在线学习系统”为案例，贯穿每章涉及的理论知识。本书除介绍经典和常用的软件工程思想与方法外，还引入了敏捷软件分析与设计、面向服务的方法、微服务以及人工智能大模型下的软件工程应用新方法和新理念。本书共10章，第1章介绍了软件工程的基本概念；第2～8章顺序介绍了软件生存周期各阶段的任务、过程、方法、工具等，并介绍软件工程新方法；第9章介绍软件项目管理；第10章通过综合实例完整展示软件工程从分析到维护的整个理论应用过程。

本书理论与实践结合，使读者能快速掌握软件工程的基础知识与项目管理技能，适合作为高等院校计算机科学与技术、软件工程等专业的教材或教学参考书，也可作为有一定经验的软件开发人员的参考用书。

图书在版编目 (CIP) 数据

软件工程理论与实践 / 李莉主编 . -- 北京 : 清华大学出版社, 2025.2. -- (“国家级一流本科课程”配套教材系列). -- ISBN 978-7-302-67938-7

Ⅰ. TP311.5

中国国家版本馆CIP数据核字第2025WU7509号

责任编辑：龙启铭　王玉梅
封面设计：刘　键
版式设计：方加青
责任校对：刘惠林
责任印制：刘海龙

出版发行：清华大学出版社
网　　址：https://www.tup.com.cn，https://www.wqxuetang.com
地　　址：北京清华大学学研大厦 A 座　　邮　　编：100084
社 总 机：010-83470000　　邮　　购：010-62786544
投稿与读者服务：010-62776969，c-service@tup.tsinghua.edu.cn
质 量 反 馈：010-62772015，zhiliang@tup.tsinghua.edu.cn
印 装 者：河北鹏润印刷有限公司
经　　销：全国新华书店
开　　本：185mm×260mm　　**印　　张：**18.25　　**字　　数：**447 千字
版　　次：2025 年 3 月第 1 版　　**印　　次：**2025 年 3 月第 1 次印刷
定　　价：59.00 元

产品编号：096866-01

前　言

软件工程是高等学校计算机科学与技术、软件工程等专业的一门重要的专业基础课程。它支撑着软件产业和信息产业的发展，为成功开发高质量软件起着重要作用。

为满足人们对软件的高需求、培养优秀的软件工程师，帮助读者更好地理解和应用软件工程的理论知识，掌握实际开发技能和开发能力，我们编写了本书，旨在利用知识图谱帮助读者全面构建软件工程的知识框架，掌握软件工程核心原理和内容，并为读者提供理论与实践相结合的方法和技术，使读者能够深入理解软件工程的各个领域，从而具备一定的开发能力。

本书的特色是将理论与案例结合，以"大学生在线学习系统"这一完整项目案例贯穿全书。本书不仅覆盖了传统软件工程的基础知识，还引入了敏捷过程、面向服务思想、微服务、人工智能等现代软件工程的新理念、新方法、新技术和新工具，旨在引导读者适应不断变化的软件行业。

本书共10章。第1章概括地介绍了软件工程的基本概念，包括软件、软件危机、软件工程及发展、软件生存周期与常用模型。第2～8章按软件生存周期的顺序，介绍了各阶段的任务、过程、方法、技术和工具，其中，第2章重点介绍了可行性分析，以及使用系统流程图和数据流图分别描绘系统的物理模型与逻辑模型；第3章介绍了需求分析与建模，包括需求分析过程、需求获取方法、结构化和面向对象的分析建模方法、工具，SOA、微服务、人工智能等新方法在需求分析中的应用；第4章和第5章是软件设计的理论，详细介绍了软件概要设计和详细设计的任务内容、原理、过程、工具、方法、原则、优化和文档，也包括面向服务、微服务、人工智能大模型等在软件设计中的应用；第6章是关于系统实现的知识，重点介绍了程序编码和风格；第7章介绍了软件测试，包括单元测试、集成测试、白盒测试、黑盒测试等测试过程和方法，以及自动化测试和人工智能下的测试；第8章介绍了软件维护，包括维护过程、策略与方法。第9章介绍了成本管理、进度管理、配置管理、风险管理、过程管理等软件项目管理的概念、原理、方法与技术。第10章为综合性实践项目案例，旨在提高读者工程实践与管理的能力。

李莉编写了本书的第3、4章和第10章的10.2节、10.3节，并负责全书的统稿；李琰编写了第1、2、5章和第10章的10.1节；刘志光编写了第6、7章和第10章的10.6节、10.7节；乔璐编写了第8、9章和第10章的10.4节、10.5节。本书在编写过程中得到了清华大学出版社的大力支持，在此表示衷心感谢。

编写过程中，编者尽可能地保持内容的客观性和实用性，强调软件工程的实践训练，希望通过真实的案例和具有启发性的问题，引导读者思考并实践软件工程的各方面。

本书适合作为高等学校计算机科学、软件工程等专业的教材或教学参考书，也可供软件开发人员参考使用。希望通过本书的学习，读者能够掌握软件工程的基本原理和技术，了解如何应用这些原理解决实际问题，以及如何以有效的方式管理软件开发过程。

本书配有教学资源，读者可从清华大学出版社网站免费下载。

由于编者水平有限，书中难免存在错误和疏漏之处，敬请广大读者批评指正。

编　者

2024年12月

目　录

软件工程概述

第 1 章
思政案例

本章主要讲述软件和软件工程的概念，软件工程的产生和发展历程，以及软件过程、软件过程模型、软件开发方法等软件工程的基本理论知识和概念。本章知识图谱如图 1.1 所示。

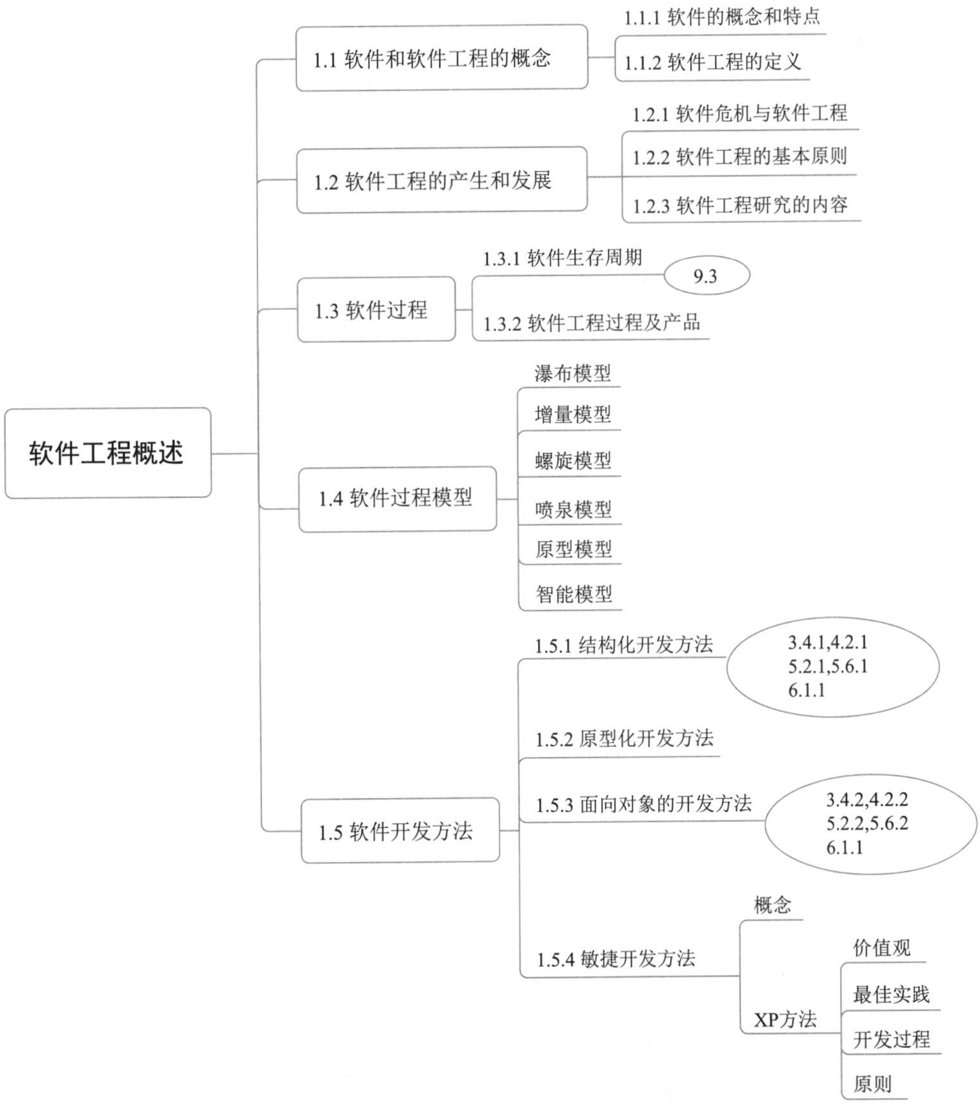

- 软件工程概述
  - 1.1 软件和软件工程的概念
    - 1.1.1 软件的概念和特点
    - 1.1.2 软件工程的定义
  - 1.2 软件工程的产生和发展
    - 1.2.1 软件危机与软件工程
    - 1.2.2 软件工程的基本原则
    - 1.2.3 软件工程研究的内容
  - 1.3 软件过程
    - 1.3.1 软件生存周期 —— 9.3
    - 1.3.2 软件工程过程及产品
  - 1.4 软件过程模型
    - 瀑布模型
    - 增量模型
    - 螺旋模型
    - 喷泉模型
    - 原型模型
    - 智能模型
  - 1.5 软件开发方法
    - 1.5.1 结构化开发方法 —— 3.4.1,4.2.1 5.2.1,5.6.1 6.1.1
    - 1.5.2 原型化开发方法
    - 1.5.3 面向对象的开发方法 —— 3.4.2,4.2.2 5.2.2,5.6.2 6.1.1
    - 1.5.4 敏捷开发方法
      - 概念
      - XP方法
        - 价值观
        - 最佳实践
        - 开发过程
        - 原则

图 1.1　软件工程概述知识图谱

1.1 软件和软件工程的概念

1.1.1 软件的概念和特点

国际标准中对软件的定义为：与计算机系统操作有关的计算机程序、规程、规则，以及可能有的文件、文档及数据。

Boehm指出：软件是程序，以及开发、使用和维护程序所需的所有文档。它是由应用程序、系统程序、面向用户的文档及面向开发者的文档四部分构成的。

一般认为，“软件就是程序，开发软件就是编写程序”，这是一个错误观点，这种错误观点的长期存在也影响了软件工程的正常发展。

软件定义、特点，软件危机

软件的特点如下：

（1）软件是一种逻辑实体，不是具体的物理实体。

（2）软件产品的生产主要是研制过程。

（3）软件具有“复杂性”，其开发和运行常受到计算机系统的限制。

（4）软件成本昂贵，其开发方式目前尚未完全摆脱手工生产方式。

（5）软件虽然不存在磨损和老化问题，但存在退化问题。

图1.2所示为硬件失效率的U形曲线（浴盆曲线），说明硬件随着使用时间的增加，失效率急剧上升。

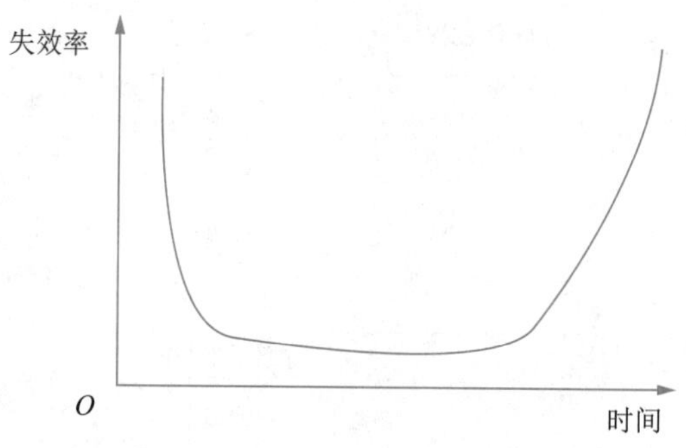

图1.2 硬件失效率的U形曲线

图1.3所示为软件失效率曲线，它没有U形曲线的右半翼，表明软件随着使用时间的增加，失效率降低；虽然软件不存在磨损和老化问题，但存在退化问题。

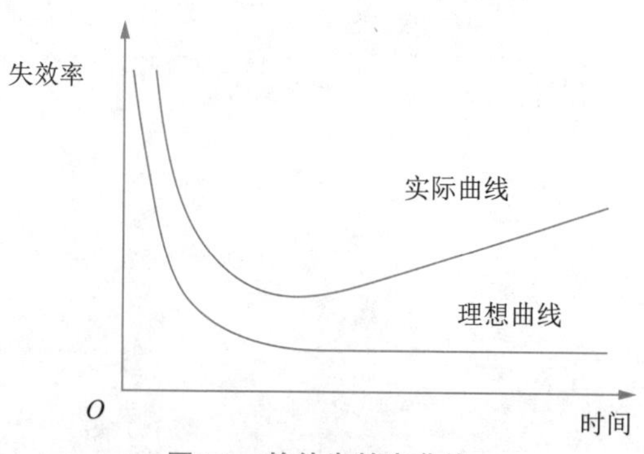

图1.3 软件失效率曲线

1.1.2 软件工程的定义

软件工程（software engineering）是在克服20世纪60年代末国际上出现的“软件危机”的过程中逐渐形成与发展的。自在1968年北大西洋公约组织（North Atlantic Treaty Organization，NATO）所举行的软件可靠性学术会议上为克服软件危机，正式提出“软件工程”的概念（借鉴工程化的方法来开发软件）以来，软件工程一直以来都缺乏统一的定义，很多学者、组织机构都分别给出了自己认可的定义。

例如，1983年，IEEE（国际电气与电子工程师协会）所下的定义是：软件工程是开发、运行、维护和修复软件的系统方法。1990年，IEEE又将定义更改为：将系统的、规范的、可度量的方法应用于软件的开发、运行和维护，即将工程应用于软件，并研究以上实现的途径。

ISO 9000对软件工程过程的定义是：软件工程过程是输入转换为输出的一组彼此相关的资源和活动。

软件工程定义、软件工程过程方法

Boehm则将软件工程定义为：运用现代科学技术知识来设计并构造计算机程序及为开发、运行和维护这些程序所必需的相关文件资料。

对于软件工程的各种各样的定义，它们的基本思想都是强调在软件开发过程中应用工程化原则的重要性。

从软件工程的定义可见，软件工程是一门指导计算机软件开发和维护的工程学科，它以计算机理论及其他相关学科的理论为指导，采用工程化的概念、原理、技术和方法进行软件的开发和维护，把经实践证明的科学的管理措施与最先进的技术方法结合起来。即软件工程研究的目标是“以较少的投资获取高质量的软件”。

软件工程涉及计算机科学、管理学、数学等多个学科，其研究范围广，不仅包括软件系统的开发方法和技术、管理技术，还包括软件工具、环境及软件开发的规范。

软件是信息化的核心。国民经济、国防建设、社会发展及人民生活都离不开软件。软件产业关系到国家经济发展和文化安全，体现了一个国家的综合实力，是决定21世纪国际竞争地位的战略性产业。尤其是随着互联网技术的迅速发展，软件工程对促进信息产业发展和信息化建设的作用凸显。

因此，大力推广应用软件工程的开发技术及管理技术，提高软件工程的应用水平，对促进我国软件产业与国际接轨，推动软件产业的迅速发展起着十分重要的作用。

1.2 软件工程的产生和发展

1.2.1 软件危机与软件工程

1. 软件危机

20世纪60年代末期，随着软件的规模越来越大，复杂度不断提高，软件需求量也不断增大，而当时生产作坊式的软件开发模式及技术已不能满足软件发展的需要。

软件开发过程是一种高密集度的脑力劳动，需要投入大量的人力、物力和财力；由于软件开发的模式及技术不能适应软件发展的需要，大量质量低劣的软件产品涌向市场，有的甚至在开发过程中就夭折了。国外在开发一些大型软件系统时，遇到了许多困难，有的系统最终彻底失败了；有的系统则比原计划推迟了好多年，而费用大大超过了预算；有的系统功能不符合用户的需求，也无法进行修改维护。典型的例子如下：

IBM公司的OS/360，共约100万条指令，花费了5000个人年，经费达数亿美元，而结果却令人沮丧，错误多达2000个及以上，系统根本无法正常运行。OS/360系统的负责人Brooks这样描述开发过程的困难和混乱："像巨兽在泥潭中做垂死挣扎，挣扎得越猛，泥浆就沾得越多，最后没有一个野兽能够摆脱淹没在泥潭中的命运……"

1967年，苏联"联盟一号"载人宇宙飞船返航时打不开降落伞（由于其软件忽略了一个小数点的错误），当进入大气层时因摩擦力太大而被烧毁，造成机毁人亡的巨大损失。

还有，可以称为20世纪世界上最精心设计，并花费了巨额投资的美国阿波罗登月飞行计划的软件，也仍然没有避免出错。例如，阿波罗8号太空飞船由于计算机软件的一个错误，丢失了存储器的一部分信息；阿波罗14号在飞行的10天中，出现了18个软件错误。

2. 软件危机的表现

软件危机，反映在软件可靠性没有保障、软件维护工作量大、费用不断上升、进度无法预测、成本增长无法控制、程序人员无限度地增加等各方面，以至于形成人们难以控制软件开发的局面。

软件危机主要表现在三方面：

（1）软件生产效率低，不能满足需要。

（2）软件设计的进度无法控制。

（3）开发费用经常超出预算。

3. 软件工程的概念形成

软件危机所造成的严重后果已使世界各国的软件产业危机四伏，面临崩溃，克服软件危机刻不容缓。

自软件可靠性学术会议举行以来，世界各国的软件工作者为克服软件危机进行了许多开创性的工作，在软件工程的理论研究和工程实践两方面都取得了长足进步，缓解了软件危机。但距离实现彻底克服软件危机这个软件工程的最终目标，任重道远，还需要软件工作者付出长期且艰苦的努力。

从"软件工程"的概念提出至今，软件工程的发展已经历了四个重要阶段：

（1）第一代软件工程阶段。20世纪60年代末出现的"软件危机"，其表现为软件生产效率低，大量质量低劣的软件涌入市场，甚至在软件开发过程中夭折，使软件产业濒临瘫痪。

为克服"软件危机"，在软件可靠性学术会议上第一次提出了"软件工程"这一术语，这标志着将软件开发纳入了工程化的轨道，基本形成了软件工程的概念、框架、技术和方法。这一阶段又称为传统的软件工程阶段。

（2）第二代软件工程阶段。20世纪80年代中期，以Smalltalk为代表的面向对象的程序设计语言相继推出，面向对象的方法与技术得到发展；从20世纪90年代起，研究的重点从程序设计语言逐渐转移到面向对象的分析与设计，进而演化为一种完整的软件开发方法和系统的技术体系。20世纪90年代以来，出现了许多面向对象的开发方法的流派，面向对象的方法逐渐成为软件开发的主流方法。所以这一阶段又称为对象工程阶段。

（3）第三代软件工程阶段。随着软件规模和复杂度的不断增大，开发人员也随之增多，开发周期也相应延长，加之软件是知识密集型的逻辑思维产品，这些都增加了软件工程管理的难度。从20世纪80年代中期开始，人们在软件开发的实践过程中认识到：提高软件生产效率并保证软件质量的关键是对“软件过程”的控制和管理能力，即对软件开发和维护的管理和支持能力。这一阶段，对软件项目管理的计划、组织、成本估算、质量保证、软件配置管理等技术与策略相继提出，并逐步形成了软件过程工程。

（4）第四代软件工程阶段。20世纪90年代至今，基于组件的开发方法取得重要进展，软件系统的开发可通过使用现存的可重用组件组装完成，而无须从头开始构造，以此达到提高效率和质量、降低成本的目的。软件重用技术及组件技术的发展，为克服软件危机提供了一条有效途径，这一阶段称为组件工程阶段。

1.2.2 软件工程的基本原则

软件工程的基本原则是随着软件工程的发展而变化的。过去软件工程的基本原则是抽象、模块化、清晰的结构、精确的设计规格说明。但今天软件工程的基本原则已经发生了很大的变化，具体如下：

（1）必须认识软件需求的变动性，以便采取适当措施来保证产品能最好地满足用户要求。在软件设计中，通常要考虑模块化、抽象与信息隐蔽、局部化、一致性等原则。

（2）稳妥的设计方法将大大方便软件开发，以实现软件工程的目标。软件工具与环境对软件设计的支持来说，颇为重要。

（3）软件工程项目的质量与经济开销取决于对它所提出的支撑质量与效用。

（4）只有在强调对软件过程进行有效管理的情况下，才能实现有效的软件工程。

1.2.3 软件工程研究的内容

软件工程涉及的学科多，研究的范围广。归结起来软件工程研究的主要内容有以下几方面。

（1）软件开发方法，主要讨论软件开发的各种方法及其工作模型，它包括多方面的任务，如软件系统需求分析、总体设计，以及构建良好的软件结构、数据结构及算法设计等，同时也包括具体实现的技术。

（2）软件工具可为软件工程方法提供支持，应研究计算机辅助软件工程（computer aided software engineering，CASE），建立软件工程环境。

（3）软件工程管理，是指对软件工程全过程的控制和管理，包括计划安排、成本估算、项目管理、软件质量管理等。

（4）软件工程标准化与规范化，使得各项工作有章可循，以保证软件生产效率和软件质量的提高。软件工程标准可分为4个层次：国际标准、行业标准、企业规范和项目规范。

此外，按照美国电子与电气工程师协会计算机学会（Institute of Electrical and Electronics Engineers-Computer Society，IEEE-CS）于2015年发布的软件工程知识体系定

义的软件工程学科的内涵，软件工程研究的内容由17个知识域构成。

（1）软件需求。软件需求涉及需求抽取、需求分析、建立需求规格说明和确认等活动，还涉及建模、经济与时间可行性分析。

（2）软件设计。设计是软件工程最核心的内容。其主要活动有软件概要设计、软件详细设计，涉及软件体系结构、组件、接口，以及系统或组件的其他特征，还涉及软件设计质量分析和评估、软件设计的符号、软件设计策略和方法等。

（3）软件构造。软件构造指通过编码、单元测试、集成测试、调试、确认等活动，生成可用的、符合设计功能的软件，并要求控制和降低程序复杂性。

（4）软件测试。测试是软件生存周期的重要部分，涉及测试的标准、测试技术、测试度量和测试过程。

（5）软件维护。软件产品交付后，需要改正软件的缺陷，提高软件性能，使软件产品适应新的环境。软件维护是软件进化的继续。基于服务的软件维护越来越受到重视。

（6）软件配置管理。为了系统地控制配置变更，维护整个系统生存周期中配置的一致性和可追踪性，必须按时间管理软件的不同配置，包括配置管理过程的管理、软件配置鉴别、配置管理控制、配置管理状态记录、配置管理审计、软件发布和交付管理等。

（7）软件工程管理。软件工程管理指运用管理活动，如计划、协调、度量、监控、控制和报告，确保软件开发和维护是系统的、规范的、可度量的。它涉及基础设施管理、项目管理、度量和控制计划三个层次。

（8）软件工程模型与方法。软件工程模型与方法所涉及的内容广泛，既关注软件生存周期的特定阶段，也涵盖整个软件生存周期。

（9）软件工程过程。软件工程过程关注软件过程的定义、实现、评估、测量、管理、变更、改进，以及过程和产品的度量。

（10）软件质量。软件质量被定义为“软件产品满足明确的和在特定条件下隐含需求的能力”，或被定义为“软件产品满足约定需求的程度”。

（11）软件工程经济学。软件工程经济学主要研究软件和软件工程经济效果。它以软件或软件载体作为研究对象，以追求投入产出效益为目标，通过测算项目全生存周期的投入与产出，衡量实现软件产品、信息服务及作业预定需求之各类资源的使用效率，以提高软件工程经济效益。软件工程经济学知识领域包括软件工程经济学基础，软件生存周期的投入与产出，评估模型、方法与参数，风险与不确定性和实践考量五方面。

（12）软件服务工程。软件服务工程知识领域包括服务的体系结构设计、软件服务使用技能、服务业分析、服务管理和服务应用实践五方面。

（13）软件工程典型应用。软件工程典型应用包括网络软件及应用、企业信息系统与数据分析、电子商务与互联网金融、信息安全与安全软件、嵌入式软件与应用、多媒体与游戏软件、中文信息处理系统和典型行业相关软件八方面。

（14）软件工程职业实践。软件工程职业实践包括职业技能、团队动力与心理学、沟通技巧、企业（组织）软件开发与管理实践和软件生存周期项目开发实践五方面。

（15）计算基础。计算基础知识领域涵盖软件运行所涉及的开发与操作环境。计算基础知识领域所涉及的课程包括编程、数据结构、算法、计算机组成、操作系统、编译器、数据库、网络、分布式系统等。

（16）工程基础。IEEE对工程的定义为：应用系统的、有规律的、可度量的方法，构建结构、机器、产品、系统或过程。随着软件工程理论与实践的日益成熟，软件工程逐渐成为基于知识和技能的工程学科的重要成员。

（17）数学基础。数学基础知识能够帮助软件工程师理解程序中的逻辑流程，并将整个流程转换成能够正确运行的程序代码。数学可以理解为形式化系统。形式化必须是精确的，也就是说，对于一个事实，数学不能有任何模棱两可或者错误的解释。数学是对物理对象的普遍规律的抽象。这些物理对象可以是数字、符号、图像、声音、视频等。

必须要强调的是，随着人们对软件系统研究的逐渐深入，软件工程所研究的内容也在不断更新和发展。

1.3 软件过程

软件工程是在软件生产中采用工程化的方法，并采用一系列科学的、现代化的方法和技术来开发软件的。这种工程化的思想贯穿软件开发和维护的全过程。

为了进一步学习有关软件工程的方法和技术，首先介绍软件生存周期及软件工程过程等重要概念。

1.3.1 软件生存周期

软件生存周期，又称软件生命周期，是指一个从用户需求开始，经过开发、交付使用，在使用中不断地增补修订，直至软件报废的全过程。

软件生存周期分为以下阶段：

（1）可行性研究和项目开发计划。该阶段必须要回答的问题是“软件系统要解决的问题是什么”。

（2）需求分析。该阶段的主要任务是，通过分析准确地确定“软件系统必须做什么”，即软件系统必须具备哪些功能。

（3）概要设计。概要设计也称总体设计。该阶段的主要任务是确定软件体系结构、划分子系统模块及确定模块之间的关系，并确定系统的数据结构和进行界面设计。

（4）详细设计。该阶段的主要任务是对每个模块完成的功能、算法进行具体描述，并把功能描述变为精确的、结构化的过程描述。

（5）软件构造。该阶段的主要任务是把每个模块的控制结构转换成计算机可接受的程序代码，即编写以某特定程序设计语言表示的“源代码”。

（6）测试。测试是保证软件质量的重要手段，其主要方式是在设计测试用例的基础上检验软件的各个组成部分。测试分为模块测试、组装测试、确认测试等。

（7）维护。软件维护是软件生存周期中时间最长的阶段。已交付的软件投入正式使用后，便进入软件维护阶段，它可以持续几年甚至几十年。

特别要指出的是：实际的软件开发过程，是一个充满迭代和反复的过程，上述阶段（1）到（6），通常会相互重叠，反复进行，才可能完成软件的开发。

1.3.2 软件工程过程及产品

软件工程过程是指在软件工具的支持下，所进行的一系列软件工程活动。通常包括以下4类基本过程：

（1）软件规格说明。规定软件的功能及其运行环境。

（2）软件开发。产生满足规格说明的软件。

（3）软件确认。确认软件能够完成客户提出的要求。

（4）软件演进。为满足客户的变更要求，软件必须在使用的过程中演进。

软件工程过程具有可理解性、可见性（过程的进展和结果可见）、可靠性、可支持性（易于使用CASE工具支持）、可维护性、可接受性（为软件工程师接受）、开发效率和健壮性（抵御外部意外错误的能力）等特性。

软件工程有方法、工具和过程三个要素。软件工程方法研究软件开发“如何做”；软件工程工具是研究支撑软件开发方法的工具，为方法的运用提供自动或者半自动的支撑环境。软件工程工具的集成环境，又称为计算机辅助软件工程；软件工程过程则是指将软件工程方法与软件工程工具相结合，达到合理、及时地进行软件开发的目的，为开发高质量软件规定各项任务的工作步骤。如图1.4所示，在软件工程的三要素中，软件工程过程将人员、方法与规范、工具和管理有机结合，形成一个能有效控制软件开发质量的运行机制。

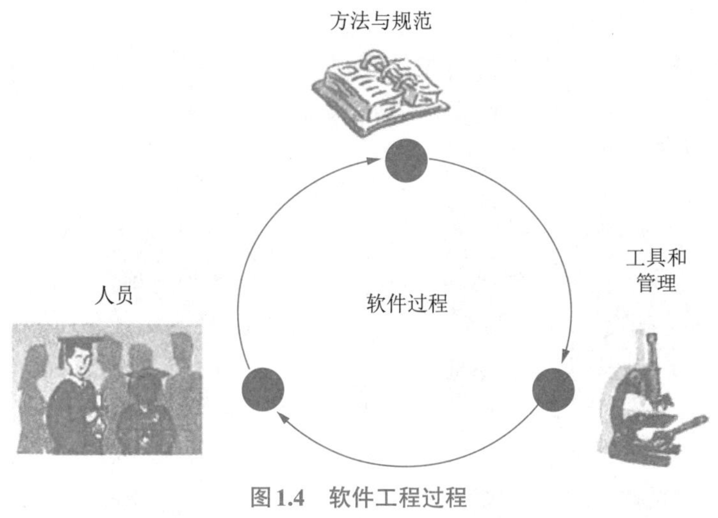

图1.4 软件工程过程

1.4 软件过程模型

软件过程模型也称为软件生存周期模型或软件开发模型，是描述软件过程中各种活动如何执行的模型。它确立了软件开发和演绎中各阶段的次序限制以及各阶段活动的准则，并确立了开发过程所遵守的规定和限制，便于各种活动的协调以及各种人员的有效通信，有利于活动重用和活动管理。为了描述软件生存周期的活动，人们提出了多种生存周期模型，如瀑布模型、增量模型、螺旋模型、喷泉模型、原型模型、智能模型等。

1.4.1 瀑布模型

瀑布模型是经典的软件开发模型，是1970年由Royce提出的最早的软件开发模型。如图1.5所示，瀑布模型将软件开发活动中的各个活动规定为依线性顺序连接的若干阶段，形如瀑布流水，最终得到软件系统或软件产品。换句话说，它将软件开发过程划分成若干互相区别而又彼此联系的阶段，每个阶段中的工作都以上一阶段工作的结果为依据，同时作为下一阶段的工作基础。每个阶段的任务完成之后，产生相应的文档。该模型适合需求很明确的软件项目开发。

图1.5 瀑布模型

瀑布模型

在软件工程的第一阶段，瀑布模型得到了广泛的应用。它简单易用，在消除非结构化软件，降低软件的复杂性，促进软件开发工程化方面起了很大的作用，但在软件开发实践中也逐渐暴露出缺点。由于瀑布模型是一种理想的线性开发模式，它将一个充满回溯的软件开发过程硬性分割为几个阶段，无法解决软件需求不明确或者变动的问题。这些缺点给软件开发带来了严重影响，例如，需求不明确会导致开发的软件不符合用户的需求而夭折。

1.4.2 增量模型

增量模型是一种非整体开发的模型。根据增量的方式和形式的不同，增量模型分为基于瀑布模型的渐增模型和基于原型模型的快速原型模型。一般的增量模型如图1.6所示。该模型具有较大的灵活性，适合软件需求不明确、设计方案有一定风险的软件项目。

增量模型

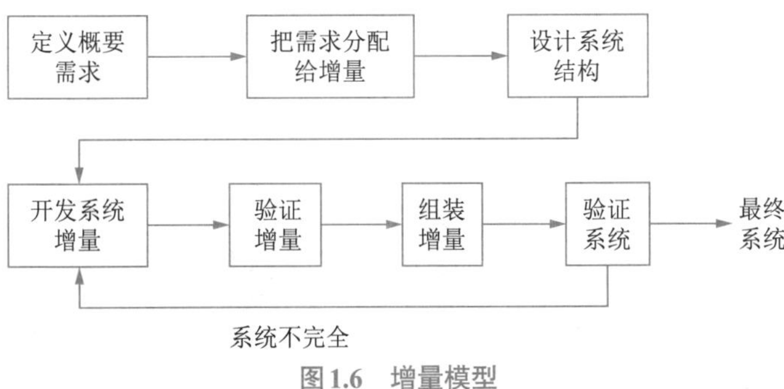

图1.6 增量模型

增量模型和瀑布模型之间的本质区别是：瀑布模型属于整体开发模型，它规定在开始下一阶段的工作之前，必须完成前一阶段的所有细节；增量模型属于非整体开发模型，它推迟某些阶段或所有阶段中的细节，从而较早地产生工作软件。

1.4.3 螺旋模型

对于大型软件，只开发一个原型往往达不到要求。螺旋模型将瀑布模型和增量模型结合起来，并加入了风险分析。它是由TRW公司的Boehm于1988年提出的。该模型将开发过程划分为制订计划、风险分析、实施工程和客户评估4类活动。螺旋模型如图1.7所示，沿着螺旋线每转一圈，表示开发出一个更完善的新的软件版本。如果开发风险过大，开发机构和客户无法接受，项目有可能就此中止；多数情况下，会沿着螺旋线继续下去，自内向外逐步延伸，最终得到满意的软件产品。

螺旋模型

螺旋模型将开发过程分为几个螺旋周期，每个螺旋周期可分为4个工作步骤：

（1）制订计划：这个阶段的主要工作是确定开发目标、提出相关可供选择的方案和限制条件。

（2）风险分析：这个阶段根据前一阶段所提出的相关备选方案进行评估、标识各种方案的风险和应对风险的可行措施。

（3）实施工程：在实施工程阶段，通过不同迭代周期的工作，逐步完成软件产品的开发与验证工作，并进行产品确认。

（4）客户评估：作为每个周期的最后一个工作步骤，本阶段主要达成其前序3个阶段的里程碑，并进行相关评估，为下一阶段工作提供依据和计划。

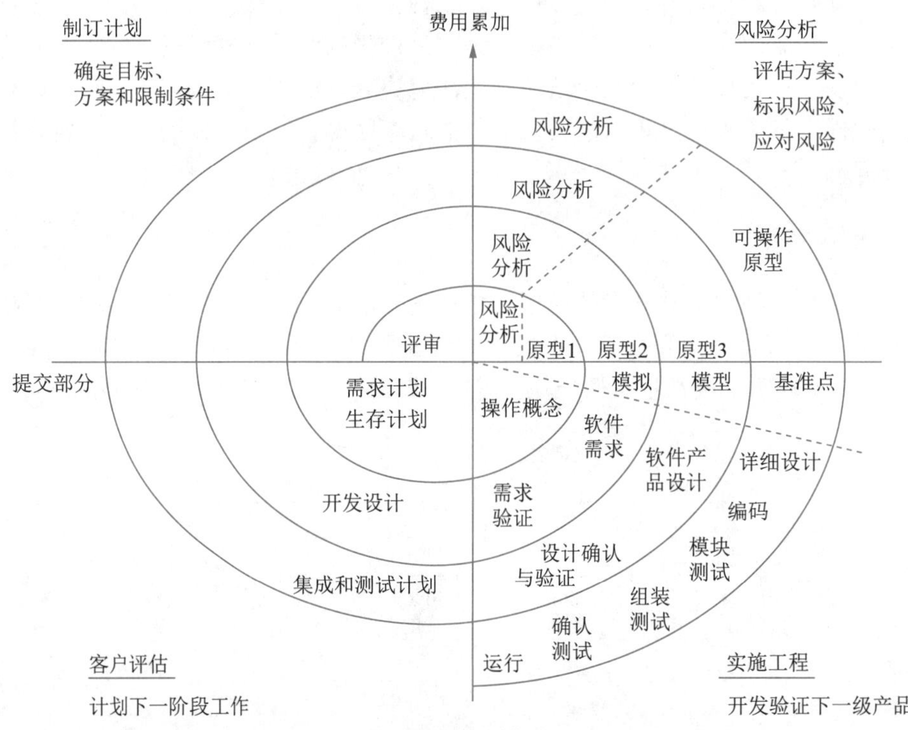

图1.7 螺旋模型

1.4.4 喷泉模型

喷泉模型是由B.H.Sollers和J.M.Edwards于1990年提出的一种新的开发模型，主要用于采用对象技术的软件开发项目。它克服了瀑布模型不支持软件重用和多项开发活动集成的局限性。喷泉模型使开发过程具有迭代性和无间隙性。软件的某个部分常常被重复工作多次，相关对象在每次迭代中随之加入渐进的软件成分，即迭代的特性；而分析和设计活动等各个活动之间没有明显的边界，即无间隙的特性。

喷泉模型以面向对象的开发方法为基础，以用户需求作为喷泉模型的源泉。如图1.8所示，喷泉模型有如下特点：

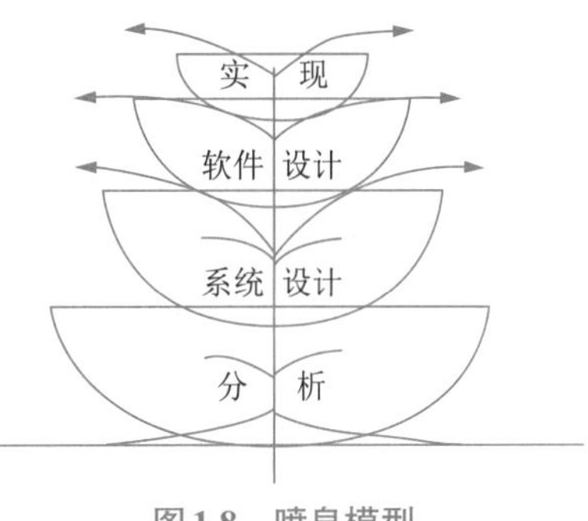

图1.8 喷泉模型

（1）喷泉模型规定软件开发过程有4个阶段，即分析、系统设计、软件设计和实现。

（2）喷泉模型的各阶段相互重叠，反映了软件过程并行性的特点。

（3）喷泉模型以分析为基础，资源消耗成塔形，在分析阶段消耗的资源最多。

（4）喷泉模型反映了软件过程迭代性的自然特性，从高层返回低层无资源消耗。

（5）喷泉模型强调增量开发，依据“分析一点，设计一点”的原则，并不要求一个阶段的彻底完成，整个过程是一个迭代的逐步提炼的过程。

（6）喷泉模型是对象驱动的过程，对象是所有活动作用的实体，也是项目管理的基本内容。

（7）喷泉模型在实现时，由于活动不同，可分为系统实现和对象实现，这既反映了全系统的开发过程，也反映了对象族的开发和重用过程。

1.4.5 原型模型

原型是软件开发过程中，软件的一个早期可运行的版本，它反映了软件系统的部分重要特性。原型模型反映了快速建立软件原型的过程。如图1.9所示，它是一个循环的模型，通常分为以下4步。

原型模型

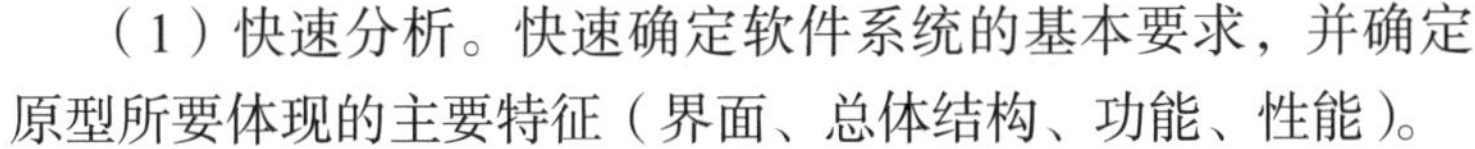

（1）快速分析。快速确定软件系统的基本要求，并确定原型所要体现的主要特征（界面、总体结构、功能、性能）。

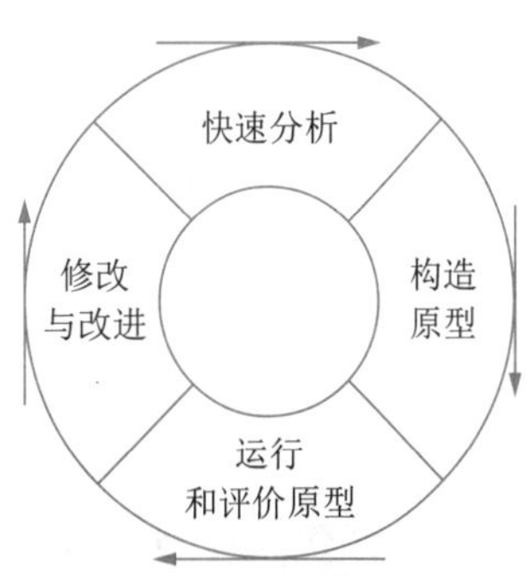

图1.9 快速原型模型

（2）构造原型。在快速分析的基础上，根据系统的基本规格说明，忽略细节，只考虑主要特征，快速构造一个可运行的系统。

（3）运行和评价原型。用户试用原型并与开发者之间频繁交流，发现问题，目的是验证原型的正确性。

（4）修改与改进。根据所发现的问题，对原型进行修改、增删和完善。

这4步按箭头顺序反复执行，直到用户对生成的原型评价满意为止。

1.4.6 智能模型

智能模型也称为基于知识的软件开发模型，是知识工程与软件工程在开发模型上结合的产物，是以瀑布模型与专家系统的综合应用为基础建立的模型。该模型通过应用系统的知识和规则帮助设计者认识一个特定的软件的需求与设计，这些专家系统已成为开发过程的伙伴，并指导开发过程。

从图1.10中可以清楚地看到，智能模型与其他模型不同，它的维护并不在程序一级上进行，这样就把问题的复杂性大大降低了。

智能模型的主要优点如下：

（1）通过领域的专家系统，可使需求说明更加完整、准确和无二义性。

（2）通过软件工程的专家系统，提供一个设计库支持，在开发过程中成为设计者的助手。

（3）通过软件工程知识和特定应用领域的知识与规则的应用来提供开发的帮助。

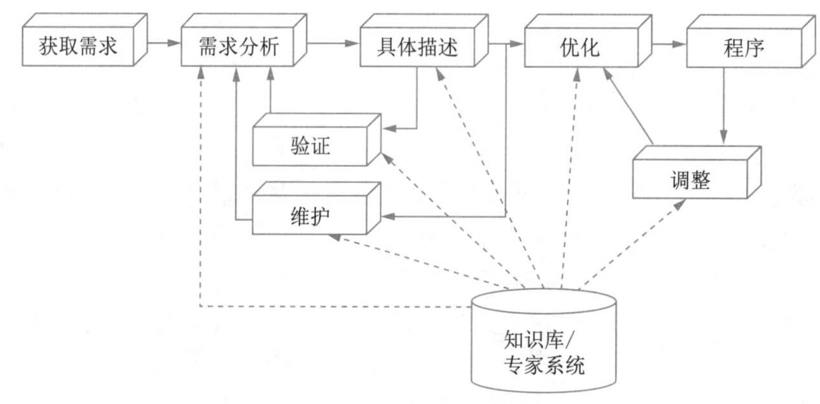

图1.10 智能模型

但是，要建立适合软件设计的专家系统，或建立一个既适合软件工程又适合应用领域的知识库都是非常困难的。目前，在软件开发中正在应用AI技术，并已取得了局部进展；例如在CASE工具系统中使用专家系统，又如使用专家系统实现测试自动化。

1.5 软件开发方法

为了克服软件危机，从20世纪60年代末开始，各国的软件工作者一直在进行软件开发方法的研究与实践，并取得了一系列研究成果，对软件产业的发展起着不可估量的作用。

软件工程的内容包括技术和管理两方面，且二者紧密结合。通常把在软件生存周期中所使用的一整套技术的集合称为方法学或范型。

软件开发方法是一种使用早已定义好的技术集及符号表示习惯来组织软件生产过程的方法。该方法一般表述成一系列的步骤，每一个步骤都与相应的技术和符号相关。其目标是要在规定的投资和时间内，开发出符合用户需求的、高质量的软件，为此需要成功的开发方法。

软件开发方法可分为两大类：面向过程的开发方法和面向对象的开发方法。本节将对结构化开发方法、原型化开发方法、面向对象的开发方法及敏捷开发方法进行介绍。

1.5.1 结构化开发方法

结构化开发方法是一种面向数据流的开发方法，它的指导思想是“自顶向下、逐步求精”。它的基本原则是功能的分解与抽象。该方法提出了一组提高软件结构合理性的准则，如分解和抽象、模块的独立性、信息隐蔽等。它是现有的软件开发方法中最成熟、应用最广泛的方法。该方法的主要特点是快速、自然和方便。

结构化开发方法由三部分构成，按照推出的先后次序有：20世纪70年代初期推出的结构化程序设计方法——SP（structured programming）方法；20世纪70年代中期推出的结构化设计方法——SD（structured design）方法；20世纪70年代末期推出的结构化分析方法——SA（structured analysis）方法。SA方法、SD方法、SP方法相互衔接，形成了一整套开发方法。若将SA方法和SD方法结合起来，又称为结构化分析与设计技术（structured analysis and design technique，SADT）。

结构化开发方法的工作模型——瀑布模型，从20世纪80年代开始，逐渐被发现其不足：软件开发过程是个充满回溯的过程，而瀑布模型却将其硬性分割为独立的几个阶段，不能从本质上反映软件开发过程本身的规律。此外，过分强调复审，并不能完全避免较为频繁的变动。尽管如此，瀑布模型仍然是早期开发软件产品的一个行之有效的工程模型。

1.5.2 原型化开发方法

原型反映了最终系统的部分重要特性。原型化开发方法的基本思想是，花费少量代价建立一个可运行的系统，使用户及早获得学习的机会。原型化开发方法又称快速原型法，强调的是软件开发人员与用户的不断交互，通过原型的演进不断适应用户任务改变的需求，将维护和修改阶段的工作尽早进行，用户可提前验收，从而使软件产品更加适用。原型化开发方法又分为两类：

1. 快速建立需求规格原型（RSP方法）

RSP（rapid specification prototyping）方法所建立的原型反映了系统的主要特征，所建立的原型是需求说明书，以让用户及早进行学习，不断对需求进行改进和完善，获得更加精确的需求说明书；需求说明书一旦确定原型即被废弃，后续的工作仍按照瀑布模型开发，所以也称为废弃型。

2. 快速建立渐进原型（RCP方法）

RCP（rapid cyclic prototyping）方法采用循环渐进的开发方式，对系统模型做连续精化，将系统需要具备的性质逐步添加上去，直至所有性质全部满足。此时的原型模型也就是最终的产品，所以也称为追加型。

原型化开发方法适合开发探索型、实验型与进化型一类的软件系统。原型化开发方法的工作流程如图1.11所示，它是一个多次循环的过程。

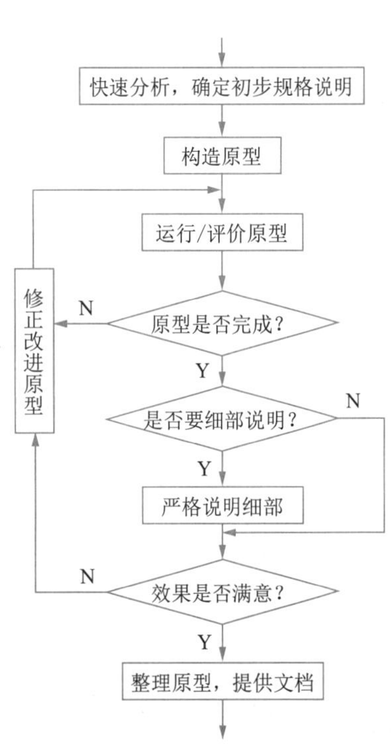

图1.11 原型化开发方法的工作流程

实际的软件开发通常不可能一次成功，而是一个充满反复和迭代的过程。原型化开发方法的思想符合实际的软件开发过程。

通常有三类原型：用户界面原型、功能原型和性能原型。

1.5.3 面向对象的开发方法

面向对象的开发方法是20世纪80年代推出的一种全新的软件开发方法，非常实用且强有力，被誉为20世纪90年代软件的核心技术之一。

其基本思想是：对问题领域进行自然的分割，以更接近人类通常思维的方式建立问题领域的模型，以便对客观的信息实体进行结构和行为的模拟，从而使设计的软件更直接地表现问题的求解过程。

面向对象的方法

Coad和Yourdon给出一个面向对象的定义：

面向对象=对象+类+继承+消息

如果一个软件系统是按照这四个概念来设计和实现的，则可以认为这个软件系统是面向对象的。一个面向对象的软件的每一个组成部分都是对象，计算是通过对象和对象之间的通信来执行的。

1.5.3.1 面向对象的基本概念

面向对象的开发方法以对象作为最基本的元素，是分析和解决问题的核心。对象与类是讨论面向对象方法的最基本、最重要的概念。

1.对象

对象是对客观事物或概念的抽象表述，对象不仅能表示具体的实体，也能表示抽象的规则、计划或事件。通常有以下一些对象类型。

（1）有形的实体。在现实世界中的实体都是对象，如飞机、车辆、机器、桌子、房子等。

（2）作用。作用指人或组织，如教师、学生、医生、政府机关、公司、部门等所起的作用。

（3）事件。事件指在某个特定时间内所发生的事，如学习、演出、开会、办公、事故等。

（4）性能说明。如对产品的性能指标的说明。例如，计算机主板的速度、型号、性能说明等。

每个对象都存在一定的状态、内部标识。可以给对象定义一组操作，对象通过其运算所展示的特定行为称为对象行为；对象本身的性质称为属性；对象将它自身的属性及运算“包装起来”，称为封装。因此，对象是一个封装数据属性和操作行为的实体。数据描述了对象的状态，操作可操纵私有数据，改变对象的状态。当其他对象向该对象发出消息，该对象响应时，其操作才得以实现。在对象内的操作通常称为方法。

2.类

类又称对象类，是一组具有相同数据结构和相同操作的对象的集合。类是对象的模板。在一个类中，每个对象都是类的实例，它们都可以使用类中提供的函数。例如，小轿车是一个类，红旗牌小轿车、东风牌小轿车都是它的一个对象。类具有属性，用数据结构来描述类的属性：类具有操作，它是对象行为的抽象，用操作名和实现该操作的方法，即操作实现的过程来描述。

由于对象是类的实例，在进行系统分析和设计时，通常把注意力集中在类上，而不是具体的对象上。

3. 继承

继承以现存的定义作为基础，建立新定义的技术，是父类和子类之间共享数据结构和方法的机制。如图1.12所示，继承性通常表示父类与子类的关系。子类的公共属性和操作归属于父类，并为每个子类共享，子类继承了父类的特性。

现存类定义父类(一般类) ==继承==> 新类定义子类(特殊类)

图1.12 继承性

继承性
- 单重继承：一个子类只有一个父类，即子类只继承一个父类的数据结构和方法
- 多重继承：一个子类可有多个父类，继承多个父类的数据结构和方法

通过继承关系还可以构成层次关系。单重继承构成的类之间的层次关系是一棵树，多重继承构成的类之间的关系是一个网格（如果将所有无子类的类，都看成还有一个公共子类的话）。继承关系是可传递的。

4. 消息

消息是指对象之间在交互中所传送的通信信息。一个消息应该包含以下信息：消息名、接收消息对象的标识、服务标识、消息和方法、输入信息、回答信息等。消息使对象之间互相联系，协同工作，实现系统的各种服务。

通常一个对象向另一个对象发送信息请求某项服务，接收对象响应该消息，激发所要求的服务操作，并将操作结果返回给请求服务的对象，这种通信机制称为消息传递。发送消息的对象不需要知道接收消息的对象如何对请求予以响应。

1.5.3.2 面向对象开发的组成

OOSD由OOA（object oriented analysis，面向对象的分析）、OOD（object oriented design，面向对象的设计）和OOP（object oriented programming，面向对象的程序设计）三部分组成。下面介绍OOA法和OOD法。

1. OOA法

OOA就是要解决“做什么”的问题。它的基本任务就是要建立以下三种模型。

（1）对象模型（信息模型）：定义构成系统的类和对象，以及它们的属性与操作。

（2）状态模型（动态模型）：描述任何时刻对象的联系及其联系的改变，即时序。常用状态图、事件追踪图描述。

（3）处理模型（函数模型）：描述系统内部数据的传送处理。

显然，在以上三种模型中，最重要的是对象模型。

2. OOD法

在需求分析的基础上，进一步解决“如何做”的问题。OOD法也分为概要设计和详细设计。

其中面向对象的分析（OOA）与面向对象的设计（OOD）是面向对象开发方法的关键。

由于面向对象的方法以对象为核心，强调模拟现实世界中的概念而不是算法，尽量用符合人类认识世界的思维方式来渐进地分析、解决问题，对软件开发过程所有阶段进行综合考虑，能有效地降低软件开发的复杂度，使软件的易重用性和易扩充性都得到了提高，而且能更好地适应需求的变化，提高软件质量。

1.5.4　敏捷开发方法

1.5.4.1　敏捷软件开发的基本概念

敏捷开发模型

敏捷软件开发又称敏捷开发，以用户的需求进化为核心，采用迭代、循序渐进的方法进行软件开发。20世纪90年代，软件危机得到一定程度的缓解，但随着软件项目规模和复杂度的增加，需求常常发生变化，时有软件不能如期交付的情况发生。为了按时交付软件，开发人员只好经常加班加点赶进度，而大量的文档资料也加重了他们的负担。

激烈的市场竞争也要求推出快速、高质量开发软件的方法，因此敏捷软件开发方法便应运而生。2001年2月，部分软件工作者在美国犹他州成立了“敏捷软件开发（Agile software development）联盟”，简称Agile联盟，发表了敏捷软件开发宣言，表述了与会者对软件开发的核心价值观。

（1）人和交互胜过过程和工具。

（2）可运行的软件胜过面面俱到的文档。

（3）与客户协作胜过合同谈判。

（4）对变更及时处理胜过遵循计划。

可以看出，敏捷软件开发更强调与客户的协作、人与人之间的交互与团队的协作，更重视不断向用户提交可运行的软件，而不把过多的精力放在编写详尽的文档上。尤其强调对软件需求变化的快速应变能力。基于这些价值观，敏捷软件开发必须遵守的12条原则如下。

（1）最重要的是要尽早和不断提交有价值的软件以满足客户需求。

（2）欢迎需求的变化，即使是在开发的后期，敏捷过程也能利用变化为客户提升竞争优势。

（3）经常提交可运行的软件，时间间隔（几周或几个月）越短越好。

（4）在整个项目过程中，业务人员和开发人员必须每天在一起工作。

（5）围绕有工作激情的人建立项目组，给予他们所需的环境和支持，并对他们能够完成任务予以充分信任。

（6）项目组内最有效、效率最高的信息传递方式是面对面的交流。

（7）可运行的软件是度量项目进度的首要标准。

（8）敏捷过程提倡可持续开发，项目责任人、开发者和用户应保持长期稳定的开发速度。

（9）不断追求优秀的技术和优良的设计，有助于提高敏捷性。

（10）简单化是有效降低工作量的艺术。

（11）最好的架构、需求和设计源于自我组织的团队。

（12）团队要定期进行反省，讨论如何能够更有效地工作，并对工作进行相应调整。

1.5.4.2 XP 方法简介

按照敏捷软件开发的思想和原则，人们推出了许多具体的实践方法，如XP、Scrum、Crystal、Methods、FDD等。

其中XP方法是最具代表性的敏捷开发方法，又称极限编程。它是由Kent Beck于1999年提出来的。极限编程以用户需求作为软件开发的最终目标，是一种以实践为基础的软件工程过程。极限编程强调测试，是一种测试驱动的开发方法，强调代码质量和及早发现问题，以适应环境和需求的变化。

1. 核心价值观

XP方法的核心价值观为：沟通、简单、反馈和勇气。

（1）沟通。沟通是项目成功的关键，只有开发人员与用户、开发人员之间频繁而有效地面对面交流信息，充分理解用户需求，才能够保证软件开发的质量和效率。

（2）简单。为了保证高效开发，在满足用户需求的前提下，软件开发全过程及过程中的产品都应该尽量简单。

（3）反馈。及时、准确的信息反馈，能够使开发人员及时发现开发工作中的问题和偏差并及时纠正。

（4）勇气。采用敏捷开发这种新的开发方法，就是一种挑战，是需要勇气的；在开发过程中需要团队密切协作，既要相信别人也要相信自己一定能够完成，这需要勇气。另外，只有十分需要的文档才写，即使写也要简单明了，这也需要勇气。

2. XP方法的最佳实践

在其核心价值观的指导下，XP方法提出以下12项最佳实践。

（1）规划策略。通过结合使用业务优先级和技术评估来快速制订计划，确定下一个版本的范围。

（2）小型发布。将一个简单系统迅速投入生产，以很短的周期发布新版本，供用户评估使用。

（3）系统隐喻。用合适的比喻传达信息，通过隐喻来描述系统如何运作、新的功能以何种方式加入系统，通常包含了一些可以参照和比较的类与设计模式。

（4）简单设计。任何时候都应当将系统设计为尽可能简单。不必要的复杂性一旦被发现就马上去掉。

（5）测试。程序员不断地进行单元测试，在这些测试能够准确无误地运行的情况下，开发才可以继续。客户编写测试来证明系统各功能都已经完成。

（6）重构。程序员重新构造系统以去除重复、改善沟通、简化或提高系统柔性。

（7）结对编程。所有的生产代码都是由两个程序员在同一台机器上编写的，这样能够随时交流，及时发现和解决问题。

（8）代码集体所有。任何人在任何时候都可以在系统中的任何位置更改任何代码。

（9）持续集成。每天多次集成和生成系统，每次都完成一项任务。

（10）每周工作40 h。一般情况下，一周工作不超过40 h。不要连续两个星期都加班。

（11）现场客户。在团队中加入一位真正的、起作用的用户，他将全职负责回答问题。

（12）编码标准。程序员依照强调通过代码沟通的规则来编写所有代码。

这12项最佳实践，就是强调开发者之间、开发者与用户之间的充分交流、密切协作，快速、高效地不断测试、集成和推出系统。

3. XP方法的开发过程

XP方法以面向对象的方法作为推荐的开发范型。XP方法包含了策划、设计、编码和测试4个框架活动的规则和实践。图1.13描述了XP方法的开发过程，并指出与各框架活动相关的关键概念和任务。特别要说明，XP方法的开发过程的主要特点：它是一个不断迭代的过程。

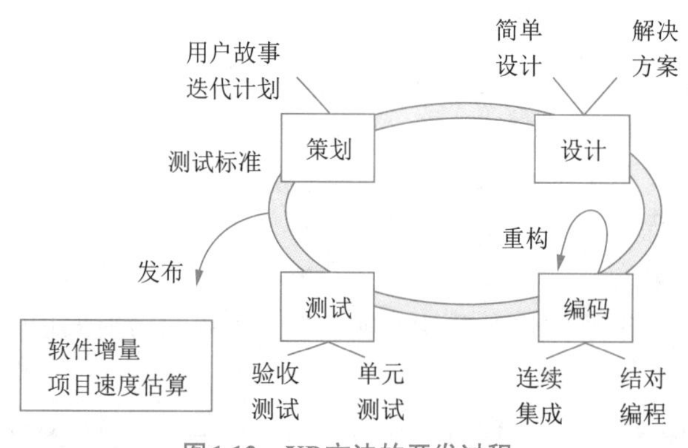

图1.13　XP方法的开发过程

4. 敏捷开发的原则

（1）快速迭代。在敏捷开发中，软件项目在构建初期被分成多个子项目，各个子项目的成果都经过测试，具备可视、可集成和可运行使用的特征。也就是把一个大项目分为多个相互联系，但也可独立运行的小项目，并分别完成，在此过程中软件一直处于可使用状态。

相对于那种半年一次的大版本发布来说，小版本的需求、开发和测试更加简单快速。

（2）让测试人员和开发者参与需求讨论。需求讨论以小组的形式展开最有效率，且必须要包括测试人员和开发者，这样可以更加轻松地定义可测试的需求，将需求分组并确定优先级。同时，该种方式也可以充分利用团队成员间的互补特性。如此确定的需求往往比开需求讨论大会的形式效率更高，大家更活跃，参与感更强。

（3）编写可测试的需求文档。开始就要用“用户故事”的方法来编写需求文档。这种方法可以让我们将注意力放在需求上，而不是解决方法和实施技术上。过早地提及技术实施方案，会降低对需求的注意力。

（4）多沟通，尽量减少文档。任何项目中，沟通都是一个常见的问题。好的沟通，是敏捷开发的先决条件。工作时间越久，人们越会强调高效沟通的重要性。团队要确保日常的交流，面对面沟通比邮件沟通效率高得多。

（5）做好产品原型。建议使用草图和模型来阐明用户界面，因为并不是所有人都可以理解一份复杂的文档，但人人都会看图。

（6）及早考虑测试。及早考虑测试在敏捷开发中很重要。传统的软件开发，测试用例很晚才开始写，这导致过晚发现需求中存在的问题，使得改进成本过高。较早地开始编写测试用例，当需求完成时，可以接受的测试用例也基本一块完成了。

章节习题

1.软件产品的特点是什么?(关联知识点1.1.1节)

2.软件工程发展有几个阶段?各有何特征?(关联知识点1.2.1节)

3.什么是软件危机?其产生的原因是什么?(关联知识点1.2.1节)

4.什么是软件过程?有哪些主要的软件过程模型?它们各有哪些特点?(关联知识点1.3节、1.4节)

5.有哪些主要的软件开发方法?(关联知识点1.5节)

6.软件生存周期各阶段的主要任务是什么?(关联知识点1.3.1节)

7.原型化开发方法的核心是什么?它具有哪些特点?(关联知识点1.5.2节)

8.面向对象的开发方法为什么逐渐成为软件开发的主流方法?(关联知识点1.5.3节)

9.什么是软件开发环境?它对软件开发过程有何意义?(关联知识点1.1节、1.4节)

10.敏捷软件开发的核心思想是什么?以XP方法为例进行说明。(关联知识点1.5.4节)

第 2 章

可行性研究

本章主要讲述软件开发中的问题定义、可行性研究的任务、可行性研究的过程、可行性研究阶段使用的工具等内容。本章知识图谱如图2.1所示。

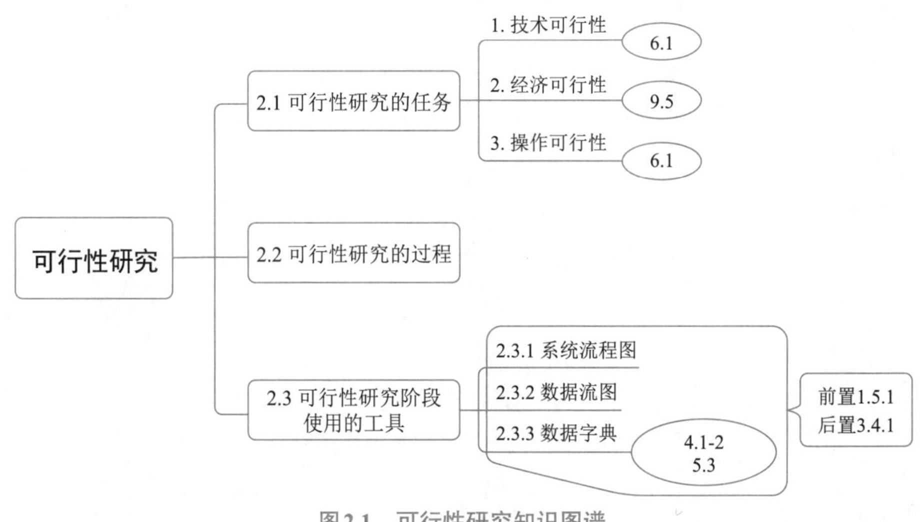

图2.1　可行性研究知识图谱

2.1　可行性研究的任务

问题定义其实就是描述问题。如果不知道问题是什么就试图解决这个问题，显然是盲目的，只会白白浪费时间和金钱，最终得出的结果很可能是毫无意义的。因此，确切地定义问题十分必要，它是整个软件工程的第一个步骤，也可以说是软件工程里面各个项目的第一个步骤。通过问题定义阶段的工作，系统分析员应该提出关于问题性质、工程目标和规模的书面报告。通过对系统的实际用户和使用部门负责人的访问调查，系统分析员扼要地写出他对问题的理解，并在用户和使用部门负责人的会议上认真讨论这份书面报告，澄清含糊不清的地方，改正理解不正确的地方，最后得出一份双方都满意的文档。

可行性研究的目的不是解决问题，而是确定问题是否值得去解决，为此要进行足够的客观分析。一般从以下三方面研究可行性。

1. 技术可行性

技术可行性是指使用现有的技术能否实现这个系统。在项目开发的可行性分析队伍中需要一个专门的技术小组做相关的技术调研。例如，119等电话服务中心，如果安置语音识别系统，需要调研该系统针对普通话不同语速的识别率、针对地方方言的识别率，以及是否存在二义性。针对这些技术上的问题，如果采取某种技术解决，需要评估该技术是否可行。

2.经济可行性

经济可行性是指这个系统的经济效益能否超过它的开发成本，即该项目能否赚钱，能否获得利润。例如，构建电话服务中心，需配备两个电话接线员等工作人员，中继器、服务器等设备，因此需调研一天打入的电话量，以确保系统运行后能获得利润，即在经济上是可行的。

3.操作可行性

操作可行性是指该项目在目前的组织里面能否执行。例如，公司计划开发一个小型超市网上商品销售系统，目前的工作人员大多比较熟悉C++语言，因此该项目是否能够执行需要从以下几方面考察：公司现有熟练应用Java技术、脚本语言的人员数量；同时承担其他项目开发的人员数量；是否有合适的项目经理；未来的三个月企业可能会接到的项目数量、类别、性质，以及需要投入的人力和物力等。因此，操作可行性分析包括人力资源、物力资源等各种资源的分析。

2.2 可行性研究的过程

2.2.1 复查系统规模和目标

分析员访问关键人员，仔细阅读和分析有关材料，以便对问题定义阶段书写的关于规模和目标的报告书进行进一步复查确认，改正含糊或不确切的叙述，清晰地描述对目标系统的一切限制和约束。例如，在小型超市商品销售系统中，系统分析员首先要与关键人员确认超市规模，从而确定系统规模，然后根据商品种类确定价格清单，其中也包括像特价商品价格等其他问题。

2.2.2 研究目前正在使用的系统

现有的系统是信息的重要来源。显然，如果目前有一个系统正被人使用，那么这个系统必定能完成某些有用的工作，因此新的目标系统必须也能完成它的基本功能；同时，如果现有的系统是完美无缺的，用户自然不会提出开发新系统的要求，因此现有的系统必然有某些缺点，新系统必须能解决旧系统中存在的问题。以小型超市网上商品销售系统为例，系统分析员需要查找相似的系统，像淘宝、易趣等，通过借鉴他人的系统进行开发。另外，在开发新系统时，要充分了解旧系统存在的问题和系统需要新增加的功能。

2.2.3 导出新系统的高层逻辑模型

优秀的设计过程通常总是从现有的物理系统出发，导出现有系统的逻辑模型，再参考现有系统的逻辑模型，设想目标系统的逻辑模型，最后根据目标系统的逻辑模型构建新的物理系统，该系统将实现用户所需的功能。

2.2.4 重新定义问题

新系统的逻辑模型实质上表达了系统分析员对新系统必须做什么的看法。得到新系统的高层逻辑模型之后，可能会发现前面问题定义的范畴过大，系统分析员还要和用户一起再次复查问题定义，对问题进行重新定义和修正。

由此可见，可行性研究的前4个步骤实质上构成一个循环。系统分析员定义问题，分析这个问题，导出一个试探性的解，在此基础上再次定义问题，再一次分析这个问题，修改这个解，继续这个循环过程，直到提出的逻辑模型完全符合系统目标。

2.2.5 导出和评价供选择的解法

（1）系统分析员应该从其建议的系统逻辑模型出发，导出若干较高层次的（较抽象的）物理解法供比较和选择。导出供选择的解法最简单的途径，是从技术角度出发考虑解决问题的不同方案。当从技术角度提出了一些可能的物理系统之后，应该根据技术可行性考虑初步排除一些不现实的系统。

（2）考虑操作方面的可行性。系统分析员应该估计余下的每个可能的系统的开发成本和运行费用，并且估计相对于现有的系统这个系统可以节省的开支或可以增加的收入。

（3）为每个在技术、操作和经济等方面都可行的系统制订实现进度表，这个进度表不需要（也不可能）制订得很详细，通常只需要估计生存周期每个阶段的工作量。

2.2.6 推荐行动方针

根据可行性研究结果应该作出一个关键性的决定，即是否继续进行这项开发工程。系统分析员必须清楚地表明对这个关键性决定的建议，给出一个实际可行的方案，并且说明选择这个解决方案的理由。

2.2.7 草拟开发计划

系统分析员应该进一步为推荐的系统草拟一份开发计划，大致从以下几方面进行。

（1）任务分解。明确任务，确定负责人，将项目分解成若干小项目，由相应小组来管理，明确各小组的负责人。

（2）进度规划。给出每个时间段应完成工作的大致进度规划。

（3）财务预算。对项目进行全面财务评估，并预算所需成本。

（4）风险分析及对策。风险是指技术风险、市场风险、政策风险等，要全面考虑各个风险。通过风险分析，制订风险预案。当风险出现后，相应的操作流程对项目能有一定的安全保障。

2.2.8 书写文档并提交审查

应该把上述可行性研究各个步骤的结果写成清晰的文档，请用户和使用部门的负责人仔细审查，以决定是否继续进行这项开发工程以及是否接受系统分析员推荐的方案。

2.3 可行性研究阶段使用的工具

2.3.1 系统流程图

在可行性研究阶段，一般采用系统流程图作为概括地描绘物理系统的图形工具。系统流程图主要用图形符号描绘系统里面的每个部件（程序、文件、数据库、表格、人工过程等），通过这些图形符号表现出信息在系统各部件之间流动的情况，而不是对信息进行加工处理的控制过程。因此，尽管系统流程图使用的某些符号和程序流程图中使用的符号相同，但是它是物理数据流图而不是程序流程图。

1. 符号

系统流程图使用的符号如表2.1所示。

表2.1 系统流程图使用的符号

符号	名称	说明
2-001	处理	能改变数据值或数据位置的加工或部件。例如，程序、处理机、人工加工等都是处理
2-002	输入/输出	表示输入/输出，是一个广义的不指名具体设备的符号
2-003	连接	指出转到图的另一部分或从图的另一部分转来，通常在同一页上
2-004	换页连接	指出转到另一页图上或由另一页图转来
2-005	数据流	用来连接其他符号，指明数据流动方向
2-006	穿孔卡片	表示使用穿孔卡片输入或输出，也可以表示一个穿孔卡片文件
2-007	文档	通常表示打印输出，也可以表示用打印终端输入数据
2-008	磁带	表示磁带输入/输出或表示一个磁带文件
2-009	联机存储	表示任何种类的联机存储，包括磁盘、磁鼓、软盘和海量存储器件
2-010	磁盘	表示磁盘输入/输出，也可以表示存储在磁盘上的文件或数据库
2-011	磁鼓	表示磁鼓输入/输出，也可以表示存储在磁鼓上的文件或数据库
2-012	显示	CRT终端或类似的显示部件，可用于输入或输出，也可既输入又输出
2-013	人工输入	人工输入数据的脱机处理，如填写表格
2-014	人工操作	人工完成的处理，如会计在工资支票上签名
2-015	辅助操作	使用设备进行的脱机处理
2-016	通信链路	通过远程通信线路或链路传送数据

其中，处理、输入/输出、连接、换页连接和数据流是系统流程图的基本符号，其余如穿孔卡片等11种符号为系统流程图的系统符号。

2.分层

面对复杂的系统时，一个比较好的方法是分层次地描绘这个系统。首先，用一张高层次的系统流程图描绘系统总体概貌，表明系统的关键功能。然后，分别把每个关键功能扩展到适当的详细程度，画在单独的一页纸上。这种分层次的描绘方法便于阅读者按从抽象到具体的过程逐步深入地了解一个复杂的系统。

3.例子

某装配厂有一座存放零件的仓库，仓库中现有的各种零件的数量以及每种零件的库存量临界值等数据都记录在库存清单主文件中。当仓库中零件数量有变化时，应该及时修改库存清单主文件，如果某种零件的库存量小于它的库存量临界值，则应该报告给采购部门以便订货，规定每天向采购部门送一次订货报告。

对上述客观实际情况分析如下：

（1）该装配厂用小型计算机处理更新库存清单主文件和产生订货报告任务。

（2）零件库存量的每次变化称为事务。

（3）由放在仓库中的CRT终端将事务数据输入计算机中。

（4）系统中库存清单程序对应事务处理。

（5）更新磁盘上的库存清单主文件，并且把必要的订货信息写在磁带上。

（6）每天报告生成程序打印订货报告。

根据以上分析画出库存管理系统的系统流程图，如图2.2所示。

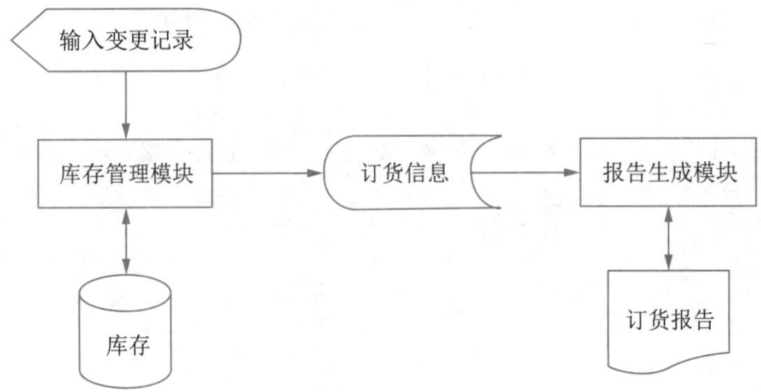

图2.2　库存管理系统的系统流程图

注意：用系统流程图描绘物理系统时，图中每个符号代表组成系统的一个部件，其中并没有详细指明每个部件的具体工作过程，图中的箭头确定了信息通过系统的逻辑路径，也就是信息的流动路径。一般来说，系统流程图的习惯画法是使信息在图中从上向下或从左向右流动。

数据流图、数据字典

2.3.2　数据流图

系统分析员在研究现有的系统时常用系统流程图表达其对这个系统的认识，这种描绘方法形象具体，它的正确性比较容易验证。但是，开发工程的目标往往不是完全复制现有的系统，而是创造一个能够完成相同的或类似功能的新系统。用系统流程图描绘一个系统时，系统的功能和实现每个功能的具体方案是混在一起的，所以需要另一种方式进一步总结现有的系统，并着重描绘系统所完成的功能而不是系统的物理实现方案。这种方式就是数据流图（date flow diagram，DFD）。数据流图描绘系统的逻辑模型，图中没有任何具体的物理元素，只是描绘信息在系统中流动和处理的情况。

2.3.2.1 符号

如图2.3所示，数据流图有4种基本符号：正方形或立方体表示数据的源点或终点；圆角矩形或圆形表示变换数据的处理；开口矩形或两条平行横线表示数据存储；箭头表示数据流，即特定数据的流动方向。注意，数据流图与程序流程图中用箭头表示的控制流有本质不同，千万不要混淆。熟悉程序流程图的初学者在画数据流图时，往往试图在数据流图中表现分支条件或循环，但这样做将造成混乱，画不出正确的数据流图。在数据流图中应该描绘所有可能的数据流向，而不应该描绘触发某个数据流的条件。

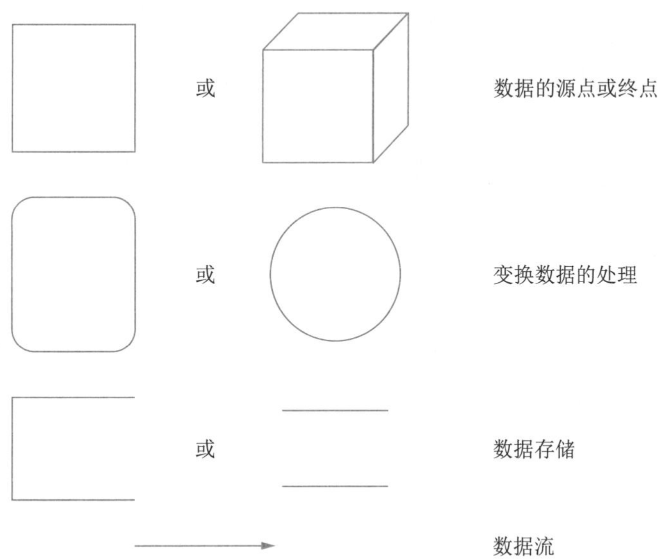

图2.3 数据流图基本符号及其含义

在数据流图的绘制过程中，处理并不一定是一个程序。一个处理框可以代表一系列程序、单个程序或者程序的一个模块，它甚至可以代表用穿孔机穿孔或目视检查数据正确性等人工处理过程。一个数据存储也并不等同于一个文件，它可以表示一个文件、文件的一部分、数据库的元素或记录的一部分等。数据存储和数据流都是数据，仅是所处的状态不同。数据存储是处于静止状态的数据，而数据流是处于运动中的数据。

有时数据的源点和终点相同，不推荐用同一个符号代表数据的源点和终点，因为这样至少将有两个箭头和这个符号相连（一个进，一个出），有可能降低数据流图的清晰度。有时数据存储也需要重复，以提高数据流图的清晰度。为了避免可能引起的误解，如果代表同一个事物的同样符号在图中出现在n个地方，则在这个符号的一个角上画n-1条短斜线作标记。

通常，在数据流图中忽略出错处理，以及诸如打开或关闭文件之类的内务处理。数据流图的基本要点是描绘“做什么”而不考虑“怎样做”。

除上述4种基本符号之外，有时也使用几种附加符号。例如，加号（+）表示数据流之间是“或”关系；星号（*）表示数据流之间是“与”关系（同时存在）；⊕号表示只能从中选一个数据流（互斥的关系）。图2.4给出了这些附加符号及其含义。

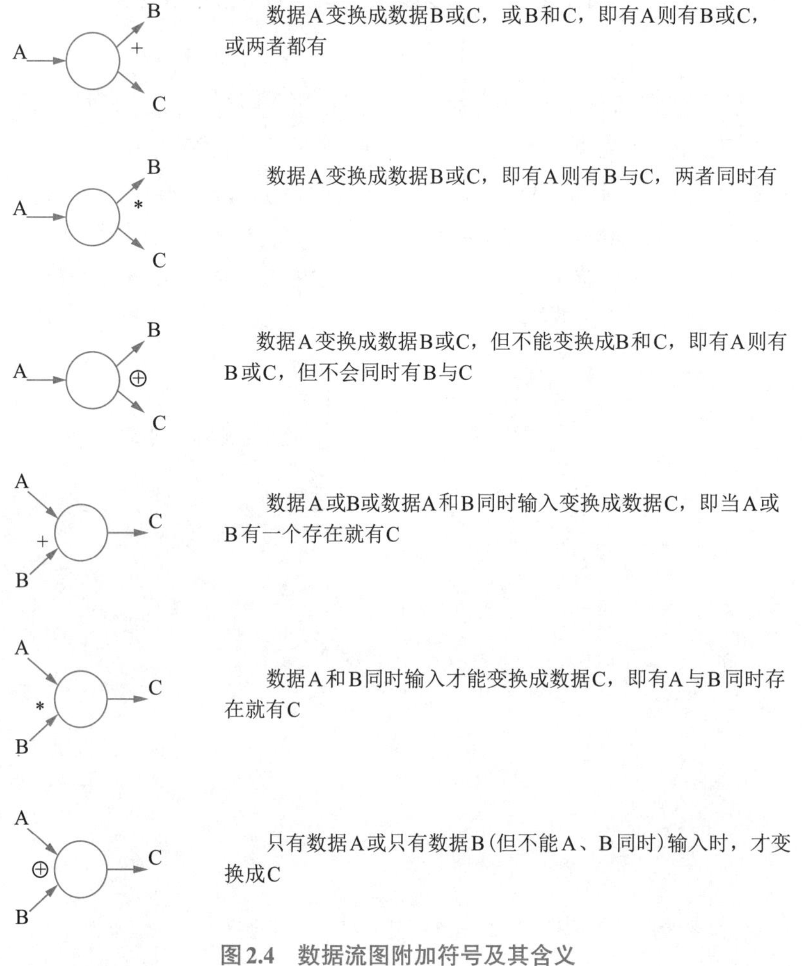

图2.4　数据流图附加符号及其含义

2.3.2.2　数据流图的层次结构

为了表达数据处理过程的数据加工情况，需要采用层次结构的数据流图。按照系统的层次结构进行逐步分解，并以分层的数据流图反映这种结构关系，能清楚地表达和容易理解整个系统。数据流图的层次结构如图2.5所示。

在多层数据流图中，最上面一层称为顶层流图。顶层流图仅包含一个加工，它代表被开发系统。它的输入流是该系统的输入数据，输出流是该系统的输出数据。

最下面一层称为底层流图。底层流图是指其加工不需再做分解的数据流图，它处在最底层，只要是模块的最底层就是底层流图，不管是第二层还是第三层的底层。

顶层流图与底层流图之间的部分称为中间层流图，中间层流图则表示对其上层父图的细化。它的每一个加工可能继续细化，形成子图。

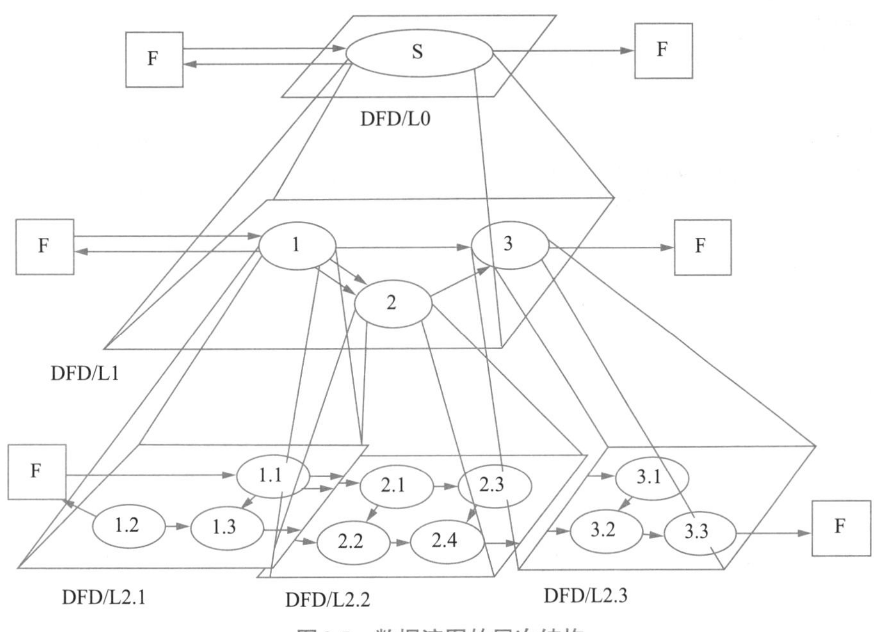

图2.5 数据流图的层次结构

2.3.2.3 命名

数据流图中每个成分的命名是否恰当，直接影响数据流图的可理解性。因此，给这些成分命名时应该仔细推敲。下面讲述在命名时应注意的问题。

1. 为数据流或数据存储命名

（1）名字应代表整个数据流或数据存储的内容，而不是仅仅反映它的某些成分。

（2）不要使用空洞的、缺乏具体含义的名字（如“数据”“信息”“输入”之类）。

（3）如果在为某个数据流或数据存储命名时遇到了困难，则很可能是由对数据流图分解不恰当造成的，应该尝试进行重新分解。

2. 为处理命名

（1）通常先为数据流命名，然后再为与之相关联的处理命名。这样命名比较容易，而且体现了人类习惯的“由表及里”的思考过程。

（2）名字应该反映整个处理的功能，而不是它的一部分功能。

（3）名字最好由一个具体的及物动词，加上一个具体的宾语组成。应该尽量避免使用“加工”“处理”等空洞笼统的动词作名字。

（4）通常，名字中仅包括一个动词，如果必须用两个动词才能描述整个处理的功能，则把这个处理再分解成两个处理可能更恰当些。

（5）如果在为某个处理命名时遇到困难，则很可能是发现了分解不当的情况，应考虑重新分解。

数据的源点和终点并不需要在开发目标系统的过程中设计与实现，它并不属于数据流图的核心内容，只不过是目标系统的外围环境部分（可能是人员、计算机外部设备或传感器装置）。通常，为数据的源点和终点命名时采用它们在问题域中习惯使用的名字，如“采购员”“仓库管理员”等。

2.3.3 数据字典

数据字典（data dictionary，DD）是关于数据的信息的集合，也就是对数据流图中包含的所有元素的定义的集合，它与数据流图配合，共同构成系统的逻辑模型，能清楚地表达数据处理的要求，数据字典的主要用途是在软件分析和设计的过程中给人提供关于数据的描述信息。

1. 数据字典的内容

一般来说，数据字典应该由对下列4类元素的定义组成。

（1）数据流。

（2）数据流分量（即数据元素）。

（3）数据存储。

（4）处理。

在数据字典中，对于在数据流图中每一个被命名的图形元素，均加以定义，其内容有名字、别名或编号、分类、描述、定义、位置、其他等，别名就是该元素的其他等价的名字，定义包括数据类型、长度、结构等。

2. 定义数据的方法

定义绝大多数复杂事物的方法，都是用被定义的事物的成分的某种组合表示这个事物，这些组成成分又由更低层的成分的组合来定义，因此定义就是自顶向下的分解，数据字典中的定义就是对数据自顶向下的分解，其组成数据的方式只有下述4种基本类型。

（1）顺序：即以确定次序连接两个或多个分量。

（2）选择：即从两个或多个可能的元素中选取一个。

（3）重复：即把指定的分量重复零次或多次。

（4）可选：即一个分量是可有可无的（重复零次或一次）。

虽然可以使用自然语言描述由数据元素组成数据的关系，但是为了更加清晰、简洁，建议采用下列符号。

（1）=：等价于（或定义为）。

（2）+：和（即连接两个分量）。

（3）[ ]：或（即从方括号内列出的若干分量中选择一个）。

（4）{ }：重复（即重复花括号内的分量）。

（5）( )：可选（即圆括号里的分量可有可无）。

常常使用上限和下限进一步注释表示重复的花括号。一种注释方法是在花括号的左边用上角标和下角标分别标明重复的上限和上限；另一种注释方法是在花括号左侧标明重复的下限，在花括号的右侧标明重复的上限。例如，${}_{1}^{5}\{A\}$和1{A}5含义相同。

在方括号中列出的供选择的分量可以从上而下排成若干行，也可以写成一行（中间用“|”号分开）。例如下面两种写法是等价的：

$$\begin{bmatrix} option\_1 \\ option\_2 \\ option\_3 \end{bmatrix} 和 \begin{bmatrix} option\_1 \mid option\_2 \mid option\_3 \end{bmatrix}$$

3.例子

下面给出2.3.1节例子中几个数据元素的数据字典卡片，以具体说明数据字典卡片中上述几项内容的含义。

（1）数据流描述。

名称：订货报表

别名：订货信息

描述：每天一次送给采购员的需要订货的零件表

数据流来源：来自仓库管理员事务处理

数据流去向：采购员

数据流组成：零件编号+零件名称+订货数量+目前价格+主要供应者+次要供应者

位置：输出到打印机

（2）数据元素描述。

名称：零件编号

别名：

描述：唯一的标识库存清单中一个特定零件的关键域

类型：字符

长度：8

取值范围：0000～9999

位置：订货报表

订货信息

库存清单

（3）数据文件的描述。

名称：库存清单

别名：

描述：存放每个零件的信息

输入数据：库存清单

输出数据：库存清单

数据文件组成：零件编号+零件名称+入库数量+出库数量+库存量+入库日期+出库日期+经办人

储存方式：关键码

章节习题

1.可行性研究分为哪些步骤？（关联知识点2.2节）

2.某校办工厂有一个库房，存放该厂生产需要的各种零件器材，库房中的各种零件器材的数量及其库存量临界值等数据记录在库存主文件上，当库房中零件器材数量发生变化时，应更改库存文件。若某种零件器材的库存量小于库存临界值，则立即报告采购部门以便订货，规定每天向采购部门送一份采购报告。该校办工厂使用一台小型计算机处理更新库存文件和产生订货报告的任务。零件器材的发放和接收称为变更记录，由键盘输入计算机中。系统中库存清单程序对变更记录进行处理，更新存储在磁盘上的库存清单主文件，并且把必要的订货信息记录写在联机存储上。最后，每天由报告生成程序读一次联机存储，并且打印出订货报告。请根据提示，绘制一份系统流程图。（关联知识点2.3.1节）

3. 为方便旅客，某航空公司拟开发一个机票预订系统。旅行社把预订机票的旅客信息（姓名、性别、工作单位、身份证号码、旅行时间、旅行目的地等）输入该系统，系统为旅客安排航班，打印出取票通知和账单，旅客在飞机起飞的前一天凭取票通知和账单交款取票，系统校对无误后打印出机票给旅客。（关联知识点2.1节、2.3.2节）

（1）写出问题定义并分析此系统的可行性；

（2）画出系统数据流图。

4. 有一个学校图书管理系统，其主要需求大致如下。

（1）读者从图书馆可以借书，读者必须先在系统中注册。读者分教师、学生等几类，不同类别的读者借阅的册数和期限不同。

（2）图书管理员登录系统后，可以对图书进行管理，包括增加新书、删除旧书，以及更新、添加和删除系统中的书目、借书者、借书和预订等相关信息。

（3）读者可以预订目前借不到的书，一旦预订的书被返还，或新购图书到达，就立即通知预订者。

（4）每类读者借书时都有借阅时间，超过期限，读者在还书时就需要缴纳一定的罚款。

以上述图书管理系统为例，绘制数据流图和数据字典。（关联知识点2.3.2节、2.3.3节）

第 3 章

需求分析

本章主要讲述软件工程生存周期中的需求分析阶段的具体任务、活动和步骤、需求获取方法、需求分析方法，并配以大学生在线学习系统项目案例展示在实际项目中需求分析活动是如何进行的。本章知识图谱如图3.1所示。

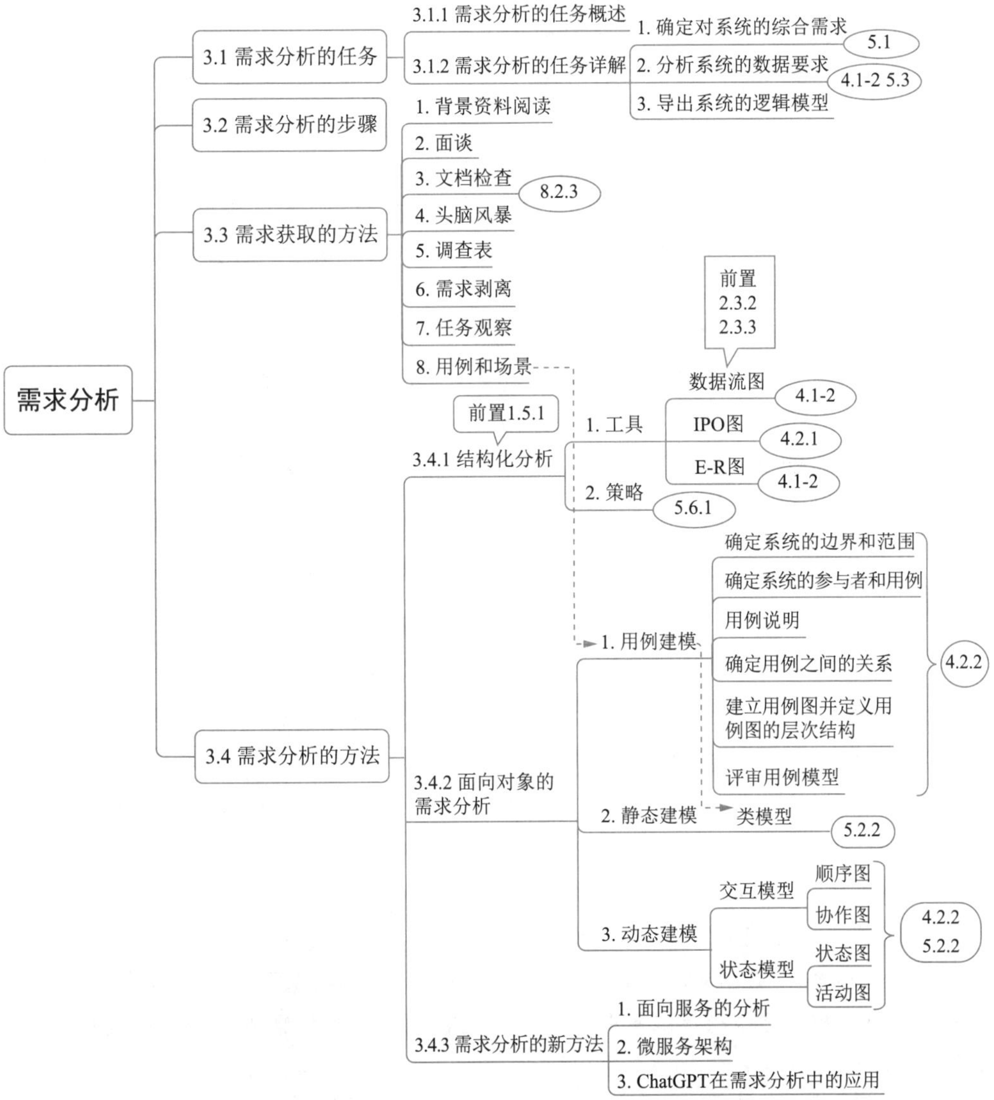

- 需求分析
  - 3.1 需求分析的任务
    - 3.1.1 需求分析的任务概述
    - 3.1.2 需求分析的任务详解
      - 1. 确定对系统的综合需求 (5.1)
      - 2. 分析系统的数据要求 (4.1-2 5.3)
      - 3. 导出系统的逻辑模型
  - 3.2 需求分析的步骤
  - 3.3 需求获取的方法
    - 1. 背景资料阅读
    - 2. 面谈
    - 3. 文档检查 (8.2.3)
    - 4. 头脑风暴
    - 5. 调查表
    - 6. 需求剥离
    - 7. 任务观察
    - 8. 用例和场景
  - 3.4 需求分析的方法
    - 3.4.1 结构化分析 (前置1.5.1)
      - 1. 工具
        - 数据流图 (前置 2.3.2 2.3.3) (4.1-2)
        - IPO图 (4.2.1)
        - E-R图 (4.1-2)
      - 2. 策略 (5.6.1)
    - 3.4.2 面向对象的需求分析
      - 1. 用例建模 (4.2.2)
        - 确定系统的边界和范围
        - 确定系统的参与者和用例
        - 用例说明
        - 确定用例之间的关系
        - 建立用例图并定义用例图的层次结构
        - 评审用例模型
      - 2. 静态建模
        - 类模型 (5.2.2)
      - 3. 动态建模 (4.2.2 5.2.2)
        - 交互模型
          - 顺序图
          - 协作图
        - 状态模型
          - 状态图
          - 活动图
    - 3.4.3 需求分析的新方法
      - 1. 面向服务的分析
      - 2. 微服务架构
      - 3. ChatGPT在需求分析中的应用

图3.1　需求分析知识图谱

3.1 需求分析的任务

3.1.1 需求分析的任务概述

为了开发出用户真正满意的软件产品，首先必须做全面、详细的需求调查，了解用户的需求。虽然在可行性研究阶段已经基本了解了用户需求，并且提出了一些可行性方案，但可行性研究的目的只是确定是否存在可行的解法，可能有很多需求细节被忽略了，所以可行性研究并不能代替需求分析。

需求分析过程包括需求获取和需求分析两个环节。只有用户才真正知道自己需要什么，但他们由于专业知识所限，并不知道怎样用软件准确地实现自己的需求，而软件分析员知道怎样使用软件来实现用户的需求，但却对用户需求并不十分清楚，必须通过与用户沟通获取用户对软件的需求。

需求任务、需求获取方法

通过需求获取阶段的工作，软件开发人员从用户处收集到大量的需求信息。获取的需求信息并不完全都是软件需求，这是因为这些需求信息中包含了一些与软件系统无关或关系不大的信息以及可能发生重叠或冲突的需求信息等。

需求分析的基本任务就是分析和综合已收集到的需求信息。分析工作的重点在于从大量繁杂的信息中找到本质核心，找出这些需求信息间的内在联系和可能的矛盾。综合的工作就是去掉那些非本质的信息，找出解决矛盾的方法并建立系统的逻辑模型。分析过程在需求分析阶段是耗时最长、任务最重的。

具体地说，需求分析的基本任务就是提炼、分析和审查已收集的需求信息，找出用户真正的需求。可通过建立软件系统的逻辑模型，进一步理解业务系统的内在关系，同时找出需求信息中存在的冲突、遗漏、错误或含糊等问题。

需求分析虽然处于软件开发的开始阶段，但它对于整个软件开发过程以及软件产品质量至关重要。为了不遗漏任何一个微小的细节，需求分析需要完整、准确。需求分析阶段结束时，系统分析员应该写出软件需求规格说明书，以具体的书面形式准确地描述软件需求。

3.1.2 需求分析的任务详解

软件需求的主要任务是要通过软件开发人员与用户利用各种方式的交流和讨论，准确地获取用户对系统的具体需求。在正确理解用户需求的前提下，软件开发人员将这些需求准确地以文档的形式表达出来，作为设计阶段的依据。软件需求分析阶段结束时需要提交的主要文档是软件需求规格说明书。

1.确定对系统的综合需求

用户对软件系统通常有以下几方面的综合需求。

（1）功能需求。功能需求主要说明待开发的系统在功能上应该做到什么，即指定系统必须提供的服务。它是用户最主要的需求，通常包括系统的输入、系统能完成的功能、系统的输出以及其他需求。

（2）性能需求。性能需求指定系统必须满足的定时约束或限制，包括速度（响应时间）、信息量速率、主存容量、磁盘容量、安全性等方面的需求，如“系统在0.5s内响应所有用户命令”就是一项性能需求。

（3）可靠性和可用性需求。可靠性是指在给定的时间内以及规定的环境下，软件系统能完成所要求功能的概率。其定量指标通常用平均无故障时间和平均修复时间来衡量，如“系统每周应至少满负荷工作160 h”。

可用性与可靠性密切相关，它量化了用户可以使用系统的程度。例如，“在任何时候主机或备份机上的航空售票系统应该至少有一个是可用的，而且在一个月内任何一台计算机上该系统不可用的时间不能超过总时间的2%”。

（4）出错处理需求。出错处理需求指软件系统或组成部分遇到非法输入数据以及在异常情况和非法操作下，能继续运行的程度，即软件系统或组成部分的健壮性。

（5）接口需求。接口需求描述应用系统与它的环境通信的格式，包括用户接口需求、硬件接口需求、软件接口需求、通信接口需求。例如，“图书管理系统中学生读者的信息，来源于学生学籍管理系统”就是一个软件接口需求。

（6）约束。约束描述在设计或实现应用系统时所遵守的限制条件。常见的约束有精度、工具和语言约束、设计约束、商业约束、应该使用的标准、应该使用的硬件平台，如“系统必须采用面向对象设计技术进行开发”就是设计约束。商业约束是指完成软件系统所花费的时间和成本的限制条件。

（7）其他类型的需求。

①确定目标系统的运行环境，包括核心计算机及网络资源即系统软件、硬件和初始化数据的配置、采购、安装调试及人员培训等计划内容。

②在设计过程中与安全性相关的需求，如身份验证、用户权限、访问控制。系统需要能够方便地增加新功能，以便一旦确实需要时能比较容易地进行扩充和修改。软件系统应具备从一种运行环境移植到另一种运行环境的能力。在软件系统中发现并纠正一个故障或进行一次更改的简易程度，决定系统的可维护性。

③目标系统的界面约定。界面设计的原则是方便、简洁、美观、一致。整个系统的界面风格定义要统一，某些功能模块的特殊界面要说明。

④对目标系统的开发工期、费用、开发进度、系统风险等问题进行分析与评估。

对于客户要求开发的一般目标系统，只要完成好上述任务，并与用户达成全面共识，通过评审，得到客户的认可，签字确认，就可以认为系统开发设计成功了。

但上述任务不是教条，不能生搬硬套，要根据具体问题具体分析，做到活学活用。

2.分析系统的数据要求

软件需求分析的一个重要任务，就是将得到的需求信息采用数据逻辑模型进行分析，以便软件分析员和用户更直观、形象地理解系统需求，如E-R图。对于复杂的数据可以分解成若干基本数据元素，利用数据字典可以全面描述和定义数据。为了提高理解的准确程度，常常利用图形工具辅助描绘数据结构。常用的图形工具有层次方框图、Warmier图等。

3.导出系统的逻辑模型

经过上述的综合分析，可以导出系统详细的逻辑模型，包括细化的数据流图、数据字典、完整的E-R图和输入与输出算法描述逻辑模型（即IPO图）。

3.2 需求分析的步骤

3.2.1 具体步骤

软件需求阶段的工作，可分为以下几个具体步骤进行。

（1）获取用户的初始需求。

软件开发人员要深入各级用户中进行全面、细致的调查研究，理解用户的需求，获得与系统实现相关的原始资料，确定系统的综合需求，并提出这些需求的实现条件以及需求应达到的标准。这些需求包括功能需求、性能需求、可靠性和可用性需求等。

（2）确定系统的真正需求。

需求分析步骤、结构化分析工具——数据流图

对于获取的原始资料，软件开发人员需要根据掌握的专业知识，运用抽象的逻辑思维，认真分析需求间的内在联系和矛盾，去除需求中不合理的和非本质的部分，确定软件系统的真正需求。同时运用描述系统需求的相应工具，绘制出系统的工作业务流程图以及数据流图。

（3）建立系统的逻辑模型。

基于各级数据流图与数据结构，去除不合理的部分，增加需要的部分，最终形成系统的解决方案，给出系统的详细逻辑模型。

用户可以对系统的逻辑模型提出意见，因此分析与综合工作需要反复进行，直到双方达成共识。

（4）书写需求规格说明书。

系统分析完成后，为了清晰、准确地描述出来，要书写需求规格说明书，这也是系统分析阶段的成果。需求分析阶段应提交的主要文档包括需求规格说明书、初步的用户手册和修正后的开发计划。

需求规格说明书通常用自然语言完整、准确、具体地描述系统的数据要求、功能需求、性能需求、可靠性和可用性需求、出错处理需求、接口需求、约束以及其他类型的需求。

（5）进行需求复审。

为了保证软件开发的质量，对软件需求分析阶段的工作要进行严格的复审，从不同的技术角度对该阶段工作进行综合评价。复审既要有用户参与，也要有管理部门和软件开发人员参与。

3.2.2 具体例子

1. 系统功能分析

现在以教学管理系统为例，对以下系统功能加以分析。

（1）用户注册和登录功能。

①用户注册。由管理员负责对新教师和学生进行注册，设置用户名和密码。

②用户登录。管理员、教师和学生通过用户名和密码登录系统，系统验证用户的信息是否合法。

（2）用户管理功能包括教师信息管理、学生信息管理。

①教师信息管理。其主要对教师信息进行管理，包括教师信息的注册（需要管理员注册教师“新入职、调入”信息，进行批量数据的导入）、教师信息的修改（教师登录后可以自行修改基本信息，部分信息需要管理员权限才能修改，如职称、学历、学位）、教师信息的注销［教师离职（退休、调离）后相关信息的注销］、教师信息的查询以及教师的登录、退出功能。

②学生信息管理。其主要对学生信息进行管理，包括学生信息的注册（需要管理员注册学生信息，进行批量数据的导入）、学生信息的修改（学生可以登录后自行修改基本信息，部分信息需要管理员权限才能修改，如“留级”）、学生信息的删除（学生退学）、学生信息的查询以及学生的登录、退出功能。

（3）班级管理功能。其主要对班级信息进行管理，包括班级的建立、班级信息的查询、班级信息的修改及学生毕业后班级信息的删除。

（4）课程管理功能包括课程的基本信息管理、教务课表（排课）管理、成绩管理。

①课程的基本信息管理。其主要对课程基本信息进行管理，包括课程信息（课程名、课程号、总学时、学分、课程类别、课程性质）的添加、修改、删除和对全部课程的查询以及按课程名、课程号、课程类别的条件查询；教师对自己本学期授课课程信息的查询；学生对本学期授课课程信息的查询。

②教务课表（排课）管理。其主要对课表信息进行管理，包括管理员对课程、班级、教室以及教师之间建立关系得到课程表，对课表信息的发布、删除、修改、查询；教师对自己的课表信息的查询；学生对本学期课表的查询。

③成绩管理。其主要对成绩信息进行管理，包括管理员对成绩的添加、删除、修改、查找，成绩报表导出；任课教师对学生成绩的发布，导出成绩报表；学生对自己成绩的查询。

（5）教室管理功能。其主要对教室信息和教室的使用情况进行管理，包括管理员对教室基本信息的增加、删除（如不再使用）、修改和查询。

2. 系统功能模块的划分

按照上面所述的系统功能描述，可以把学生学籍管理系统划分为用户注册和登录功能模块、用户管理功能模块、班级管理功能模块、课程的基本信息管理模块、教务课表管理模块、成绩管理模块、教室管理模块。

3.3 需求获取的方法

根据信息来源的不同，需求获取的方法主要有背景资料阅读、面谈、文档检查、头脑风暴、调查表、需求剥离、任务观察及用例和场景8种。

1. 背景资料阅读

背景资料阅读通常给系统分析员提供了有效而珍贵的信息来源，如商业计划、运作过程、交互系统的技术手册、原有系统的用户手册等文档。在阅读的同时要做笔记，不可避免的是，有很多内容都是不相关的，一旦发现有价值的内容，就不要失去它们。

2. 面谈

面谈是所有需求获取方法的基础，是最盛行的方法。面谈通常分为结构化和非结构化的面谈。前者要求有相当严格的结构布置，集中讨论一组事先计划好的问题；而后者对要讨论的主题只有一个粗略的想法，希望在面谈过程中集思广益，临场发挥，获得一个比较满意的结果。但在实践中常常采用中间的方法，即适当地计划好面谈，不必过于详细，允许有一定的灵活性。

3. 文档检查

这种需求获取的方法要求原有的系统是基于文档的。对一些较老的开发方法，文档检查是被唯一考虑的需求获取的方法，大量的需求信息都隐含在数据文档中，因而不应该忽视该方法，它是有价值而且易于理解的信息来源。此方法获得信息比较直接，就是获得系统的所有输入、输出及内部文档的一份备份资料。因此，这个方法可以与面谈、任务观察等其他需求获取的方法结合使用。

该方法尤其有助于通过暗示确定系统的输入和输出，确定中间功能和存储数据需求。用此方法获得的数据常用作数据分析的基础，可在此基础上建立新的逻辑模型。

运用文档检查方法的问题是文档说明的系统与实际系统之间可能不匹配，需要软件分析员进行专业的分析与判断，并结合其他需求获取的方法检查出现的矛盾与不一致的地方，将文档中的有效部分在实际系统中运作起来。

4. 头脑风暴

其基本概念是指一组人沉迷于一种“自由发言”的境界中，在无拘无束的环境下进行某个方面的自由思考，目的是产生新的想法，这种方法在相对短而紧张的会谈中似乎是最有效的。由于花费较大，因此应当少使用它，在整个项目中很可能只有一次会谈。参加会谈的人员很关键，通常由具备适当文化背景和充足专业知识的人员组成，包括风险承担者、领域专家和公认的“思维不受约束的”思想家，一个小组最少有7人，最多人数比较随意。每个人都可以自由发言，无论主意多么荒唐或愚蠢都不要批评，多考虑主意的出发点，而不要去辩论。

5. 调查表

调查表可以被认为是结构化面谈计划的最终形式。每个问题都要事先计划好，然后提出来，不能添加或偏离，重要的是要仔细表达问题以便最大化理解、最小化二义性。当事先可以很好地确定问题，尤其是要从大量的人群中获取信息时，调查表提供了一种相对合算的需求获取的方法。调查表通常是面谈的附属品，只在特定情形下使用。

6. 需求剥离

当存在一份客户的需求文档或规格说明书，或者存在一份可能相似的、原有产品的规格说明书时，可以使用需求剥离这种方法。单个需求可以从原始文档中抽取（剥离）出来并加入新的需求文档中。这种方法主要针对那些原始文档构造不足并包含许多不相关内容的系统来进行的，抽取准确的、有价值的相关信息，并将信息加入一个新的、构造良好的文档中通常是处理这个问题的最佳方式。需求剥离可以手工进行，但当有电子格式的原始文档时，通常使用剥离工具。剥离工具常常提供需求可跟踪性和管理工具，而且需求剥离的自动化可以进一步提高效率。

7. 任务观察

偶然的观察，如在计划好的面谈中一连串的“紧急”中断，可以为精明的需求获取者提供有用的线索。计划好的观察与观察某人执行一项特定任务有关，包括观察操作员和机器之间的交互，或记录管理者和办事员之间的电话交流等。与其他需求获取的方法相比，该方法具有某些优点，它提供了一种解决“文档说明的系统与实际系统不匹配”问题的方式，可用于当文档审查不能用时，即用于非文档系统。它与面谈混合使用，要求被咨询人谈谈他们正在做什么，他们为什么做，这样可以揭示相当多的信息。

8. 用例和场景

场景是指用户与软件系统为实现某个目标而进行交互活动过程的描述。在开发人员与用户的交流中，场景作为工具可以发挥较大的作用。开发人员在与用户进行有关软件需求的交流中，谈论具体事例的情况较多，用户会结合专业知识讲述他们的具体工作和工作流程。因此，场景很自然地作为交流的工具使用，每个场景可以对应系统的一个潜在需求。用例用于描述软件系统与一个外部执行者的交互顺序，它体现了执行者完成一项任务的过程。执行者可以是一个人或一个应用软件系统，也可以是硬件或是某些与软件系统交互以实现某些目标的外部实体。用例通常用于描述可发生的所有事件序列，而场景则是描述其中的一部分。因此，用例可以说是场景的集合，场景是用例的实例。

3.4 需求分析的方法

3.4.1 结构化分析

3.4.1.1 结构化分析图形工具

1. 数据流图

在可行性研究中，已经介绍了数据流图及其使用方法，在需求分析中需要对上一阶段的数据流图进行细化，对功能进行进一步分解。首先分析功能说明，找出哪些是属于系统之外的外部实体，然后绘制出顶层数据流图；随后分解系统。根据系统功能，在第0层图上分解系统，在第1、2层图的分解过程中，应仔细考虑每个加工内部还应该进行哪些处理，还有什么数据产生，这些可能在功能说明中没有，需要分析人员和用户参考现行系统的工作流程，“创造”精细数据流图。把顶层数据流图中单一的处理框分解成若干处理框，再加入描述系统加工、数据变换的基本概念，就得到了功能级数据流图。

下面通过一个简单的例子具体说明怎样画分层数据流图。

假设一家工厂的采购部每天需要一张订货报表，报表按零件编号排序，表中列出所有需要再次订货的零件。对于每个需要再次订货的零件应该列出下述数据：零件编号、零件名称、订货数量、目前价格、主要供应者、次要供应者。零件入库或出库称为事务，可通过放在仓库中的CRT终端把事务报告给订货系统。当某种零件的库存数量少于库存量临界值时就应该再次订货。

首先确定系统的输入和输出，根据仓库管理的业务，画出顶层数据流图，以反映最主要业务处理流程。数据流图如图3.2所示。

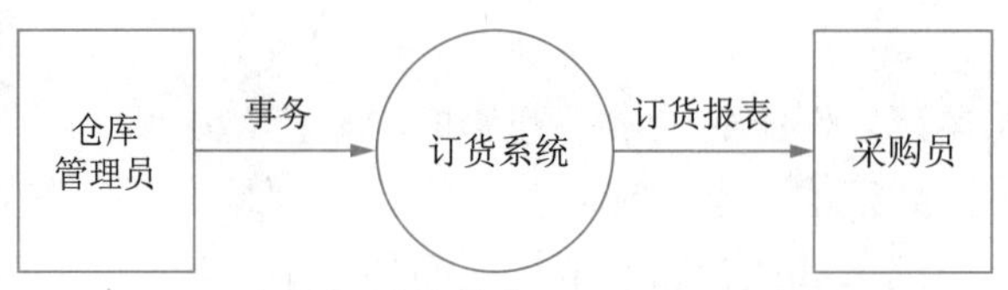

图3.2 订货系统的最主要业务处理数据流图

经过分析，仓库管理业务处理的主要功能应当有处理数据、生成报表两大项。主要数据流的输入源点和输出终点是仓库管理员和采购员。然后，从输入端开始，根据仓库管理业务工作流程，画出数据流流经的各加工框，逐步画到输出端，得到第1层数据流图，如图3.3所示。

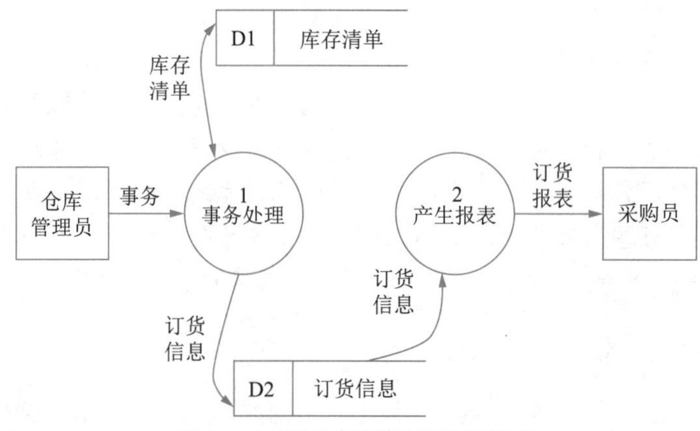

图3.3 订货系统的第1层数据流图

对订货系统的第1层数据流图进行进一步细化，如果发生一个事务，必须首先接收它，随后，按照事务的内容修改库存清单，最后，如果更新后的库存量小于库存量临界值，则应该再次订货，也就是需要处理订货信息。因此，把“处理事务”这个功能分解为下述三个步骤：“接收事务”“更新库存清单”和“处理订货”，如图3.4所示。

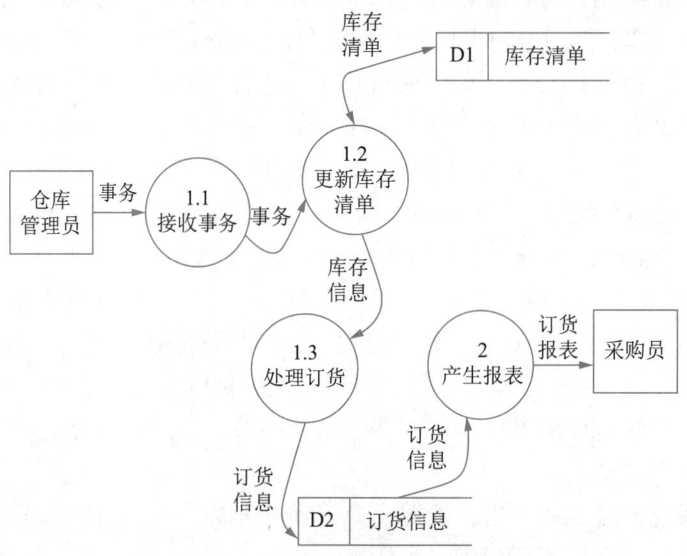

图3.4 订货系统的第2层数据流图

数据流图在画法上较为简单，但要画出正确、完整的分层数据流图尚需进行检查和修改，应该遵循和注意以下原则：

（1）应区别于流程图。

数据流图注重数据在系统中的流动，在加工间的多个数据流之间不需要考虑前后次序问题，加工只描述“做什么”，不考虑“怎么做”和执行顺序的问题，流程图则需考虑对数据处理的次序和具体细节。

（2）数据流图上的所有图形符号只限于2.3.2.1节所述4种基本图形元素，并且必须包括这4种基本图形元素，缺一不可。

（3）数据流图主图上的数据流必须封闭在外部实体之间。

（4）数据流图的完整性：每个加工至少有一个输入数据流和一个输出数据流。在画数据流图时，可能会出现加工产生的输出流并没有输出到其他任何加工或外部实体［见图3.5（a）］，或者某些加工有输入但不产生输出［见图3.5（b）］等情况。对于前者可能是遗漏加工或数据流多余；对于后者可能加工是多余的，或者遗漏了输出流等。因此，在画完数据流图时，有必要仔细检查所画的数据流图，以免出现错误。

图3.5　数据流图的完整性问题

（5）在数据流图中，需按层给加工框编号。编号表明该加工所处层次及上下层的亲子关系。

（6）数据流图的一致性：也称父图与子图的平衡问题。父图指处于上层的图，子图指处于下层的图，子图对应父图的某个加工。父图中某加工的输入/输出与分解加工的子图的输入/输出必须完全一致，即输入/输出应该相同，子图的所有输入/输出数据流必须是父图中相应加工的输入/输出数据流。两者的输入数据流和输出数据流必须一致。

图3.6（a）表示父图与子图平衡的情况，而图3.6（b）表示父图与子图不平衡的情况。一般来说，父图中有几个加工，则可能有几个子图对应，但父图中的某些基本加工可以不对应子图。

层次的分解通常是对加工进行分解，但在有必要的情况下也可对数据流进行分解。

（7）可以在数据流图中加入物质流，帮助用户理解数据流图。

（8）图上每个元素都必须有名字。

（9）在分层数据流图中文件的表示。

通常，文件可以隶属于分层数据流图的某一层或某几层，即在抽象层中未用到的文件可以不表示出来，在子图中用到的文件则表示在该子图中。但是在抽象层中表示出的文件，则应该在相应的某（些）子图中表示；否则，无法理解该文件到底被哪些具体的加工所使用。作为原则，当文件共享于某些加工之间时，该文件必须表示出来。

（10）数据流图中不可夹带控制流。

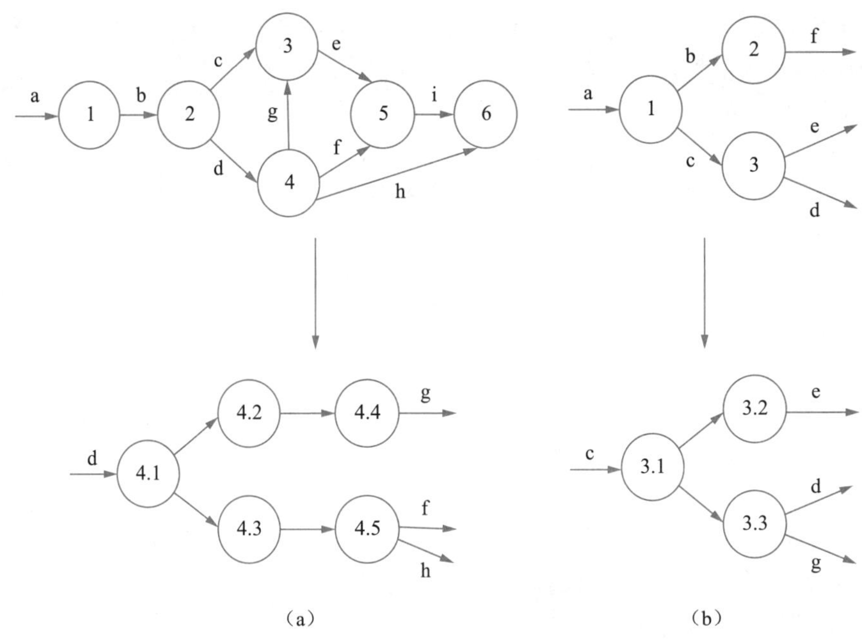

图3.6　一致性问题的实例

（11）初画数据流图时可以忽略琐碎的细节，以集中精力于主要数据流。

（12）分解层次的深度。

逐层分解的目的是要把复杂的加工分解成比较简单、易于理解的基本加工。但是，如果分解的层次太深，也会影响对数据流图的可理解性。分解层数应根据软件系统的复杂度、人的能力等因素来决定。通过大量的实践，人们得到一些经验性的准则，例如：

①分解最好不超过5层或6层，尽量减少分解层次；

②分解应根据问题的逻辑特性进行，不能硬性分解；

③每个加工分解为子加工后，子图中的子加工数不要太多；

④上层比较抽象，可分解快些，下层分解慢些，易于理解。

⑤分解到达底层，数据流图的一般标准应满足两个条件：一个是加工能用几句或十几句话清楚地描述其含义；另一个是一个加工基本上只有一个输入流和一个输出流。

以上准则只是参考，不能作为工程上的标准，更不能生搬硬套。

2. 输入/处理/输出图

IPO图是输入/处理/输出图的简称，是美国IBM公司发展完善起来的一种图形工具。在系统的模块结构图形成过程中，产生了大量的模块，在进行详细设计时开发者应为每个模块写一份说明。IPO图就是用来说明每个模块的输入、输出数据和数据加工的重要工具，它能够方便地描绘输入数据、对数据的处理和输出数据之间的关系。

IPO图使用的符号少而简单，因此很容易学会。它的基本形式是在左边的框中列出有关的输入数据，在中间的框中列出主要的处理，在右边的框中列出产生的输出数据。处理框中列出处理的次序暗示了执行的顺序，但这些还不足以精确地描述执行处理的详细情况。在IPO图中还需要使用大箭头清楚地指出数据通信的情况，图3.7所示是教师发布成绩的IPO图。

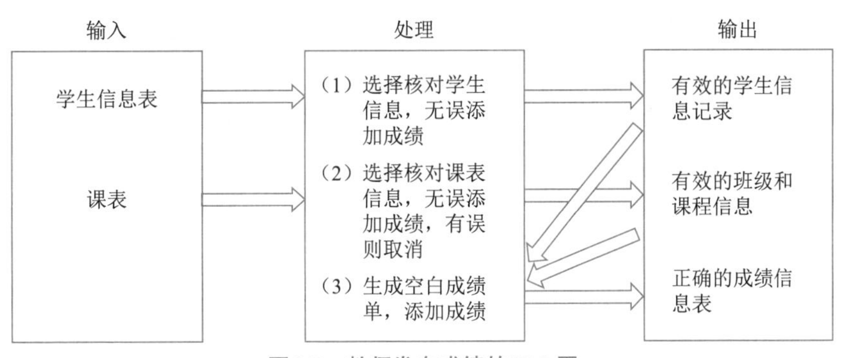

图3.7　教师发布成绩的IPO图

改进的IPO图（表）包含某些附加的信息，比原始的IPO图更加实用。改进的IPO图（表）中包含的附加信息主要有系统名称、图的作者、完成日期、本图描述的模块名称、模块在层次图中的编号、调用本模块的清单、本模块调用的模块清单、注释及本模块使用的局部数据元素等。在需求分析阶段使用IPO图简略地描述系统的主要算法，即数据流图中各个处理的基本算法。在需求分析阶段，IPO图中很多附加信息暂时还不具备，可以在设计阶段进一步完善这些图，并作为设计阶段的文档。

改进的IPO图（表）的形式如图3.8所示。

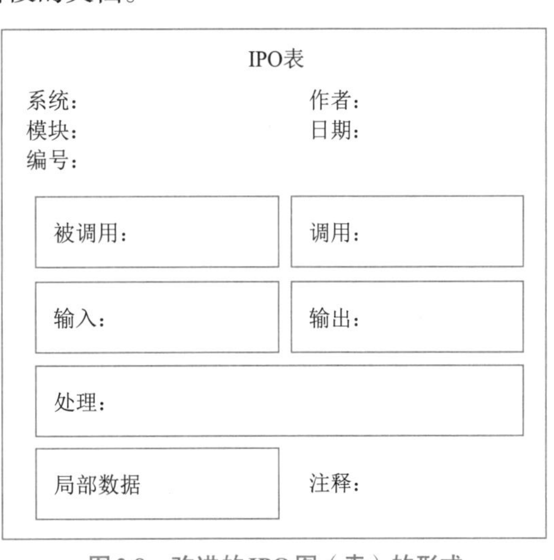

图3.8　改进的IPO图（表）的形式

用IPO图作为主要建模工具来进行系统的业务分析、软件需求分析、概要设计，可以实现业务分析、软件需求分析和系统总体设计的平滑过渡，从而消除分析与设计之间的鸿沟。在结构化方法中，进行数据流分析之后，仍然需要进行业务过程的归并和划分，形成程序模块。这里的程序模块就是完成一个或多个信息处理过程的软件单元。在数据流图的分析方法中，数据的数量及其结构的复杂度远大于对数据的处理，图形一般都比较复杂，使我们不能很快专注问题的关键。使用描述数据输入、输出和处理过程的IPO图进行需求分析时，对数据需求的分析被局限在相应的过程中，从而使得对数据的分析更加简单、清晰、便捷。

IPO图对过程的描述完整、清晰、简洁、准确。实际上，IPO图对过程的描述可简可繁、收放自如，既可以层层分解直到底层，也可以聚集、简化直到最顶层。由于IPO图的这些特点，它在信息系统的需求分析中可以很好地发挥作用。

3. 实体-联系图

实体-联系图亦称为E-R图或实体关联图，主要用于描述系统的数据关系，这个模型是面向问题的，并按照用户的观点对数据建立的模型，与软件系统中的实现方法无关。

E-R图主要由实体、属性和实体间的关联3个基本成分组成。

（1）实体：数据项（属性）的集合，通常用矩形框表示。实体可以是外部实体（如产生信息的任何事物）、事物（如报表）、行为（如打电话）、事件（如响警报）、角色（如教师、学生）、单位（如生产科）、地点（如办公室）或结构（如文件）等。总之，由一组属性（数据项）定义的可以作为实体。每一个实体可以用几个属性描述，不同的实体有不同的属性，实体与属性间用直线相连。此外，实体之间是有关联的。例如，教师“讲授”课程，学生“学习”课程，讲授或学习的关系表示教师与课程或学生与课程之间一种特定的连接。

（2）属性：定义的是实体的性质，通常用椭圆或圆角矩形框表示。例如，“学生”是一个实体，而“学号”“姓名”“性别”“出生日期”等都是“学生”这个实体的属性。

（3）关联：实体之间相互联系的方式。通常用菱形框表示关联，并用直线连接相关联的实体，如学生与课程之间的关联称为“学习”。关联有以下3种类型。

①一对一（1∶1）关联。例如，某高校一个系只有一个系主任，一个系主任只能管理一个系。系与系主任的关联是一对一的。

②一对多（1∶n）关联。例如，某学校某教师与课程之间存在一对多的关联“讲授”，即某位教师可以讲授多门课程，但每门课程只能由一位教师讲授。

③多对多（m∶n）关联。例如，学生与课程之间的关联“学习”是多对多的，即一个学生可以学习多门课程，而每门课程可以有多个学生来学。

关联也可以有属性。例如，学生“学习”某门课程所取得的成绩，既依赖学生又依赖特定的课程，所以成绩是学生与课程之间的关联“学习”的属性，如图3.9所示。

课程实体属性图中的“课程编号”为实体标识符，如图3.10所示。

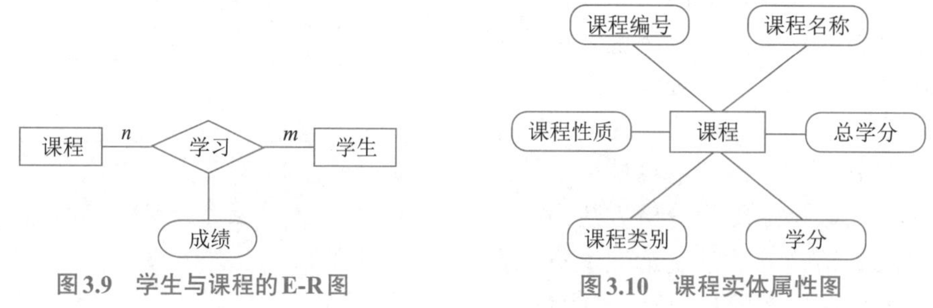

图3.9　学生与课程的E-R图

图3.10　课程实体属性图

E-R图体现的是实体及实体间的关联，目的是实现将实体及实体间的关联转换为关系模式，并确定这些关系模式的属性和键，即E-R图向关系模型的转换。

关系模型的逻辑结构是一组关系模式的集合。E-R图由实体、属性以及实体间的关联3部分组成，因此将E-R图转换为关系模型实际上就是将实体、属性以及实体间的关联转换为关系模式，转换的一般规则为一个实体转换为一个关系模式。实体的属性就是关系的属性，实体的标识符就是关系的主键。对于实体间的关联有以下不同情况：

（1）一个1∶1关联可以转换为一个独立的关系模式或与任意一端实体对应的关系模式合并。

如果转换为一个独立的关系模式，则与该关联相连的各实体的码以及关联本身的属性均转换为关系属性，每个实体的码均是该关系模式的主键，同时也是引用各自实体的外键。

如果是与任意一端实体对应的关系模式合并，则需要在该关系模式的属性中加入另一个实体的码和关联本身的属性，同时新加入的实体的码为此关系模式中引用另一个实体的外键。

（2）一个1∶n关联可以转换为一个独立的关系模式或与n端实体对应的关系模式合并。

如果转换为一个独立的关系模式，则与该关联相连的各实体的码以及关联本身的属性均转换为关系模式的属性，而关系模式的主键为n端实体的码，同时n端实体的码为此新关系模式中引用n端实体的外键，1端实体的码作为引用1端实体的外键。

如果是与n端实体对应的关系模式合并，则需要在n端实体对应的关系模式的属性中加入1端实体的码以及关联本身的属性，同时1端实体的码在n端实体中作为引用1端实体的外键。

（3）一个m∶n关联转换为一个关系模式。

与该关联相连的各实体的码以及关联本身的属性均转换为该关系模式的属性，新关系模式的主键包含各实体的码，同时新关系模式中各实体的码为引用各自实体的外键。

例如，"选修"关联是一个m∶n关联，可以将它转换为以下关系模式，其中学号与课程号为关系的组合码：

选修（<u>学号</u>，<u>课程号</u>，成绩）

（4）3个或3个以上实体间的一个多元关联转换为一个关系模式。

与该多元关联相连的各实体的码以及关联本身的属性均转换为该关系模式的属性，该关系模式的码包含各实体的码，同时新关系模式中各实体的码为引用各自实体的外键。

3.4.1.2 结构化分析方法的策略

软件工程产生以后首先提出的是结构化方法的软件开发方法。结构化方法是从分析、设计到实现都使用结构化思想的软件开发方法，它由3部分组成，即结构化分析、结构化设计和结构化程序设计。它也是一种很实用的面向过程的软件开发方法。结构化方法遵循的原理是自顶向下、逐步求精，使用的工具有数据流图、数据字典、判定表、判定树和结构化语言等。

结构化分析（SA）方法是一种传统的需求分析方法。SA方法是由Yourdon、Constantine及DeMarco等提出的，一直以来是比较流行和普及的需求分析技术之一。SA方法主要适用于数据处理，特别是大型管理信息系统的需求分析，主要用于分析系统的功能，是一种直接根据数据流划分功能层次的分析方法。

SA方法的基本特点如下：

（1）表达问题时尽可能使用图形符号的方式，即使非计算机专业人员也易于理解；

（2）设计数据流图时只考虑系统必须完成的基本功能，不需要考虑如何具体地实现这些功能。

在分析一个复杂的问题时，如果既要考虑问题的各个方面，又要分析问题的每一个细小的环节，就会陷入繁杂凌乱的局面。传统的策略是把复杂的系统"化整为零，各个击破"。这就是通常所说的分解的策略。SA方法就是采用这样的分解策略，把一个复杂的问题划分成若干小问题，然后再分别解决，将问题的复杂性降低到人可以掌握的程度，即将复杂的系统分解成若干人们易于理解和分析的子系统。这里的分解是根据软件系统的逻辑特性和系统内部各成分之间的逻辑关系分层进行的。在分解过程中，被分解的上层就是下层的抽象，下层为上层的具体细节，即最高层的问题最抽象，而底层的则较为具体。因此，SA方法的基本思想是按照从抽象到具体、逐层分解的方法，确定软件系统内部的数据流、变换（或加工）的关系，并用数据流图表示。图3.11是自顶向下逐层分解的示意图。

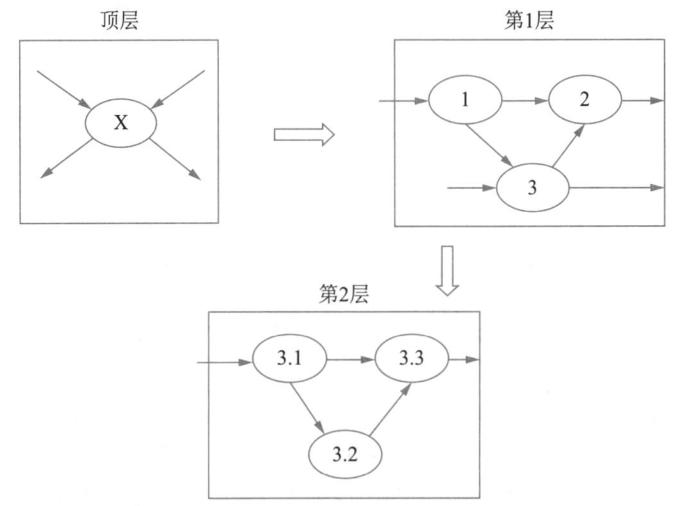

图3.11　自顶向下逐层分解的示意图

分解的方法并不复杂，能把握系统的功能和关联性就可以应用该方法。当顶层的系统X很复杂时，可以把它分解为第1层的1，2，3，…若干子系统，若第1层的子系统仍然很复杂，再分解为下一层的1.1，1.2，1.3，…和2.1，2.2，2.3，…以及3.1，3.2，3.3，…若干子系统，如此继续下去，直到子系统都能被清楚地理解为止。

图3.11所示的顶层抽象地描述了整个系统，第2层具体地画出了系统的每一个细节，而第1层是从抽象到具体的逐步过渡，这种逐层分解方法使分析人员在分析问题时不至于一下子陷入细节，而是逐步了解更多的细节。顶层只是考虑系统的外部输入和输出，其他各层反映系统的内部情况。

依照这个策略，对于任何复杂的系统，在进行合理分解之后，我们就可以分别理解子系统的每一个细节，然后理解所有的子系统，进而理解整个系统。

3.4.2　面向对象的需求分析

面向对象的分析建模

面向对象的需求分析经常采用统一建模语言（unified modeling language，UML）中的用例建模进行功能分析，并用类建模进行系统的静态分析，而系统的动态分析则采用UML中的状态图、活动图、顺序图和协作图等建模方式。

3.4.2.1　用例建模

用例建模

需求分析是软件生存周期中的一个重要阶段。在这一阶段将明确系统的职责、范围和边界，确定软件的功能和性能，并构建需求模型。

创建用例模型的基本思想：从用户角度来看，他们并不想了解系统的内部结构和设计细节，他们所关心的是系统所能为其提供的服务，即被开发出来的系统将是如何被使用的。因此，用例模型就是从用户的角度获取系统的功能需求。

创建用例模型的步骤如下。

1.确定系统的范围和边界

系统是指基于问题域的计算机软硬件系统，如图书管理信息系统、学籍管理系统等。通过分析用户领域的业务范围、业务规则和业务处理过程，可以确定软件系统的范围和边界，明确系统需求。系统范围是指系统问题域的目标、任务、规模以及系统所提供的功能和服务。例如，“教学管理系统”的问题域是教务工作管理，系统的目标与任务是在网络环境下实现学生选课、查询成绩，教师登录成绩、查询课表，管理员管理教务信息等功能。系统边界是指一个系统内部所有元素与系统外部事物之间的分界线。在用例模型中，系统边界将系统内部的用例与系统外部的参与者分隔开。

2.确定系统的参与者和用例

（1）系统的参与者。

系统的参与者是指位于目标系统的外部，并与该系统发生交互的人员或其他软件系统或硬件设备，代表目标系统的使用者或使用环境。可以从以下几方面确定系统的参与者：

①谁使用系统的功能?

②谁从系统获取信息?

③谁向系统提供信息?

④谁来负责维护和管理系统以保证其正常运行?

⑤系统需要访问哪些外部硬件设备?

⑥系统需要与哪些其他软件系统进行交互?

（2）用例。

用例是用例模型中的核心元素。一个系统可以包含多个用例。一个用例表示目标系统向外所提供的一个完整服务或功能。用例定义了目标系统是如何被角色所使用的，描述了角色为了使用系统所提供的某个完整功能而与系统之间发生的一段“对话”。用例通常具有以下基本特征：

①用例由角色启动（即角色驱动）：由某个人、某台设备或某个外部系统等角色，来触发系统的某个用例开始执行。

②执行中的用例可被看作一组行为序列：描述了角色与系统之间发生的一系列交互（接收用户输入、系统执行某些动作、产生输出结果等）。

③一个用例执行结束后，应为角色产生可观测到的、有价值的执行结果。

（3）用例说明。

以文本的方式描述用例，事件流描述系统“做什么”，不必描述系统“怎么做”。用例说明的结构如图3.12所示。事件流中通常描述以下内容。

- 用例是如何启动的，即哪些角色在何种情况下启动该用例开始执行。
- 用例执行时，角色与系统之间的交互过程。

- 用例执行时，在不同情况下可以选择执行的多种方案。
- 在什么情况下用例被视作执行结束。

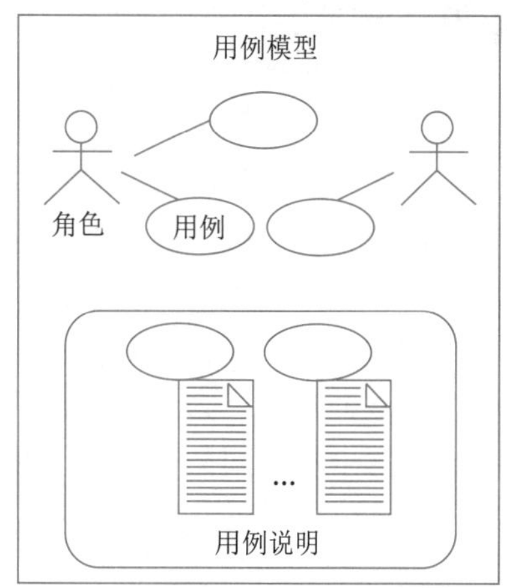

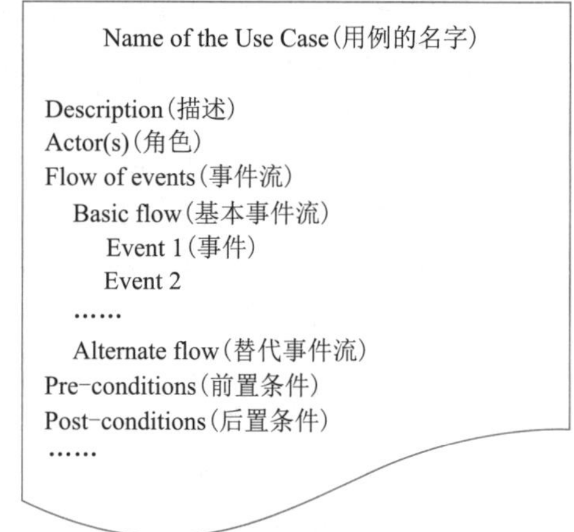

图3.12　用例说明的结构

事件流分为基本事件流和替代事件流两类。

①基本事件流：描述用例执行过程中最正常的一种场景，系统执行一系列活动步骤来响应角色提出的服务请求。基本事件流的描述，是用数字编号标明各个活动步骤的先后顺序。每个活动步骤的主要内容可从以下两方面描述：

- 角色向系统提交了什么信息/发出了什么指令？
- 对此，系统有什么样的响应？

②替代事件流：描述用例执行过程中，当出现某些异常或偶然发生的情况时，系统可能选择执行的另外一组活动步骤。

替代事件流的描述如下。

- 起点。该替代事件流从事件流的哪一步开始？
- 条件。在什么条件下会触发该替代事件流？
- 动作。系统在该替代事件流下会采取哪些动作？
- 恢复。该替代事件流结束之后，该用例应如何继续执行？

（4）确定用例之间的关系。

用例之间具有泛化关系、扩展关系、包含关系、关联关系，根据需要可以建立用例之间的相应关系。

（5）建立用例图并定义用例图的层次结构。

在软件开发过程中，对于复杂的系统，一般按功能分解为若干子系统。当以用例模型描述系统功能时，可将用例图分层，完整地描述系统功能和层次关系。一个用例图包括若干用例，根据需要，可将上层系统的某一个用例分解，形成下层的一个子系统，每个子系统对应一个用例图。

（6）评审用例模型。

在UML中，除了使用文本方式进行用例描述，还可以使用活动图描述用例。使用图形方式描述用例更形象、更直观，在活动图中可以更好地指示过程、对象等内容。活动图用于描述活动的序列，即系统从一个活动到另一个活动的控制流。在需求分析过程中，对于重要的用例，将使用活动图进一步描述用例的实现流程。

3.4.2.2 建立对象类静态模型

在需求分析和系统分析阶段，将进行对象类建模。对象类静态模型描述了系统的静态结构。建立对象类静态模型的步骤如下。

1.确定系统的对象类

静态建模

当用例模型建立成功后，需要建立系统的类和对象，并需要指定类属性和类操作。UML的对象类包括实体对象类、控制对象类和边界对象类，其图形表示如图3.13所示。

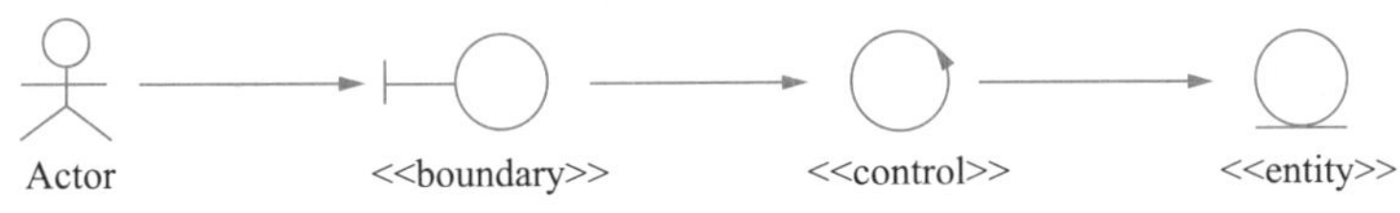

图3.13 实体对象类、控制对象类和边界对象类

（1）实体对象类通常对应现实世界中的“事物”。这些“事物”的基本信息及其相关行为需要在系统中长期存储和管理。例如，校园网上订餐系统中，顾客类、食物类、订单类等都属于实体类。

（2）控制对象类描述用例所具有的事件流的执行逻辑。控制对象类本身并不处理具体的任务，而是调度其他类来完成具体任务。控制对象类负责协调边界对象类和实体对象类：控制对象类接收由边界对象类收集上来的信息或指令，然后根据用例的执行逻辑，再将具体任务分发给不同的实体对象类去完成。控制对象类实现了对用例行为的封装，将用例的执行逻辑与边界和实体进行隔离，使得边界对象类和实体对象类具有较好的通用性。

（3）边界对象类用于描述系统外部的角色与系统之间的交互接口。其目的是将用例内部的执行逻辑与外部环境进行隔离，使得外界环境的变化不会影响内部的逻辑部分。边界对象类包括三种类型：用户界面、软件系统接口、硬件设备接口。

2.确定对象类的属性

对象类的属性表示其内部静态特征。标识对象类属性的过程包括发现对象类的潜在属性、筛选对象类属性、为对象类属性命名等。

（1）识别某些属性，以描述类所代表的现实实体的基本信息，比如学生的学号、姓名、性别、班级等。

（2）识别某些属性，以描述对象的不同状态，比如图书分为“借出”和“在馆”两种状态。

（3）识别某些属性，以描述某个类与其他类之间“整体与部分”的关系或者关联关系。

3.识别实体类之间的关系

识别实体类之间的关系（泛化、组合、聚合、关联、依赖），绘制类图。

3.4.2.3 建立对象类动态模型

面向对象的动态模型

动态模型描述了系统的动态行为，可在系统分析、系统设计阶段建立动态模型。动态模型涉及对象的执行顺序和状态的变化，侧重于系统控制逻辑的描述，其实质是解决

了系统“如何做”的问题。

对象类动态模型包括对象交互模型和对象状态模型。其中对象交互模型由顺序图和协作图组成，对象状态模型由状态图和活动图组成。

3.4.3 需求分析的新方法

1. 面向服务的分析

面向服务的体系结构简称SOA（service-oriented architecture）。SOA是一种根据业务流程（business process）来组织功能，并将功能封装成可互操作的服务的软件架构。SOA作为一种面向服务的架构，是一种软件架构设计的模型和软件开发的方法论。广义上，SOA是指一种新的企业应用架构和企业IT基础架构，它可使企业跨应用、跨部门、跨企业甚至跨行业之间的离散系统实现互连。在近年行业快速发展、软件越发庞大的基础上，SOA架构快速崛起。

SOA采用松散耦合方式，开发者只要充分了解业务的进程，即使不编写代码，也能通过流程图实现一个信息系统，从而加快开发速度，减少开发和维护的费用。以SOA分析与设计出的软件可将所有的管理提炼成表单和流程，以记录管理的内容，指定过程的流转方向。SOA提供了更简便的信息和数据集成方式，可将散落在网络上的文档、网页等各种信息集成，加强信息协同性。同时，复杂、成本高昂的数据集成，也变成了可简单且低成本实现的参数设定。

2. 微服务架构

微服务（microservices）架构是一种将应用程序拆分为小型、独立的服务单元的方法。一个大型复杂软件应用由一个或多个微服务组成。系统中各个微服务可被独立部署，各个微服务之间松耦合、可以独立扩展。每个微服务仅关注完成一件任务；每个任务代表一个小的业务能力。微服务按业务功能分解成多个职责单一的小系统，并利用简单的方法使多个小系统相互协作，组合成一个大系统。这种方法论解决了复杂性问题，开发速度快，属于敏捷开发，容易理解和维护。但它也存在服务间调用、服务发现、服务容错、服务部署、数据调用等缺陷。幸运的是，一些微服务框架（Spring Cloud、Dubbo）在一定程度上解决了以上问题。

在需求分析过程中，如果使用微服务的思想，则需要将关注的重点从面向过程化的业务流程或面向对象的方法中的对象转移为关注服务，注重分析业务的分解以及服务间的协作及接口的分析。

3. ChatGPT在需求分析中的应用

人工智能已在许多领域发挥着重要作用，大模型方兴未艾。其中，ChatGPT（对话式生成预训练模型）是目前刚兴起的一种基于深度学习的自然语言处理技术，可用于生成对话式交互系统。ChatGPT除了在游戏、娱乐、写作、绘图等领域异军突起，也在行业生产实践中得到广泛应用，并发挥了重要作用。

在软件工程中，可以前瞻性地引入ChatGPT：在需求分析阶段，它用于与客户沟通、交流对话，并进行数据分析等；在软件设计阶段，它用于辅助模型建立；在编码阶段，它用于自动编程，辅助开发人员完成编码实现工作；在测试阶段，它用于自动化测试。

与ChatGPT类似的大模型对话系统均可以在软件需求分析和设计过程中帮助分析师、设计师与客户进行交流，协助解决问题，提供灵感和设计建议。

ChatGPT可以作为需求分析师与客户之间的沟通工具。通过与ChatGPT交流，分析师可以更好地理解广大客户的需求和期望，挖掘潜在的用户需求，从而将这些需求准确地转换为设计方案。例如，进行文本分析时，ChatGPT可以对与客户交流的文本数据进行分析和处理，提取有用的信息，生成需求分析的文本摘要，进行对客户的情感分析，帮助确定客户对需求的好恶；也可以对客户交流时的录音、电话等语音信号进行处理和分析，提取语音中的情感、语速、音调等信息，进行客户情感分析。

ChatGPT在需求分析的数据分析领域的应用引起了广泛关注。ChatGPT可以通过对大量数据的学习、分析，以及对上下文的理解、推理，生成具有逻辑性和可读性的回答，从而为软件开发在各个行业提供支持。例如，ChatGPT可以发现数据中的规律和趋势，为企业的决策提供数据支持。通过企业的客服电话录音等，ChatGPT可以进行文本摘取和情感分析，为销售领域提供功能和数据等全方位的需求分析支持。

ChatGPT应用于需求分析有以下几个特点。

（1）高效：可快速生成高质量的自然语言文本，提升工作效率。

（2）自主性：可主动学习，不断优化和改进自身的性能。

（3）泛用性：可应用于多个领域。

（4）安全性：替代大量人工操作，降低人为错误和欺诈的可能性，提高数据的安全性。

章节习题

1. 为某仓库的管理设计一个E-R模型。该仓库主要管理零件的订购和供应等。仓库向工程项目供应零件，并且根据需要向供应商订购零件。（关联知识点3.4.1节）

2. 根据学生学籍管理系统项目案例的需求描述，绘制出课表管理模块的各层数据流图。（关联知识点3.4.1节）

3. 根据学生学籍管理系统项目案例的需求描述，绘制出本系统的顶层IPO图和教师修改成绩的IPO图。（关联知识点3.4.1节）

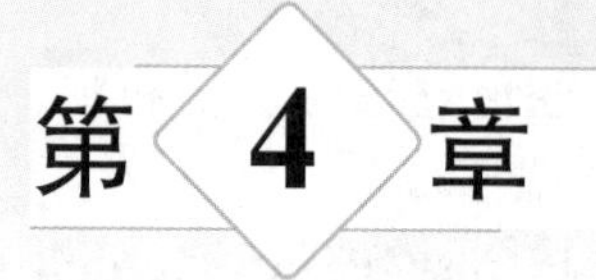

系统概要设计

需求分析中得到的系统分析模型解决了“系统必须做什么”的问题，而“系统怎么做”是由系统概要设计来完成的。概要设计的基本目的就是回答“系统应该如何实现？”这个问题。通过这个阶段的工作将划分出组成系统的物理元素：模块、文件、数据库等，但是每个物理元素仍然为“黑盒子”——即内部结构是不可见、不明确的。概要设计阶段的另一项重要任务是设计软件的结构，也就是要确定系统中每个程序是由哪些模块组成的，以及这些模块相互间的关系。

本章知识图谱如图 4.1 所示。

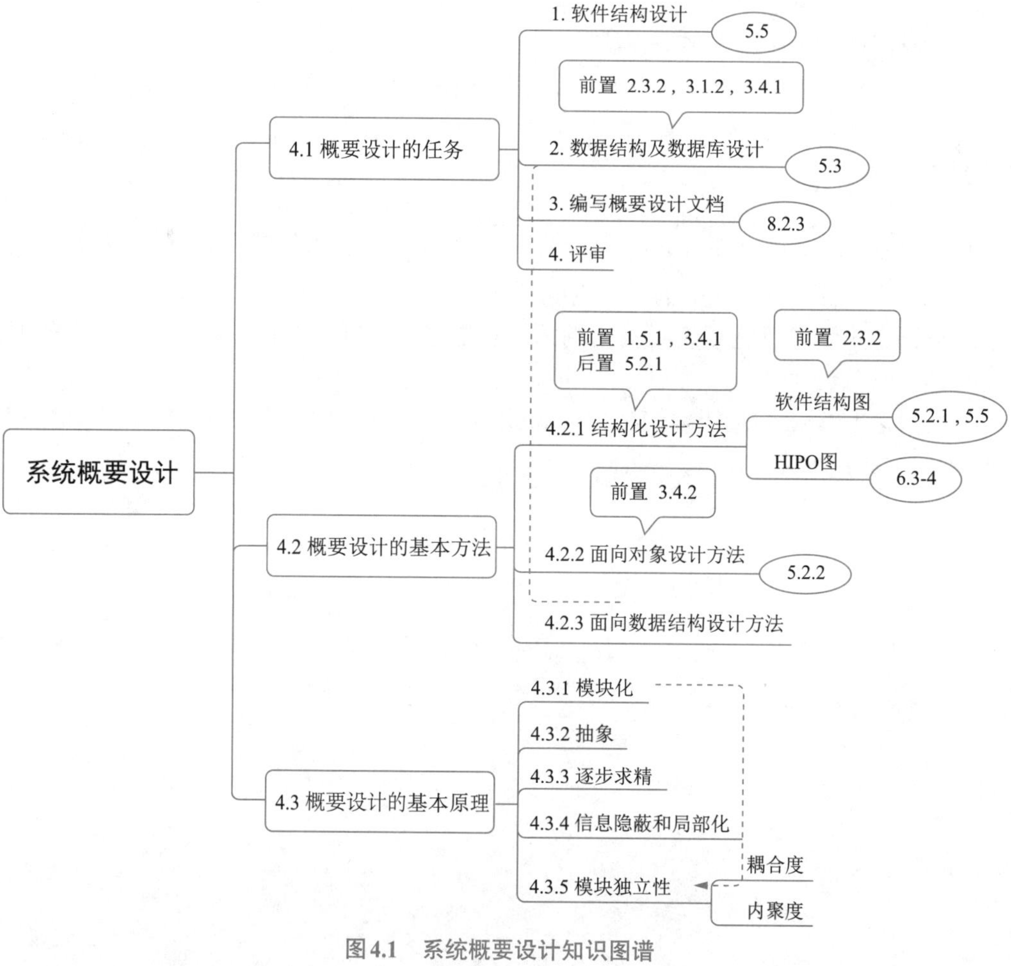

- 系统概要设计
  - 4.1 概要设计的任务
    - 1. 软件结构设计（5.5）
    - 2. 数据结构及数据库设计（5.3）（前置 2.3.2，3.1.2，3.4.1）
    - 3. 编写概要设计文档（8.2.3）
    - 4. 评审
  - 4.2 概要设计的基本方法
    - 4.2.1 结构化设计方法（前置 1.5.1，3.4.1；后置 5.2.1）
      - 软件结构图（5.2.1，5.5）（前置 2.3.2）
      - HIPO图（6.3-4）
    - 4.2.2 面向对象设计方法（5.2.2）（前置 3.4.2）
    - 4.2.3 面向数据结构设计方法
  - 4.3 概要设计的基本原理
    - 4.3.1 模块化
    - 4.3.2 抽象
    - 4.3.3 逐步求精
    - 4.3.4 信息隐蔽和局部化
    - 4.3.5 模块独立性
      - 耦合度
      - 内聚度

图 4.1 系统概要设计知识图谱

4.1 概要设计的任务

我们知道，软件设计是把一个软件需求转换为软件表示的过程，而概要设计（又称结构设计）就是软件设计最初形成的一个表示（这里的表示是一个名词），它描述了软件总的体系结构。简单地说，软件概要设计就是设计出软件的总体结构框架。

软件概要设计阶段要完成的任务主要体现在4方面：软件结构设计、数据结构及数据库设计、编写概要设计文档、评审。

1.软件结构设计

在需求分析阶段，已经采用结构化技术抽象确定出软件系统的功能，并按自顶向下分层描述的方法构建出功能模型——数据流程图，而在概要设计阶段，需要进一步分解，将逻辑功能转换为功能模块，并按层次体现模块之间的结构。具体过程如下。

（1）采用某种设计方法，将一个复杂的系统按功能划分成模块。模块是可独立存在、有唯一的命名且可直接访问的程序单元，每个模块完成一个相对独立的功能，通常具有功能、逻辑、接口和状态4个基本属性。

（2）确定每个模块的功能。

（3）确定模块之间的调用关系。

（4）确定模块之间的接口，即模块之间传递的信息。

（5）评价模块结构的质量。

2.数据结构及数据库设计

对于大型数据处理的软件系统，数据是系统的核心内容和处理对象，对数据进行准确定义和描述是系统概要设计的重要工作，其中包括数据结构及数据库设计两方面的内容。

（1）数据结构的设计。

逐步细化的方法也适用于数据结构的设计。在需求分析阶段，已通过数据字典对数据的组成、操作约束、数据之间的关系等方面进行了描述，确定了数据的结构特性，在概要设计阶段要进一步细化。

（2）数据库的设计。

数据库的设计指数据存储文件的设计，主要进行以下几方面设计。

①逻辑设计。在E-R模型的基础上，结合具体的数据库管理系统（database management system，DBMS）特征来建立数据库的逻辑结构。对于关系型的DBMS来说，将概念结构转换为数据库表结构，要给出数据库表结构的定义，即定义所含的数据项、类型、长度及它们之间的层次或相互关系的表格等。

②物理设计。物理设计就是设计数据模式的物理细节，如数据项存储要求、存取方式、索引的建立等。

3.编写概要设计文档

按照软件工程的理念和生存周期的要求，在概要设计结束之前，需要编写概要设计文档，为后期软件实现、修改和升级打下基础，同时也为用户使用提供帮助。在概要设计阶段，主要有概要设计说明书、数据库设计说明书、用户手册和测试计划的修订版需要编写。

4.评审

概要设计的最后一个任务就是评审，在概要设计中，对设计部分是否完整地实现了需求中规定的功能和性能要求、设计方案的可行性、关键的处理和内外部接口定义的正确性与有效性以及各部分之间的一致性等都要进行评审，以免在后续设计实现中出现大的问题而返工。

以上就是软件概要设计的4个基本任务，可以用8个字总结概括：两类结构，文档评审。

4.2 概要设计的基本方法

设计方法

软件概要设计的方法主要有结构化设计、面向对象设计和面向数据结构设计。本节主要介绍这几种广泛使用的概要设计方法。

4.2.1 结构化设计方法

结构化设计方法——层次图与IPO图

结构化设计方法是在模块化、自顶向下细化、结构化程序设计等技术思想的基础上发展起来的。结构化设计方法给出一组帮助设计人员在模块层次上区分设计质量的原理与技术，与结构化分析方法衔接起来使用，以数据流程图为基础导出软件的模块结构。在设计过程中，它从整个软件的结构出发，利用软件结构图表述模块之间的调用关系。

结构化设计的步骤如下。

结构化设计方法

（1）评审和细化数据流程图。

（2）分析并确定数据流程图的类型。

（3）基于上层数据流程图映射出软件模块结构的上层框架。

（4）基于下层数据流程图逐步分解高层模块，设计中下层模块结构。

（5）对模块结构进行优化，得到更为合理的软件结构。

（6）描述模块接口。

结构化设计（SD）方法又称为面向数据流的设计方法，它以需求分析阶段产生的数据流程图为基础，按一定的步骤将其映射成软件结构。结构化设计的核心是基于模块化的思想完成软件系统结构的设计。

4.2.1.1 软件结构图

在结构化设计中，一般采用20世纪70年代中期Yourdon等提出的结构图作为软件结构的描述工具。

1.软件结构图的形式

（1）内容与符号。软件结构图能够体现的内容及可以使用的符号的具体描述如下。

①模块：模块表示一个独立的功能，在软件结构图中用矩形框表示，框中要以动词和名词共同标识该模块，名字应体现该模块的功能，例如“身份验证”就是一个满足命名要求的模块名字，它能够清晰地体现该模块的功能。

②模块的调用关系：两个模块之间用单向箭头或线段连接起来表示它们的上下级调用关系。

③传递的信息：用带注释的箭头表示模块调用过程中来回传递的信息。如果希望进一步标明传递的信息是数据还是控制信息，则可以利用箭头尾部的形状来区分：空心圆表示传递的是数据，实心圆表示传递的是控制信息。目前一般不需要如此细分。

（2）模块以及模块之间的调用关系表示符号。模块以及模块之间的调用关系表示符号如图4.2所示。

（3）模块之间的调用关系形式。模块之间的调用关系主要有以下3种形式。

①简单调用。模块A调用模块B和模块C，如图4.3所示。

图4.2　模块以及模块之间的调用关系表示符号　　图4.3　简单调用

②选择调用。模块A根据它的内部判断来决定是否调用模块B、模块C或模块D，如图4.4所示。

③循环调用。模块A根据它的内部条件循环调用模块B、模块C，直至满足循环终止条件为止，如图4.5所示。

图4.4　选择调用　　图4.5　循环调用

2.分析数据流程图的类型

一般数据流程图按其结构特点分为变换型数据流程图和事务型数据流程图两种。要把数据流程图转换为软件结构，首先必须研究数据流程图的类型。

（1）变换型数据流程图。变换型数据流程图由输入部分、变换中心和输出部分组成，如图4.6所示。

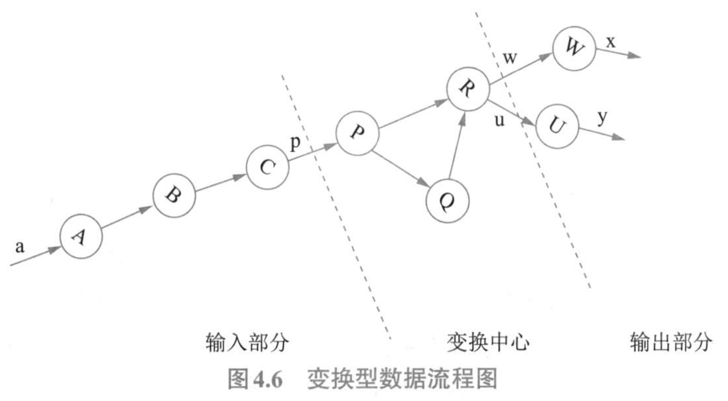

图4.6　变换型数据流程图

变换型数据处理的工作过程一般分为3步，即获得数据、变换数据和输出数据，这3步体现了变换型数据流程图的基本思想。变换型数据流程图的特点是整体呈线型，各加工顺序执行无选择性。变换中心是系统的核心主加工，直接从外部输入的数据流称为物理输入，在图4.6中，数据流a为物理输入，用户最终得到的结果称为物理输出，如数据流x和数据流y就是物理输出。物理输入经过输入路径上一些加工的处理，成为变换中心所需要的输入，此输入称为逻辑输入，在图4.6中数据流p就是逻辑输入；变换中心处理后的输出结果通常称为逻辑输出，它需要经过输出路径上各加工的转换，才能变换成物理输出（用户所需要的结果），被外部实体使用，如图4.6中的数据流u和w。

（2）事务型数据流程图。事务是引起、触发或启动某一动作或一串动作的任何数据、控制、信号、事件或状态变化，如实时系统中的数据采集、过程控制，分时系统中的交互，商业数据处理系统中的一笔账目、一次交易等。

在数据流程图中，若某个加工将它的输入流分离成许多发散的数据流，形成许多处理路径，并根据输入的值选择其中一条路径执行，则该数据流程图称为事务型数据流程图。分析输入、选择处理路径的加工称为事务中心，如图4.7所示，加工B就是事务中心。

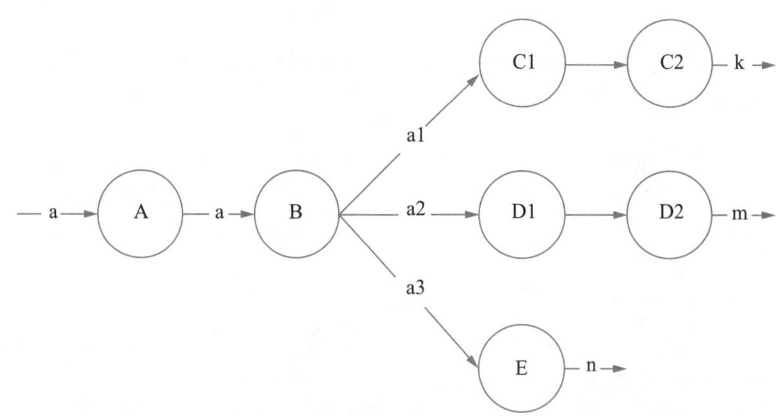

图4.7　事务型数据流程图

各种软件系统，无论数据流程图如何庞大和复杂，一般都基于变换型和事务型两种基本结构，或者是由两种结构组合而成。

3. 变换型设计

变换型设计是一系列设计步骤的总称，经过这些步骤可把变换型数据流程图按预先确定的模式映射成软件结构。下面说明具体的步骤与方法。

（1）复查基本系统模型。复查的目的是确保系统的输入数据和输出数据符合实际的需求。

（2）复查并精化数据流程图。应该对需求分析阶段得出的数据流程图进行认真复查，并且在必要时进行精化。不仅要确保数据流程图给出了目标系统正确的逻辑模型，而且应该使数据流程图中每个处理都代表一个规模适中且相对独立的功能。

（3）区分逻辑输入、逻辑输出和变换中心三部分，划分数据流程图的分界线。变换中心的任务是通过计算或者处理，把系统的逻辑输入变换（或加工）为系统的逻辑输出。

在系统中流动时，数据通过变换中心完成变换处理，同时在输入、输出的路径上，其内容和形式也可能发生变化。

例如，在图4.8中，逻辑输入数据流是c和e，加工中心是P、Q和R，逻辑输出数据流是u和w。

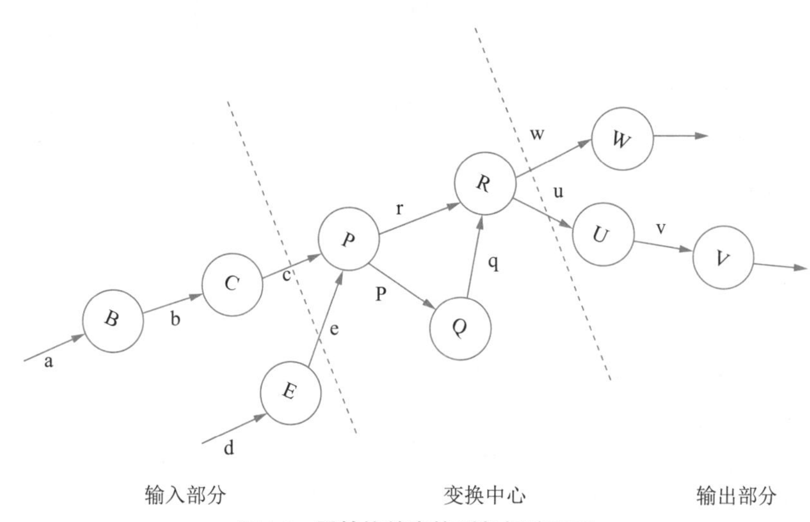

图4.8　需转换的变换型数据流程图

（4）完成第一级转换，建立初始软件结构图的框架。画出结构图最上面的两层模块：顶层和第一层（也称为主体框架）。其中，顶层只含一个用于控制的主模块；第一层一般包括3个模块，即输入处理控制模块、输出处理控制模块和变换中心控制模块。图4.8中数据流程图的第一级转换如图4.9所示。

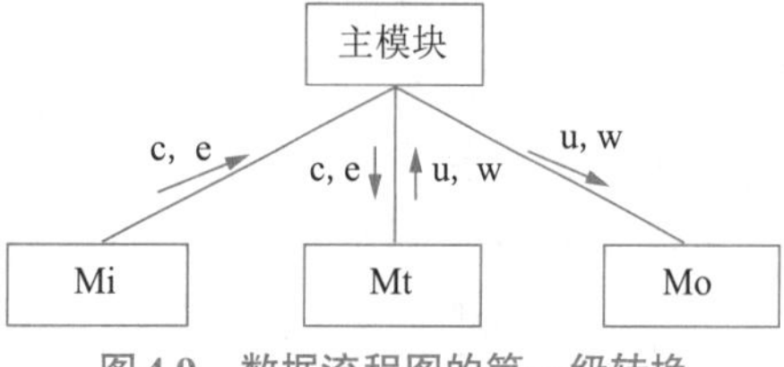

图4.9　数据流程图的第一级转换

主模块是抽象出来的，它位于软件结构顶层，协调和控制下属各模块的调用。输入处理控制模块是Mi，协调对所有输入数据的接收。变换中心控制模块是Mt，管理对内部形式的数据的所有操作。输出处理控制模块Mo则负责协调输出信息的产生过程。

（5）完成“第二级转换”。第二级转换是设计输入处理控制模块、变换中心控制模块、输出处理控制模块的下层模块。完成第二级转换的方法是从变换中心的边界开始沿着输入通路即把物理输入转换成逻辑输入的路径（在本例中是a→c和d→e），把输入路径中的加工逐一映射为软件结构中Mi控制下的一个下层模块；然后沿着输出通路即把逻辑输出转换为物理输出的路径，把输出路径中的每个处理逻辑映射成直接或间接受Mo控制的一个下层模块。最后把变换中心中的每个处理映射成受Mt控制的一个模块。图4.8中数据流程图的第二级转换如图4.10所示。

4. 事务型设计

事务型设计的设计步骤和变换型设计的设计步骤有共同之处，主要差别在于由数据流程图到软件结构的映射方法不同。由事务型数据流程图映射成的软件结构包括接收分支、事务中心和发送分支。

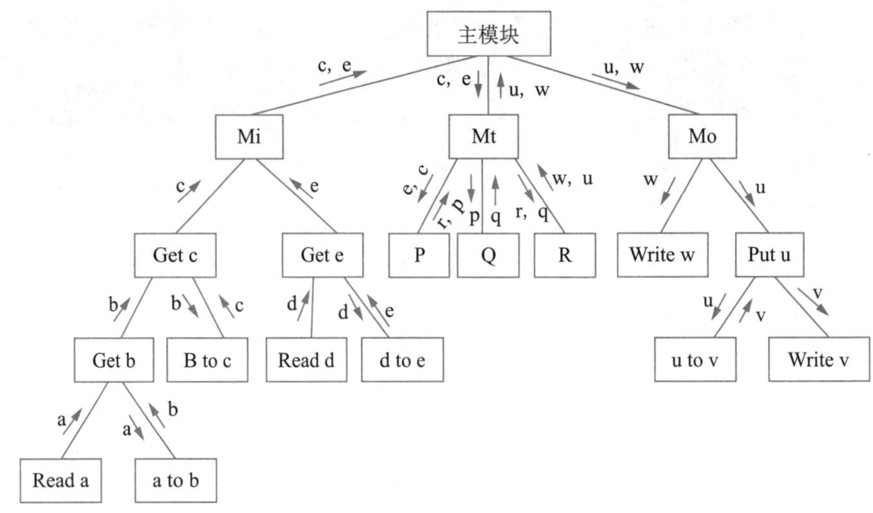

图4.10　数据流程图的第二级转换

映射出接收分支结构的方法和变换型设计映射出输入结构的方法相似，即从事务中心的边界开始，把沿着接收事务流路径上的加工处理逻辑映射成接收分支的模块。

发送分支模块包含一个调度模块，它控制下层的所有活动模块，然后把事务型数据流程图中事务中心调度的每一个活动通路映射成与它的特征相对应的变换型或事务型软件结构。

事务型设计的一般步骤如下：

（1）在数据流程图中确定事务中心、接收部分（包含接收路径）和发送部分（包含全部动作路径）。

事务中心通常位于数据流程图中多条路径的起点，从这一点引出受事务中心控制的全部动作路径，即发送部分。向事务中心提供信息的是系统的接收路径，即接收部分。图4.11是一个划分边界后的事务型数据流程图。

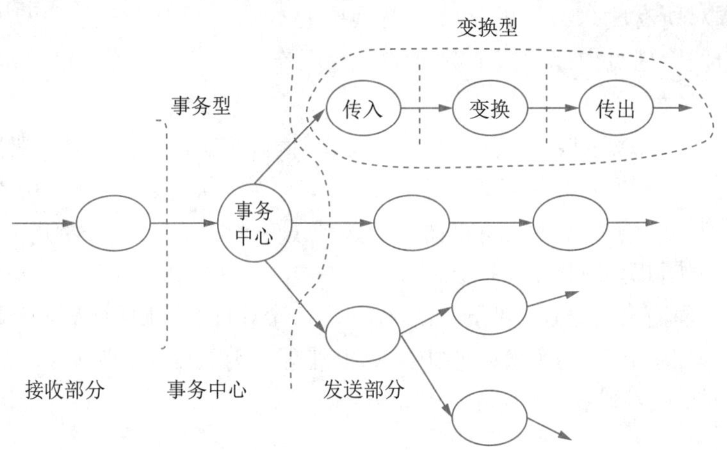

图4.11　划分边界后的事务型数据流程图

（2）画出软件结构图的主体框架。

通过把数据流程图的3部分分别映射成事务控制模块、接收模块和发送模块，可以得到软件结构图的顶层和第一层，即软件结构图的主体框架（事务型软件上层结构）。该框架的基本形式如图4.12所示。

由于事务控制模块和发送模块的功能非常单一，为降低模块之间调用的成本，同时减少整体的层次，也可以把发送模块和事务控制模块合并，这样功能更集中，模块的内聚性也得到充分保证。模块合并后的事务型软件上层结构如图4.13所示。

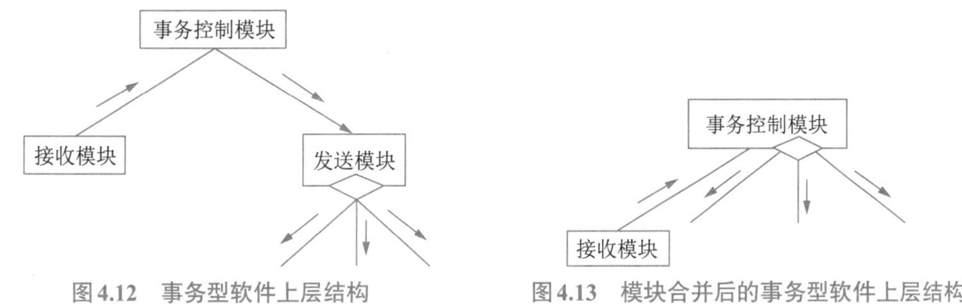

图4.12　事务型软件上层结构　　图4.13　模块合并后的事务型软件上层结构

（3）分解和细化接收分支和发送分支，完成初始的软件结构图。

接收分支如果具有变换型特性，则按变换设计对它进行分解；如果具有事务型特性，则按事务型设计对它进行分解。

根据以上方法，设计出与图4.11所示的事务型数据流程图对应的软件结构图，如图4.14所示。

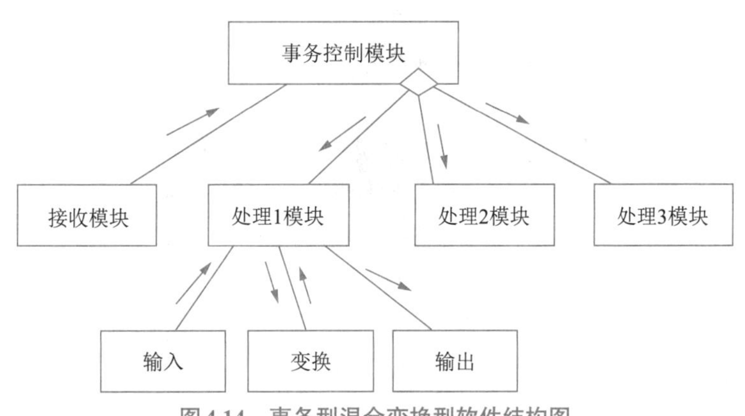

图4.14　事务型混合变换型软件结构图

4.2.1.2　HIPO图

HIPO图是美国IBM公司发明的“层次图+输入/处理/输出图”的英文缩写。其中，H指的是层次（hierarchy）图（简称H图），用来标识基于模块逐级调用的软件结构，IPO指的是输入/处理/输出图（简称IPO图），用来定义模块的输入、处理、输出。

在外形上，H图与软件结构图有相似之处，都是由模块组成，体现功能的划分，但是H图中不体现模块调用时的数据流、控制流等接口数据。图4.15是一个销售管理系统H图，该图反映了该销售系统所包含的主体功能模块的设计以及各主体功能具体的模块细化的结果，对于功能实现过程中涉及的数据则未做描述，系统的功能组成更突出、更清晰。因此，H图通常用于概要设计文档中软件的层次结构的说明。

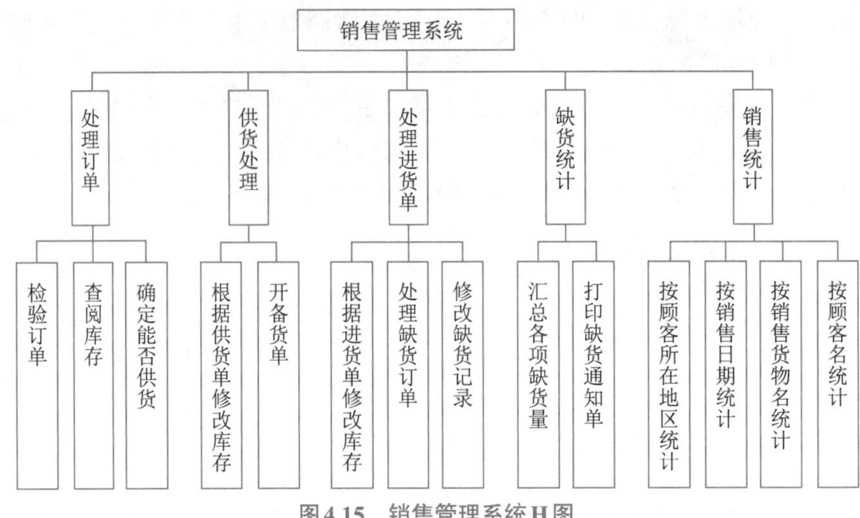

图4.15　销售管理系统H图

由于H图中没有体现数据信息，对于输入数据如何转换为输出结果，可以利用IPO图进行详细说明。其中，被调用和调用内容指图3.7所示的IPO图所描述的模块的上级模块名和本模块中调用的下级模块名。

4.2.2　面向对象设计方法

面向对象设计方法是面向对象技术中的一个环节，旨在对面向对象分析的模型进行完善设计。面向对象分析方法把问题当作一组相互作用的实体，并确定实体间的关系。而面向对象设计更多地关心对象间的协作。

面向对象设计的主要作用是对分析模型进行整理，生成设计模型，为面向对象编程提供开发依据。面向对象设计的内容包括架构设计、子系统设计和类设计等。其中，架构设计的重点在于系统的体系框架的合理性，保证系统架构在系统的各个非功能性需求中保持一种平衡；子系统设计一般采用纵向切割，关注的是系统的功能划分；类设计是通过一组对象交互展示系统的逻辑实现。

4.2.3　面向数据结构设计方法

面向数据的设计

Jackson设计方法是一种典型的面向数据结构设计方法，这种方法由M. A. Jackson提出，其特点是从目标系统的输入、输出数据结构入手，导出程序框架结构，再补充其他细节，即能够得到完整的程序结构图。这一方法对输入、输出数据结构明确的中小型系统特别有效，如商业应用中的文件表格处理。该方法也可与其他方法结合，用于模块的详细设计。

面向数据结构设计方法一般通过以下5个步骤完成设计。

（1）分析并确定输入数据和输出数据的逻辑结构，并用Jackson结构图来表示这些数据结构。

（2）找出输入数据结构和输出数据结构中有对应关系的数据单元。

（3）按以下规则由输入数据结构、输出数据结构导出程序结构图。

①为每一对在输入数据结构和输出数据结构中有对应关系的单元画一个处理框。

②为输入数据结构和输出数据结构中剩余的数据单元画一个处理框。所有处理框在程序结构图上的位置，应与由它处理的数据单元在Jackson结构图上的位置一致。必要时，可以对导出的程序结构图进行进一步的细化。

（4）列出对每一对输入数据结构、输出数据结构所做的基本操作以及操作的条件，并把它们分配到程序结构图的适当位置。

（5）用伪码写出每个处理框的算法。

4.3 概要设计的基本原理

本节讲述在软件设计过程中应该遵循的基本原理和相关概念。

4.3.1 模块化

模块独立性、耦合、标记耦合、数据耦合

如前所述已知，模块是具有特定功能且可以独立存在的单元，对后期编码而言，就是程序代码和数据结构的集合体。按照模块的定义，过程、函数、子程序和宏等都可视为模块。面向对象方法学中的类是模块，类内的方法（或称为服务）也可以是模块。模块是构成软件的基本单元。

模块化就是把一个大的软件系统划分为多个模块的过程，其中的每个模块完成一个简单功能，把这些模块集成起来构成一个软件系统，可以满足用户的需求，完成指定的功能。

如果一个软件系统仅设计为由一个模块组成，它的复杂性将增加，很难被人理解，也不可能做到全面考虑。所以，在软件设计时一般要将一个大的系统基于模块化进行分解，降低软件开发的复杂度。根据人类解决问题的一般规律，模块越复杂，开发的难度也越大。具体理由论述如下。

设函数$C(X)$为问题X的复杂度，函数$E(X)$为解决问题X需要的工作量（时间）。对两个问题P_1和P_2而言，如果

$$C(P_1) > C(P_2)$$

显然有

$$E(P_1) > E(P_2)$$

根据人类解决一般问题的经验，另一个规律是

$$C(P_1+P_2) > C(P_1)+C(P_2)$$

也就是说，如果一个问题由P_1和P_2两个问题组合而成，那么它的复杂度大于分别考虑每个问题时的复杂度之和。

综上所述，得到下面的不等式：

$$E(P_1+P_2) > E(P_1)+E(P_2)$$

由此不难看出，把复杂的问题分解成许多小问题后，可以降低问题的内部复杂度，开发的工作量也同时减小，这就是提出模块化的主要原因和依据。

然而，由上面的不等式似乎还能够得出如下结论：如果无限地分割软件，最后为了

开发软件而需要投入的工作量也就小得可以忽略了。但事实上，还有另一种情况存在，从而使得上述结论不能成立。如图4.16所示，当分解的模块数目增加时，每个模块的规模和开发需要的成本（工作量）虽然减小了，但是随着模块数量的增加，设计模块间接口要投入的工作量也会增加。根据这两个因素，可得出图中的总成本曲线，而交点及其附近的区域M即最适当的模块数量，该模块数量使得系统开发成本达到最小，同时也体现了模块化思想。

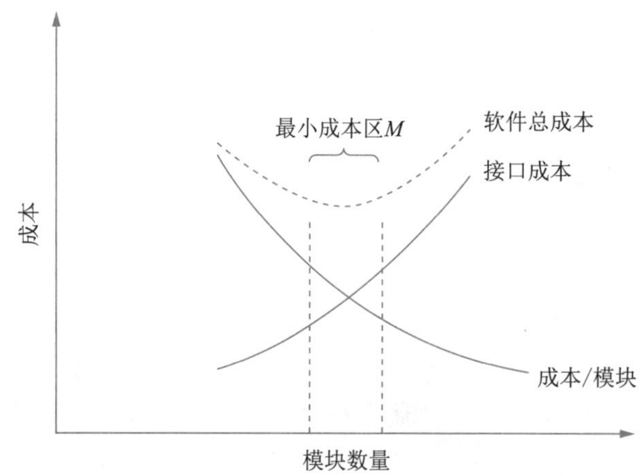

图4.16　模块化和软件成本的关系

虽然目前还不能精确地确定M的具体值，但是在考虑模块化的时候总成本曲线确实是极为有用的指南，它充分反映出对一个系统进行模块分解不是无限的，也不是模块规模越小越好。能够达到内涵和作用明确，功能相对独立且完整即可。

采用模块化原理可以使软件结构清晰，不仅容易设计也容易阅读和理解。因为程序错误通常局限在有关的模块内部及模块间接口，所以模块化使得软件功能更容易开发，同时测试和调试也变得容易，有助于提高软件的质量和可靠性。由于变动往往只涉及少数几个模块，因此模块化能够提高软件的可修改性。此外，模块化也有助于软件开发的组织管理，一个复杂的大型系统可以由许多程序员分工编写不同的模块，并且可以进一步分配高水平的程序员编写难度更高、更复杂的模块。

4.3.2　抽象

人类在认识复杂事务的过程中使用的最强有力的思维工具是抽象。人们在实践中认识到，在现实世界中一些事物、状态或过程之间总存在着某些相似的方面（或共性）。把这些相似的方面集中和概括起来，暂时忽略它们之间的差异，这就是抽象，或者说抽象就是抽出事物的本质特性而暂时不考虑它们的细节。

由于人类思维能力的限制，如果每次面临的因素太多，是不可能做出精确思维的。处理复杂系统的唯一有效方法是用层次的方式构造和分析它。一个复杂的动态系统首先可以用一些高级的抽象概念构造和理解，这些高级概念又可以用一些较通俗的概念构造和解释，如此进行下去，直至最低层次的具体元素。

软件工程过程的每一步都是对软件解法的抽象层次的一次细化。例如，在可行性研究阶段，软件作为系统的一个完整部件；在需求分析阶段，软件解法是使用在问题环境内熟悉的方式描述的；当由总体设计向详细设计过渡时，抽象的程度也就随之降低了；最后，当源程序写出来以后，也就达到了抽象的最底层。

4.3.3 逐步求精

逐步求精是人类解决复杂问题时采用的基本方法，其含义为，为了能集中精力解决主要问题而尽量推迟对问题细节的考虑。这也正是结构化技术自顶向下设计思想的体现，目的是使软件工程师把精力集中在与当前开发阶段最相关的问题上，而忽略那些对整体解决方案来说，虽然是必要的但目前还不需要考虑的细节，这些细节将留到以后再考虑。

逐步求精之所以如此重要，是因为人类的认知过程遵守Miller法则：一个人在任何时候都只能把注意力集中在8 ± 2个知识块上。

软件设计过程采用逐步求精的策略，先设计出软件系统的体系结构，然后设计模块的内部结构，最后用程序设计语言实现模块的具体功能。

求精实际上是细化的过程，从高抽象级别定义的功能陈述（或信息描述）开始。该陈述仅仅概念性地描述了功能或信息，但是并没有提供功能的内部工作情况或信息的内部结构。求精要求设计者细化原始陈述，随着每个后续求精（即细化）步骤的完成而提供越来越多的细节。

抽象与求精是一对互补的概念。抽象使得设计者能够说明过程和数据，同时却忽略底层细节。事实上，可以把抽象看作一种通过忽略多余的细节同时强调有关的细节，而实现逐步求精的方法。求精则帮助设计者在设计过程中逐步揭示出底层细节。这两个概念都有助于设计者在设计演化过程中创造出完整的设计模型。

4.3.4 信息隐蔽和局部化

应用模块化原理时需要考虑一个问题："为了得到最好的一组模块，应该怎样分解软件呢？"信息隐蔽原理指出：对一个模块而言，其内部包含的信息（过程和数据）对于不需要这些信息的模块来说，应该是不能访问的。

局部化的概念和信息隐蔽的概念是密切相关的。局部化是指把一些关系密切的软件元素物理地放得彼此靠近。以往在程序设计语言中学习过的函数内部变量的定义，是局部化的一个典型的例子，也是局部化的最简单应用。显然，局部化有助于实现信息隐蔽。

实际上，应该隐蔽的不是有关模块的一切信息，而是模块的实现细节。因此，有人主张把这条原理称为"细节隐蔽"。"隐蔽"意味着软件系统的功能通过定义一组独立的模块来实现，这些独立的模块彼此间仅仅交换那些为了完成系统功能而必须交换的信息。模块内包含的私有信息对其他模块来说是不可见的。

如果在测试期间和以后的软件维护期间需要修改软件，那么使用信息隐蔽原理作为模块化系统设计的标准，将会带来极大的好处。因为绝大多数数据和过程对于软件的其他部分而言是隐蔽的（也就是"看"不见的），在修改期间由于疏忽而引入的错误对软件其他部分产生的影响也会极大地减少。

4.3.5 模块独立性

模块独立性的概念是模块化、抽象、信息隐蔽和局部化概念的直接结果，开发具有独立功能而且和其他模块之间没有过多的相互作用的模块，就可以做到模块独立。强调模块的独立性主要有两点理由：第一，实施模块化设计的软件容易开发；第二，独立的模块比较容易测试和维护。总之，模块独立是进行良好设计的关键，而设计又是决定软件质量的关键环节。

模块的独立程度由两个定性标准度量，即耦合度和内聚度，这两个概念是Constantine、Yourdon、Myers和Stevens等提出来的。耦合衡量模块彼此间互相依赖（连接）的紧密程度；内聚衡量一个模块内部各个元素彼此结合的紧密程度。以下分别详细阐述。

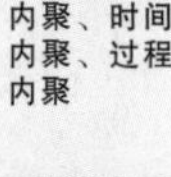
内聚、偶然内聚、逻辑内聚

1.耦合度

耦合体现了一个软件内部各模块之间的关联程度。耦合强弱取决于模块之间接口的复杂度，即关联的形式或接口的数据。

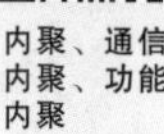
内聚、时间内聚、过程内聚

在软件设计中应该追求尽可能松散耦合的系统。在这样的系统中可以研究、测试或维护任何一个模块，而不需要对系统的其他模块有很多了解。此外，由于模块之间联系简单，发生在一处的错误传播到整个系统的可能性就很小。因此，模块之间的耦合度极大地影响了系统的可理解性、可测试性、可靠性和可维护性。如果两个模块中的每一个都能独立地工作而不需要另一个模块的存在，那么它们彼此完全独立，这意味着模块之间无任何连接，耦合度最低。但是，在一个软件系统中不可能所有模块之间都没有任何连接。一般情况下，模块之间存在以下7种形式的连接，即有7种耦合形式：

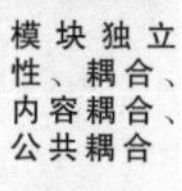
内聚、通信内聚、功能内聚

（1）内容耦合。

如果发生下列情形，两个模块之间就发生了内容耦合。

①一个模块直接访问另一个模块的内部数据。

②一个模块不通过正常入口转到另一个模块内部。

③两个模块有一部分程序代码重叠（只可能出现在汇编语言中）。

④一个模块有多个入口。

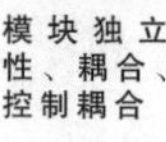
模块独立性、耦合、内容耦合、公共耦合

（2）公共耦合。

若一组模块都访问同一个公共数据环境，则它们之间的耦合就称为公共耦合，公共耦合又可细分为两种形式，如图4.17所示。公共数据环境可以是全局数据结构、共享的通信区、内存的公共覆盖区等。

模块独立性、耦合、控制耦合

内聚、信息内聚、各种内聚比较

图4.17 公共耦合

（3）外部耦合。

一组模块都访问同一全局简单变量但不是同一全局数据结构，而且不是通过参数表传递该全局变量的信息，则称为外部耦合。

（4）控制耦合。

如果一个模块通过传送开关、标志、名字等控制信息，明显地控制选择另一个模块的功能，就是控制耦合，如图4.18所示。

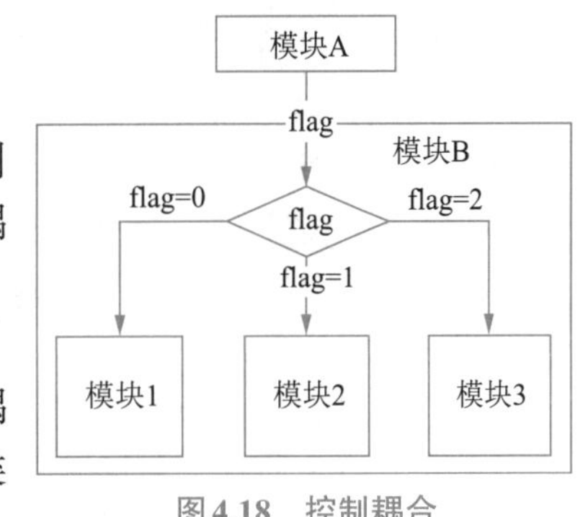

图4.18 控制耦合

（5）标记耦合。

一组模块通过参数表传递记录信息，就是标记耦合。这个记录是某一数据结构的子结构，而不是简单类型的变量。

（6）数据耦合。

如果两个模块之间的通信信息包含若干参数，其中每个参数都是一个简单类型的数据元素，这组模块之间就具有耦合关系，这种耦合为数据耦合。

（7）非直接耦合。

非直接耦合指两个模块之间没有直接联系，它们之间的联系完全是通过主模块的控制和调用来实现的。

耦合度依赖以下几个因素：

①一个模块对另一个模块的调用。

②一个模块向另一个模块传递的数据量。

③一个模块施加到另一个模块的控制的多少。

④模块之间接口的复杂度。

模块的耦合度影响模块的独立性，耦合度越高，模块独立性越弱；反之，模块独立性越强，如图4.19所示。

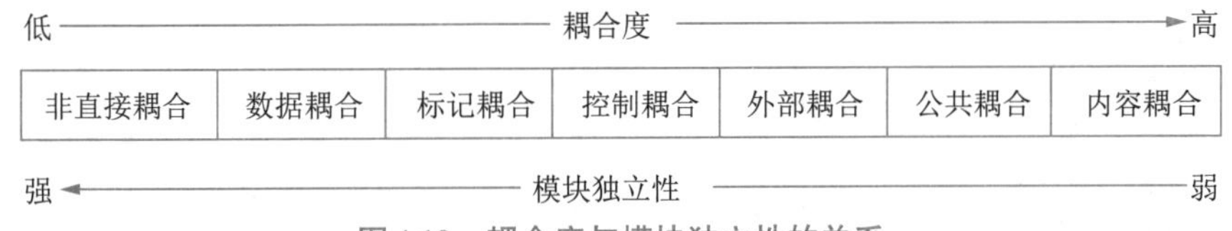

图4.19 耦合度与模块独立性的关系

总之，耦合度是影响软件复杂度的一个重要因素，在设计过程中应该贯彻执行下述设计原则：尽量使用数据耦合，少用控制耦合和标记耦合，限制公共耦合的范围，完全不用内容耦合。

2. 内聚度

内聚度标志一个模块内各个元素彼此结合的紧密程度，它是信息隐蔽和局部化概念的自然扩展。内聚有如下7种形式。

（1）偶然内聚。模块中的代码无法定义其不同功能的调用，但这些功能被汇集在一个模块内部，这种模块称为偶然内聚模块。

（2）逻辑内聚。逻辑内聚把几种相关的功能组合在一起，每次被调用时，由传送给模块的参数来确定该模块应完成哪一种功能。

（3）时间内聚。把需要同时执行的动作组合在一起形成的模块称为时间内聚模块。

（4）过程内聚。过程内聚指一个模块中各个处理元素不仅密切相关，且执行过程要遵照一定的次序。

（5）通信内聚。通信内聚指模块内所有处理元素都在同一个数据结构上操作，或者各处理使用相同的输入数据或者产生相同的输出数据。

（6）功能内聚。功能内聚是较强的内聚，指模块内所有元素共同完成一个功能，缺一不可。

（7）信息内聚。信息内聚是指模块完成多个功能，各个功能都在同一数据结构上操作，每个功能都有一个自己唯一的入口。这个模块将根据不同的要求，确定该模块执行哪一个功能。即如果一个模块内包含多个具有逻辑制约关系的系列操作，每个操作都有各自的出口、入口，每个操作的代码相对独立，而且所有操作都在相同的数据上完成，则该模块具有信息内聚。由于大型复杂软件系统的功能很多，如果完全分割成功能内聚，有的时候会增加模块之间的接口成本。因此，信息内聚在保留了模块功能相对独立的基础上，对模块数量和接口成本进行了平衡，这在大型复杂软件系统中更具有工程意义。

信息内聚的关键要素如下。

①“系列操作”表明具有信息内聚的模块内部，包含的操作不唯一。这与除功能内聚外的其他内聚是相似的。

②“每个操作都有各自的出口、入口”，这样做的目的是使每个功能在执行的时候，具有独立性，不依赖前序或后序功能的执行。

③“每个操作的代码相对独立”，避免了操作之间代码的纠缠，有利于提高后期的可维护性。

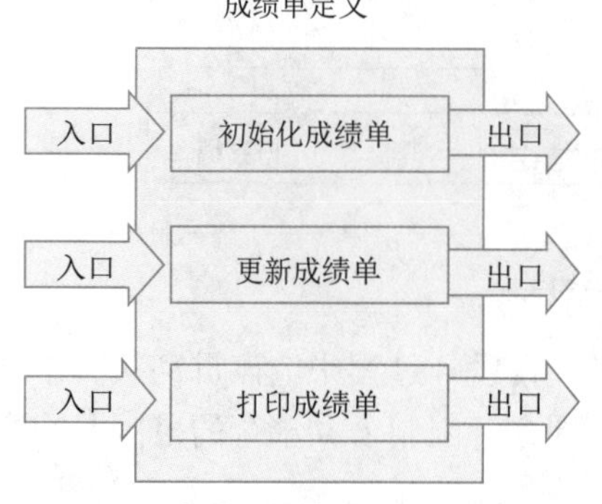

图4.20　成绩单模块的信息内聚设计

④“所有操作都在相同的数据上完成”，这一点与通信内聚相同。

例如，图4.20显示了成绩单模块的信息内聚设计。这种内聚是比较理想的一种设计结果。

成绩单模块完成的功能是关于成绩单的定义和管理的，模块包括三个动作，即初始化成绩单、更新成绩单和打印成绩单，这三个动作的每个动作都具有独立的入口和出口，当完成其中某个操作时，它并不依赖前面操作的结束，可以通过自己独立的入口以及出口完成本身独立的功能。

功能内聚是非常理想化的内聚，可确保模块内部功能、数据都是独立的。同时，它是重用度最好的一种内聚形式，但由于分解的粒度过小，会导致模块数量过多，特别是在大型复杂软件系统中。过多的模块数量会使接口成本变大，因此设计时需要衡量和兼顾好模块独立性、模块规模、模块数量这几个指标。应该将具有最大关联性并基于相同数据操作的功能放在同一个模块里，如把初始化、更新、打印成绩单这3个操作放在同一个模块里。但是为了避免出现过程内聚和通信内聚的问题，可为模块内的各个操作设置各自独立的入口和出口，这样既保证了功能内聚的独立性，又平衡了模块规模和模块数量。所以，在实际工程应用中，信息内聚是一种被广泛认定的良好的模块设计输出标准。

模块的内聚度也影响模块的独立性，内聚度越高，模块独立性越强；反之，模块独立性越弱，如图4.21所示。

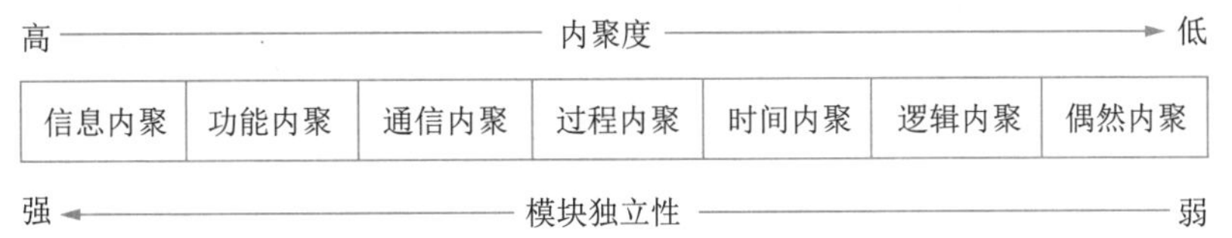

图4.21 模块内聚度与模块独立性的关系

设计时应该力求做到高内聚，通常中等程度的内聚也可以适当采用，其效果和高内聚相差不多；低内聚的模块可修改性、可维护性差，尽可能不用。

内聚和耦合是密切相关的，模块内的高内聚往往意味着模块之间的松耦合。内聚和耦合都是进行模块化设计时需要考虑的重要因素，但是实践表明内聚度对软件开发的效率和质量更重要，应该把更多注意力集中到提高模块内聚度的设计上。

事实上，没有必要精确确定内聚的级别。重要的是设计时力争做到高内聚，并且能够辨认出低内聚的模块，通过修改设计，提高模块的内聚度并降低模块之间的耦合度，从而获得较强的模块独立性。

4.4 软件结构的优化准则

由于使用变换型设计或事务型设计从数据流程图导出软件结构图的过程中，精力通常都集中于逻辑功能的转换以及模块的确定上，而疏于模块层次关系、整体结构与调用关系的合理性考虑。因此，在初步得到软件结构图后，需要进行一系列的改进，确保各模块的独立性，减少重复开发。对软件结构图的改进主要遵循以下优化准则。

1.改造软件结构图，降低耦合度，提高内聚度

设计出软件的初步结构以后，应该审查分析这个结构，通过模块的分解或合并，力求降低模块之间的关联，加强模块内部的紧凑性，即提高内聚度，降低耦合度。

2.避免高扇出，并随着深度的增加，力求高扇入

扇出是指一个模块的直接下属模块的数量。一般情况下扇出过大，意味着模块的复杂度较高，或模块划分过于细碎，会导致模块之间的调用成本增加；但扇出过小也不好，有两种潜在可能：一是模块划分过粗，二是本身内容就比较简单。因此，当扇出过大时，可以适当增加中间层次的模块；扇出较小时，需要仔细研究模块的功能，可以把下级模块进一步分解成几个子功能模块，或者直接合并到它的上级模块中去，从而降低调用成本。

扇入是指直接调用该模块的上级模块的数量。扇入过大表示模块的重用度高，这是设计软件结构时最提倡的，同时也有利于减少重复开发。

随着扇入、扇出的调整，软件结构的整体宽度和深度也会发生相应的变化，从而避免单纯的横向平铺（见图4.22）导致扇出过大或纵向深入（见图4.23）导致扇出过小而深度无限增加。图4.24所示的软件结构为比较理想的设计结果。

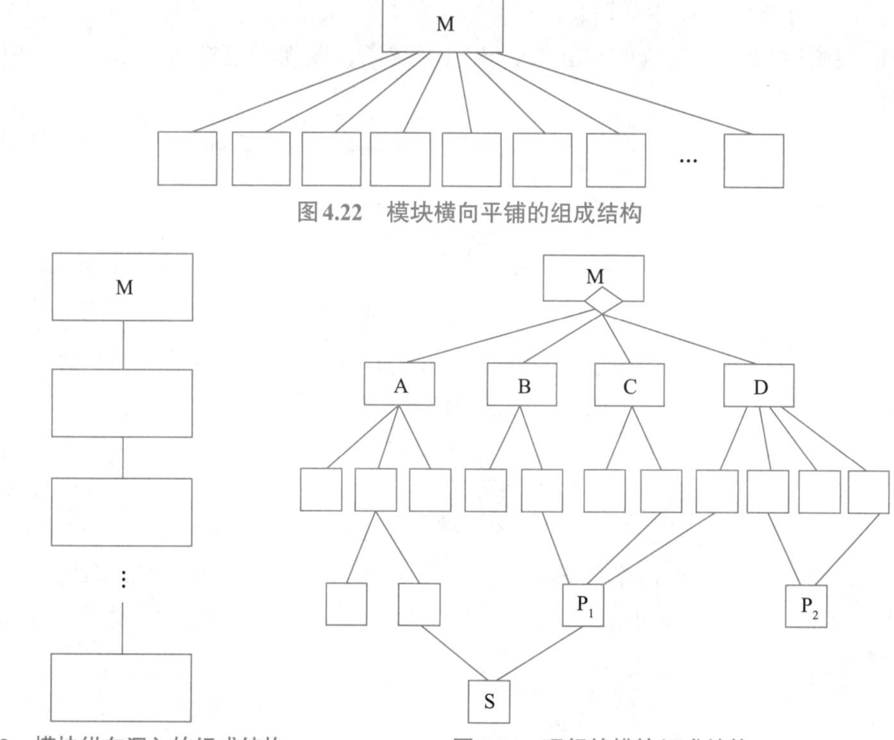

图4.23　模块纵向深入的组成结构　　图4.24　理想的模块组成结构

3.模块的作用范围应在控制范围之内

模块的控制范围包括它本身及其所有的从属模块。模块的作用范围是指模块内若包含一个判定，则凡是受这个判定影响的所有模块都属于这个判定的作用范围。如果一个判定的作用范围包含在这个判定所在模块的控制范围之内，则这种结构是简单的，否则，它的结构过于复杂，不利于实现。

图4.25所示为模块的作用范围与控制范围可能的四种关系，其中黑色的小菱形表示判定，带斜线的模块组成该判定的作用范围。图4.25（a）是最差的情况，其中模块B_2的作用范围（模块A）不在其控制范围（模块B_2）内，因为判定的作用范围不在模块的控制范围之内。B_2的判定信息只有经过B、Y，才能转给A，以致提高了模块之间的耦合度并降低了效率。图4.25（b）所示关系的决策控制在顶层模块，其作用范围模块（A、B_2）在控制范围内，但是从决策控制模块到被控模块之间相差多个层次，图4.25（c）和图4.25（d）所示关系比较合适，其中图4.25（d）所示关系最好。

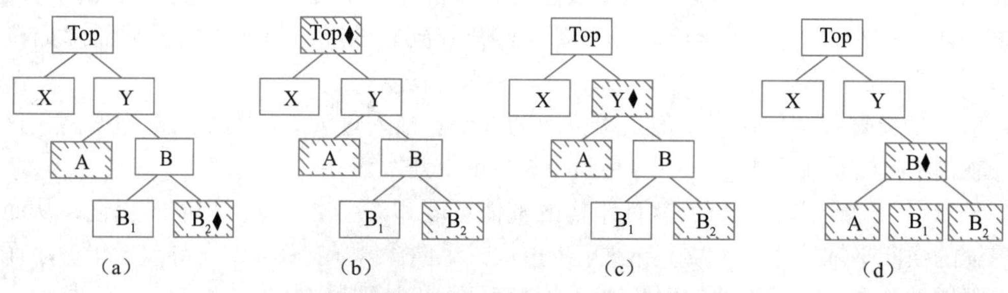

图4.25　模块的作用范围与控制范围可能的四种关系

4. 模块的大小要适中，且功能可预测

模块的大小，可以用模块中所含语句数量来衡量。把模块的大小限制在一定的范围之内，可以提高模块的可阅读性和可理解性。经验表明，通常语句行数最好在30～50行，最多保持在一页打印纸之内，这样，模块功能最容易阅读、理解和修改。

一个模块只处理单一的功能，这样模块能体现出较高的内聚度，且根据输入能很容易地预测输出结果。

5. 降低模块接口的复杂度和冗余度，提高一致性

模块接口应尽可能传递简单数据，而且传递的数据应保持与模块功能相一致，与模块功能无关的数据绝对不要传递。

6. 尽可能设计单入口和单出口的模块

单入口、单出口是指为了保证开发程序的质量，要求过程中的数据流控制必须通过固定的程序段入口进入，且通过固定的出口返回。单入口和单出口的模块能有效地避免内容耦合，为实现结构化程序设计奠定了基础。

以上列出的优化准则多数来源于经验，对改进设计、提高软件质量，有重要的参考价值，在软件设计时可以参考以上优化准则对软件结构进行优化。

章节习题

1. 什么是软件概要设计？该阶段的基本任务是什么？（关联知识点4.1节）

2. 简述软件设计的基本原理。（关联知识点4.3节）

3. 模块与函数是完全相同的概念吗？请解释说明。（关联知识点4.3.1节）

4. 什么是模块之间的耦合？有哪几种耦合？简述降低模块之间耦合度的方法。（关联知识点4.3.5节）

5. 模块的内聚度与该模块在软件结构中的位置有关系吗？说明你的论据。（关联知识点4.3.5节）

6. 影响模块独立性的因素有哪些？如何设计才能够增强独立性？（关联知识点4.3.5节）

7. 变换型设计与事务型设计有什么区别？简述其设计步骤。（关联知识点4.2.1节）

8. 模块化与逐步求精、抽象等概念之间有什么联系？（关联知识点4.3.2节、4.3.3节）

9. 完成良好的软件结构设计应遵循哪些优化准则？（关联知识点4.4节）

10. 如何将一个模块纵向深入的组成结构调整为层次简单且调用关系更加清晰合理的结构？（关联知识点4.2.1节、4.4节）

第5章
思政案例

详细设计

详细设计又称为过程设计，在概要设计阶段，已经确定了软件系统的总体结构，给出系统中各个组成模块的功能和模块之间的联系。接下来的工作，就是要在上述结果的基础上考虑“怎样实现”这个软件系统，直到对系统中的每个模块给出足够详细的过程性描述。需要指出的是，这些描述应该用详细设计的表达工具来表示，它们还不是程序，一般不能够在计算机上运行。

详细设计是编码的先导，这个阶段所产生的设计文档的质量将直接影响下一阶段程序的质量。为了提高文档的质量和可读性，本章除说明详细设计的目的、任务与表达工具外，还将扼要介绍结构化程序设计的基本原理以及如何用这些原理来指导模块内部的逻辑设计，提高模块控制结构的清晰度。本章知识图谱如图5.1所示。

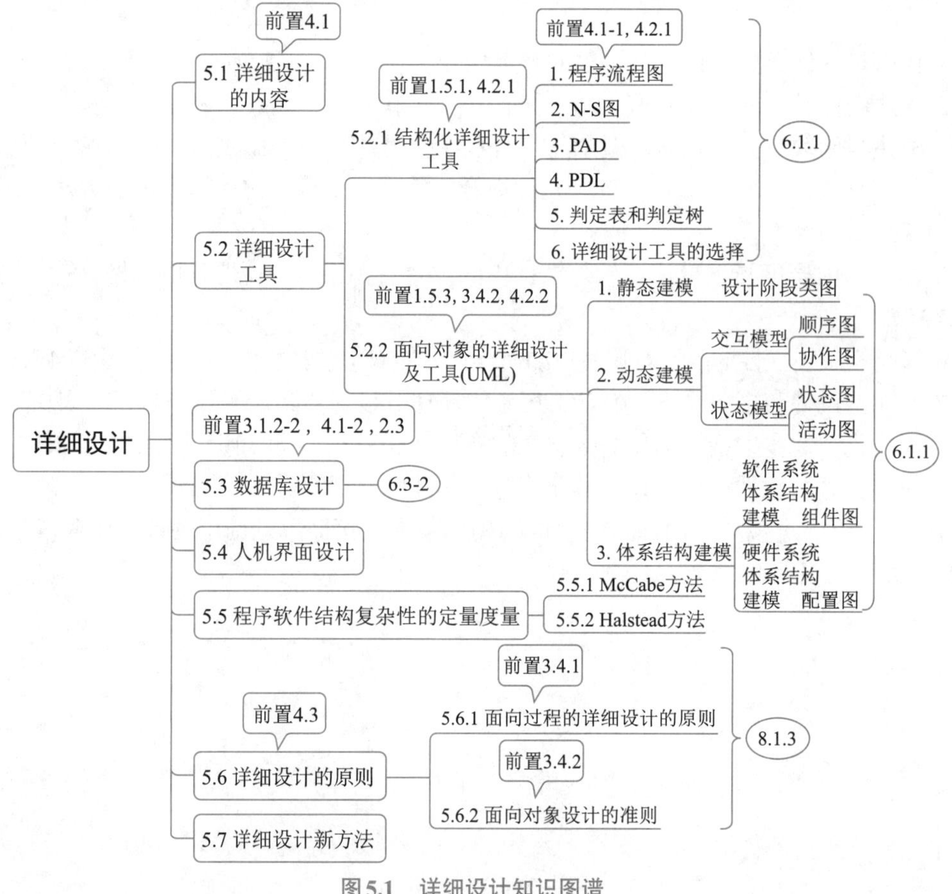

图5.1　详细设计知识图谱

5.1 详细设计的内容

详细设计的目的是为软件结构图［结构图（structure chart，SC）或层次图（hierarchy chart，HC）］中的每个模块确定使用的算法和块内数据结构，并用某种选定的表达工具给出清晰的描述。表达工具可以由开发单位或设计人员自由选择，但它必须具有描述过程细节的能力，进而可在编码阶段直接被翻译为用程序设计语言书写的源程序。

这一阶段的主要任务如下。

（1）为每个模块确定采用的算法，选择某种适当的工具表达算法的过程，写出模块的详细过程性描述。

（2）确定每个模块使用的数据结构。

（3）确定模块接口的细节，包括对系统外部的接口和用户界面，对系统内部其他模块的接口以及模块输入数据、输出数据及局部数据的全部细节。

（4）在详细设计结束时，应该把上述结果写入详细设计说明书，并且通过复审形成正式文档，交付给下一阶段（软件编码阶段）作为工作依据。

（5）要为每个模块设计出一组测试用例，以便在软件编码阶段对模块代码（即程序）进行预定的测试，模块的测试用例是软件测试计划的重要组成部分，通常包括输入数据、期望输出等内容。

5.2 详细设计工具

5.2.1 结构化详细设计工具

在理想的情况下，算法过程描述应采用自然语言来表达，这样能够使不懂软件的人较易理解这些规格说明。但是，自然语言在语法和语义上有时具有多义性，常常要参考上下文才能够把问题描述清楚，因此必须采用更严密的描述工具来表达过程细节。对详细设计的工具简述如下。

（1）图形工具。利用图形工具可以把过程的细节用图形描述出来。

（2）表格工具。可以用一张表来描述过程的细节，在这张表中列出了各种可能的操作和相应的条件。

（3）语言工具。用某种高级语言（称为伪码）来描述过程的细节。

1. 程序流程图

程序流程图又称为程序框图，它是软件开发者最熟悉的一种算法表达工具。它独立于任何一种程序设计语言，比较直观和清晰地描述过程的控制流程，易于学习掌握。因此，它至今仍是软件开发者最普遍采用的一种工具。

流程图也存在一些严重的不足，主要表现在利用流程图使用的符号不够规范，人们常常使用一些习惯性用法。特别是表示程序控制流程的箭头，使用的灵活性极大，程序员可以不受任何约束，随意转移控制。这些问题常常极大地影响了程序质量。为了消除这些不足，应严格地定义流程图所使用的符号，不允许随心所欲地画出各种不规范的流程图。

为使用流程图描述结构化程序，必须限制在流程图中只使用下述5种基本控制结构。

（1）顺序型。

顺序型由几个连续的处理步骤依次排列构成，如图5.2所示。

（2）选择型。

选择型是指由某个逻辑判断式的取值决定选择两个处理中的一个，如图5.3所示。

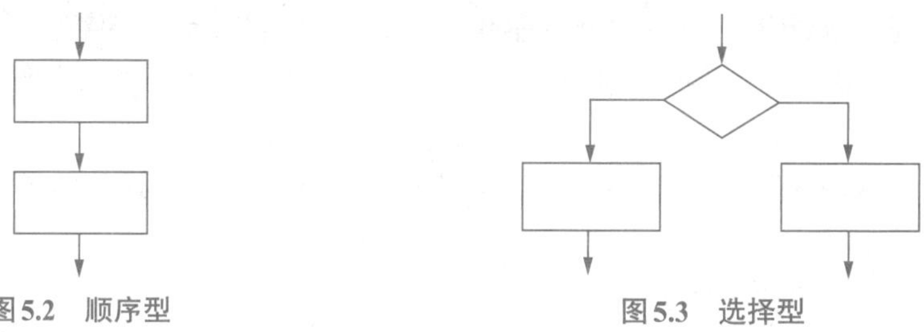

图5.2　顺序型　　图5.3　选择型

（3）WHILE型循环。

WHILE型循环是先判定型循环，在循环控制条件成立时重复执行特定的处理，如图5.4所示。

（4）UNTIL型循环。

UNTIL型循环是后判定型循环，重复执行某些特定的处理，直到控制条件成立为止，如图5.5所示。

图5.4　WHILE型循环　　图5.5　UNTIL型循环

（5）多情况型选择。

多情况型选择列举多种处理情况，根据控制变量的取值选择执行其一，如图5.6所示。

任何复杂的程序流程图都应由上述5种基本控制结构组合或嵌套而成。图5.7所示为一个结构化程序流程图。

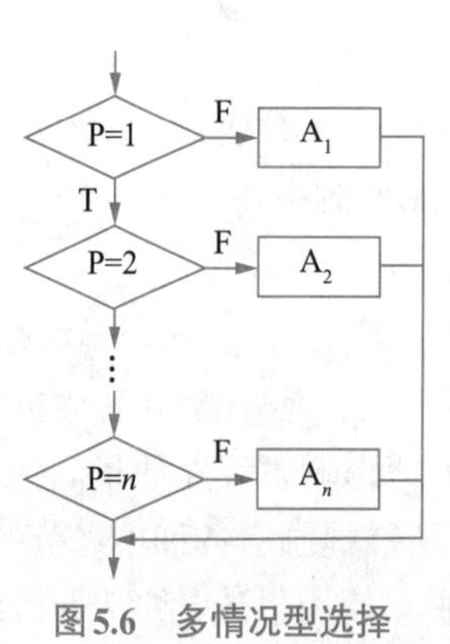

图5.6　多情况型选择

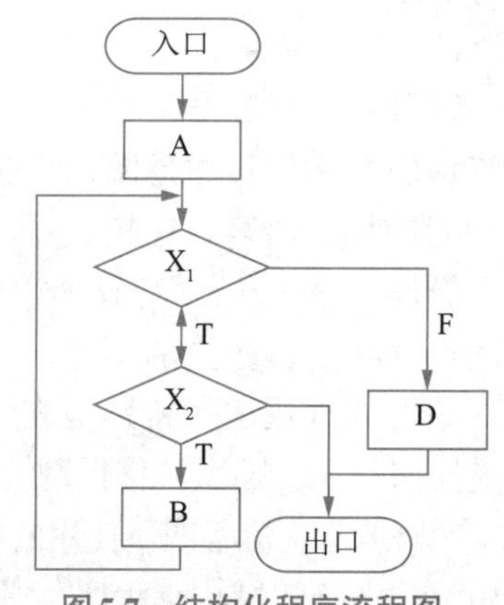

图5.7　结构化程序流程图

为了能够准确地使用流程图，要对流程图所使用的符号做出确切的规定。除按规定使用定义了的符号之外，流程图中不允许出现其他任何符号。图5.8给出了国际标准化组织提出的已被我国国家技术监督局批准的一些程序流程图标准符号，其中大多数符号的规定使用方法与普通习惯用法一致。

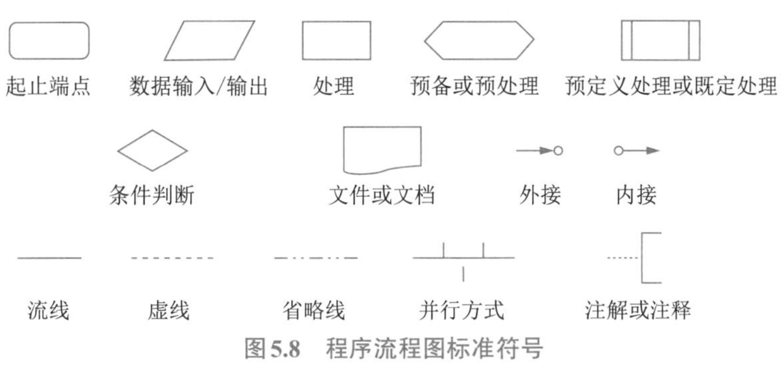

图5.8　程序流程图标准符号

2. N-S图

Nassi和Shneiderman提出了一种符合结构化程序设计原则的图形描述工具，该图形描述工具称为盒图，又称为N-S图。在N-S图中，为了表示5种基本控制结构，规定了5种图形构件。

结构化设计工具——N-S图

（1）顺序型。

如图5.9所示，在顺序型结构中先执行A，后执行B。

（2）选择型。

如图5.10所示，在选择型结构中，如果条件P成立，可执行T下面的内容；当条件P不成立时，则执行F下面的内容。

（3）WHILE重复型。

如图5.11所示，在WHILE重复型循环结构中先判断P的值，再执行S。其中，P是循环条件，S是循环体。

（4）UNTIL重复型。

如图5.12所示，在UNTIL重复型循环结构中先执行S，后判断P的值。

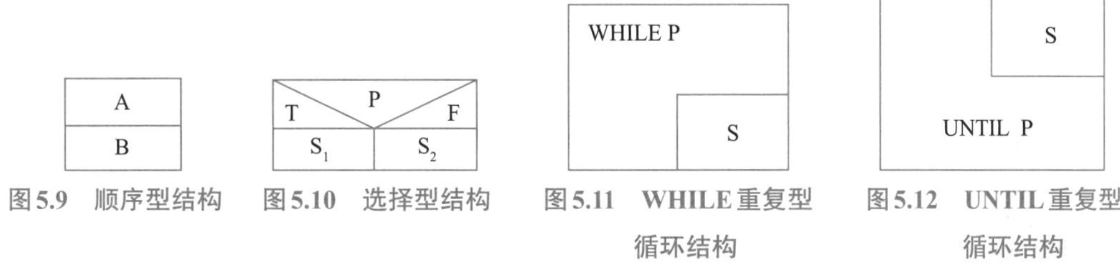

图5.9　顺序型结构　图5.10　选择型结构　图5.11　WHILE重复型循环结构　图5.12　UNTIL重复型循环结构

（5）多分支选择型。

图5.13给出了多出口的判断图形表示，P为控制条件，根据P的取值相应地执行其值下面的各框内容。

例如，将图5.7所示的程序流程图转换为N-S图的结果如图5.14所示。N-S图的特点如下。

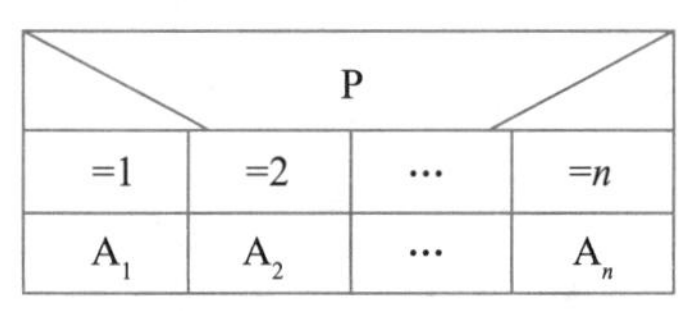

图 5.13　多分支选择型

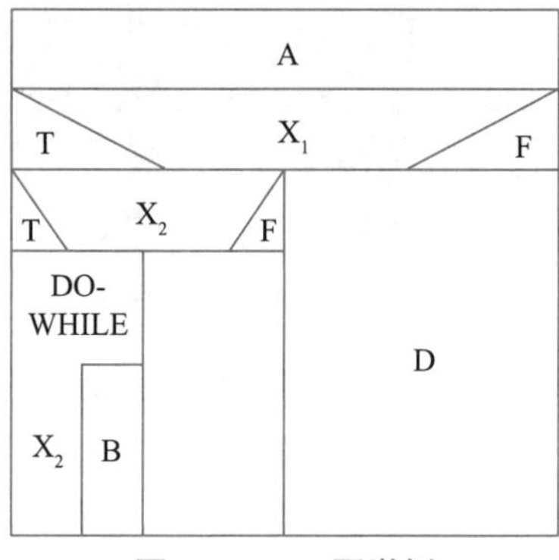

图 5.14　N-S 图举例

①图形清晰、准确。

②控制转移不能任意规定，必须遵守结构化程序设计原则。

③很容易确定局部数据和全局数据的作用域。

④容易表现嵌套关系和模块的层次结构。

3. PAD

结构化设计工具——PAD

PAD 是 problem analysis diagram 的英文缩写，它是日本的日立公司提出的，是用结构化程序设计思想表现程序逻辑结构的图形工具。

PAD 也设置了 5 种基本控制结构的图示，并允许递归使用。

（1）顺序型。

如图 5.15 所示，按顺序先执行 A，再执行 B。

（2）选择型。

如图 5.16 所示，给出了判断条件为 P 的选择型结构。当 P 为真值时执行上面的 A 框中的内容，当 P 为假值时执行下面的 B 框中的内容。如果这种选择型结构只有 A 框，没有 B 框，表示该选择结构中只有 THEN 后面有可执行语句 A，没有 ELSE 部分。

（3）WHILE 重复型和 UNTIL 重复型。

如图 5.17 所示，P 是循环判断条件，S 是循环体。循环判断条件框的右端为双纵线，表示该矩形域是循环条件，以区别于一般的矩形功能域。

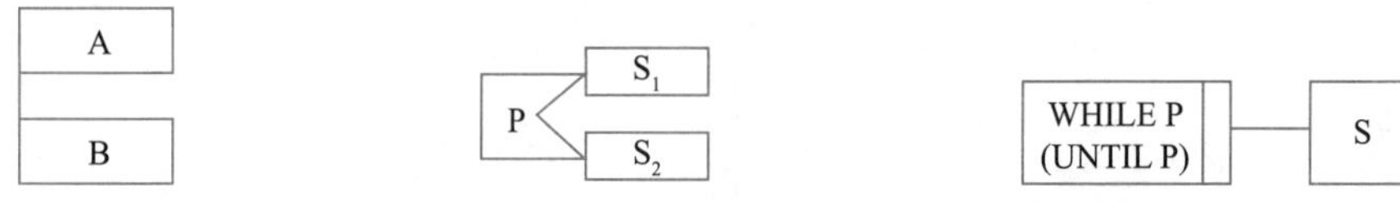

图 5.15　顺序型结构　　图 5.16　选择型结构　　图 5.17　WHILE 重复型和 UNTIL 重复型结构

（4）多分支选择型。

如图 5.18 所示，多分支选择型结构是 CASE 型结构。当判定条件 P 等于 1 时执行 A_1 框中的内容，当 P 等于 2 时执行 A_2 框中的内容，当 P 等于 n 时执行 A_n 框中的内容。

（5）PAD 的应用举例。

图 5.19 给出了图 5.7 所示的程序流程图的 PAD。

（6）PAD 的特点。

①PAD 的清晰度和结构化程度高。

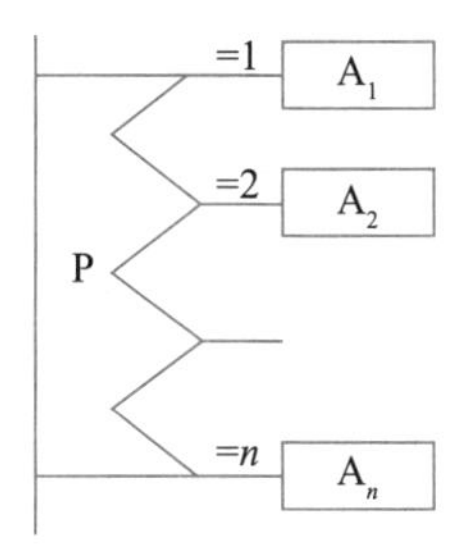

图 5.18　多分支选择型结构

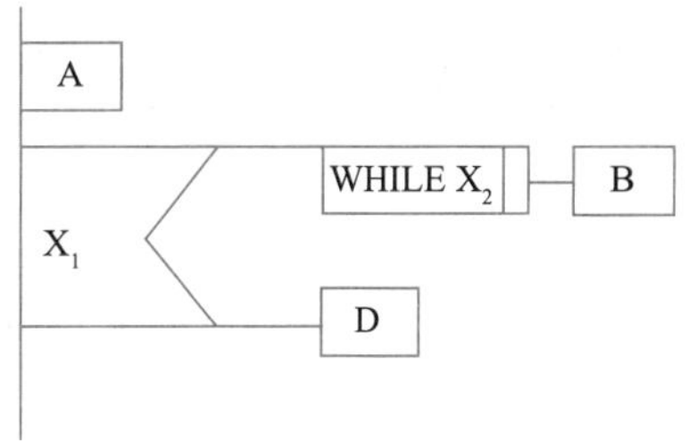

图 5.19　PAD 举例

②PAD 中最左端是程序的主干线，即程序的第一层结构。其后，每增加一个层次，则向右扩展一条纵线。程序中的层数就是PAD中的纵线数。因此，PAD的可读性强。

③利用PAD设计出的程序必定是结构化的程序。

④利用软件工具可以将PAD转换成高级语言程序，进而提高软件的可靠性和生产率。

⑤PAD 支持自顶向下的逐步求精的方法。

（7）PAD的扩充结构。

为了反映增量型循环结构，在PAD中增加了对应于

FOR i:= n1 to n2 step n3 do

的循环控制结构，如图5.20（a）所示。其中，n1是循环初值，n2是循环终值，n3是循环增量。

另外，PAD所描述程序的层次关系表现在纵线上，每条纵线表示一个层次。把PAD从左到右展开，随着程序层次的增加，PAD逐渐向右展开，有可能会超过一页纸，这时，对PAD增加了一种如图5.20（b）所示的扩充形式。该图中用实例说明，当一个模块A在一页纸上画不下时，可在图中该模块相应位置的矩形框中简记一个“NAME A”，再在另一页纸上详细地画出A的内容，用def及双下画线来定义A的PAD。这种方式可使在一张纸上画不下的图在几张纸上画出，还可以用它定义子程序。

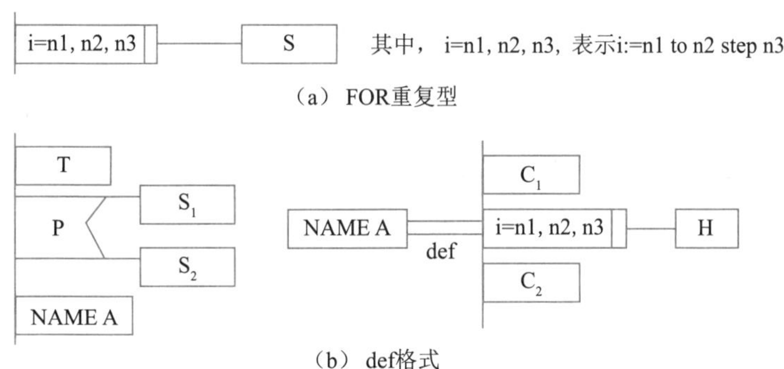

图 5.20　FOR重复型和def格式

4. PDL

PDL（procedure design language）是过程设计语言的英文缩写，它于1975年由Caine与Gordon在《PDL：一种软件设计工具》一文中首先提出。PDL是所有非正文形式的过程设计工具的统称，到目前为止已出现多种PDL。PDL具有“非纯粹”的编程语言的特点。

（1）PDL的特点。

①关键字采用固定语法并支持结构化构件、数据说明机制和模块化。

②处理部分采用自然语言描述。

③可以说明简单和复杂的数据结构。

④子程序的定义与调用规则不受具体接口方式的影响。

（2）PDL描述选择结构。

利用PDL描述的IF结构如下：

```
IF< 条件 >
    一条或数条语句
ELSEIF< 条件 >
    一条或数条语句
…
ELSEIF< 条件 >
    一条或数条语句
ELSE
    一条或数条语句
ENDIF
```

（3）PDL描述循环结构。

对于3种循环结构，利用PDL描述如下：

①WHILE循环结构。

```
DO WHILE< 条件描述 >
    一条或数条语句
ENDWHILE
```

②UNTIL循环结构。

```
REPEAT UNTIL< 条件描述 >
    一条或数条语句
ENDREP
```

③FOR循环结构。

```
DOFOR< 循环变量 >=< 循环变量取值范围，表达式或序列 >
ENDFOR
```

（4）子程序。

```
PROCEDURE< 子程序名 >< 属性表 >
    INTERFACE< 参数表 >
    一条或数条语句
END
```

属性表指明了子程序的引用特性和利用的程序语言的特性。

（5）输入/输出。

```
READ/WRITE TO< 设备 ><I/O 表 >
```

综上可见，PDL具有很强的描述功能，是一种十分灵活和有用的详细设计表达方法。

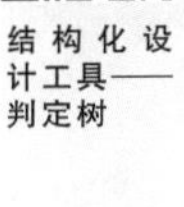
结构化设计工具——判定树

结构化设计工具——判定表

5. 判定表和判定树

判定表将比较复杂的决策问题简洁、明确地描述出来，它是描述条件比较多的决策问题的有效工具。如果数据流图的加工需要依赖于多个逻辑条件的取值，使用判定表来描述比较合适。

判定表的格式如图5.21所示。

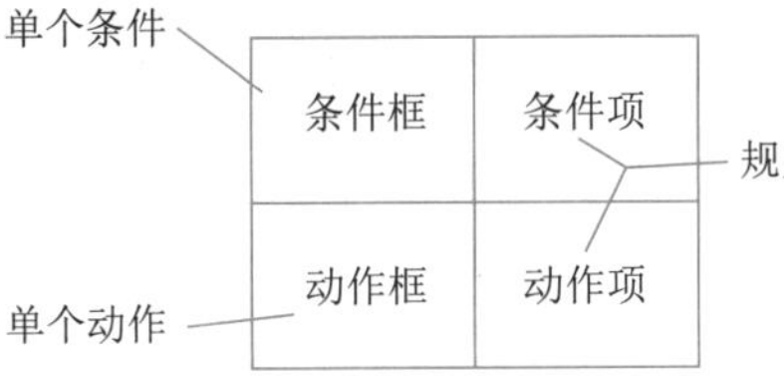

例如某仓库的发货方案如下。

（1）客户欠款时间不超过30天，如果需要量不超过库存量立即发货，否则先按库存量发货，进货后再补发。

（2）客户欠款时间不超过100天，如果需要量不超过库存量先付款再发货，否则不发货。

（3）客户欠款时间超过100天，要求先付欠款。

判定表的表示如表5.1所示。

	条件框	条件项
	动作框	动作项

单个条件　单个动作　规则

图5.21　判定表的格式

表5.1　判定表的表示

决策规则号		1	2	3	4	5	6
条　件	欠款时间≤30	Y	Y	N	N	N	N
	欠款时间＞100	N	N	Y	Y	N	N
	需求量≤库存量	Y	N	Y	N	Y	N
应采取的行动	立即发货	×					
	先按库存量发货，进货后再补发		×				
	先付款，再发货					×	
	不发货						×
	要求先付款			×	×		

判定树又称为决策树，是一种描述加工的图形工具，适合描述问题处理中具有多个判断的情况，而且每个决策与若干条件有关。在使用判定树进行描述时，应该从问题的文字描述中分清哪些是判定条件，哪些是判定决策，并根据描述材料中的连接词找出判定条件的从属关系、并列关系、选择关系，进而根据这些关系构造判定树。判定树用一种树状方式来表示多个条件、多个取值应采取的动作。

判定树的表示形式如图5.22所示。

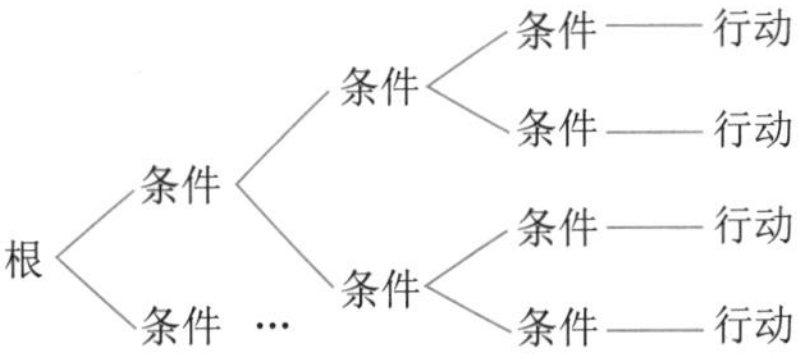

```
                    条件 —— 行动
          条件 <
                    条件 —— 行动
   条件 <
                    条件 —— 行动
根 <      条件 <
                    条件 —— 行动
   条件 …
```

图5.22　判定树的表示形式

例如，以商店业务处理系统中的“检查发货单”为例：

```
IF 发货单金额超过 $500 THEN
    IF 欠款超过了 60 天 THEN
        在偿还欠款前不予批准
    ELSE（欠款未超期）
```

```
            发出批准书、发货单
    ELSE(发货单金额未超过 $500)
        IF 欠款超过 60 天 THEN
            发出批准书、发货单及赊欠报告
        ELSE(欠款未超期)
            发出批准书、发货单
```

检查发货单的判定树如图5.23所示。

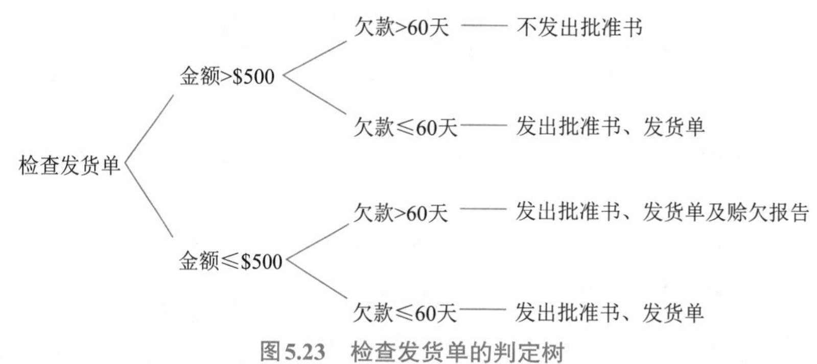

图5.23　检查发货单的判定树

判定表和判定树都是以图形形式描述数据流的加工逻辑，它们结构简单，易懂易读。尤其是遇到组合条件的判定，利用判定表或判定树可以使问题的描述清晰，而且便于直接映射到程序代码。在表达一个加工逻辑时，判定树、判定表都是好的描述工具，可以根据需要交叉使用。

6. 详细设计工具的选择

在详细设计中，对一个工程设计选择的原则是使过程描述易于理解、复审和维护，过程描述能够自然地转换成代码，并保证详细设计与代码完全一致。为了遵循这一原则，要求设计工具具有下述属性。

（1）模块化。支持模块化软件的开发，并提供描述接口的机制。例如，能够直接表示子程序和块结构。

（2）简洁。设计描述易学、易用和易读。

（3）便于编辑。支持后续设计和维护以及在维护阶段对设计进行的修改。

（4）机器可读性。设计描述能够直接输入，并且很容易被计算机辅助设计工具识别。

（5）可维护性。详细设计应能够支持各种软件配置项的维护。

（6）自动生成报告。设计者通过分析详细设计的结果来改进设计，通过自动处理器产生有关的分析报告，进而增强设计者在这方面的能力。

（7）强制结构化。详细设计工具能够强制设计者采用结构化构件，有助于采用优秀的设计。

（8）数据表示。详细设计具有表示局部数据和全局数据的能力。

（9）逻辑验证。软件测试的最高目标是能够自动检验设计逻辑的正确性，所以设计描述应易于进行逻辑验证，进而增强可测试性。

（10）可编码能力。可编码能力是一种设计描述，研究代码自动转换技术可以提高软件效率和降低出错率。

5.2.2 面向对象的详细设计及工具

设计阶段的工作，在整个项目的开发过程中是一项非常重要的工作，该阶段完成的模型在实现阶段直接向代码进行转换。设计阶段的工作必须在分析阶段所确定的模型的基础上进行，它所设计的每一个类在分析阶段都是存在的，如果发现有确实需要增加的类，则需要在分析模型中增加该类，并验证是否确实需要增加。在设计阶段，一般不要过多地增加或删除分析模型中各个类图中的类。

设计阶段的工作，简单来说，是基于分析模型进行扩充，建立相应的设计模型。确切地说，是定义分析阶段所确定的每个类，即定义每个类的方法和属性，并确定每个成员的可见性，如公有、私有或保护。

在分析模型中，把类分为3种类型，即边界类、控制类和实体类，其图形的表示也比较简单。而在设计模型中，采用了UML标准的类的表示方法，每个类被分为3部分，分别表示类名字、类属性和类方法。

面向对象的设计建模

面向对象设计过程如下。

（1）在设计的层次上加强分析阶段确定的序列图、协作图和状态图，讨论是否还有别的操作和类所需访问的数据。

（2）根据上面的工作，对类图进行细化。

①对每个类已存在的域进行细化。例如，方法应该确定它的名字、参数和返回类型。

②增加新发现的数据类型、消息、方法。

（3）利用开发工具提供的大量类库，对系统已有的类进行完善，得到设计阶段的类图。

（4）利用活动图（类似结构化方法中程序流程图）描述类中每个方法的处理流程。

（5）定义实体类的属性，进行数据库的设计。

（6）建立系统的物理模型。

5.2.2.1 静态建模——设计阶段类图

1.概述

在分析模型中，只是确定了相关领域中开发系统的各个抽象类之间的关系，同时，只说明属性的含义和方法的功能，没有说明属性的具体类型、方法的参数和返回类型以及两者的可见性。同时，在现实的软件开发过程中，大多数用的都是可视化的集成开发环境（integrated development environment，IDE）。开发工具提供的大量类库可以使用，如C++中的STL、Visual C++中的MFC及Java中的API等。在分析模型中，并没有把开发工具提供的基础类包括进去，因此在设计模型中，需要根据问题的内容增加相关类库中的类。

2.说明

（1）通常一个完整的系统类图较大，类图中的每个类只有名字，一般不给出属性和方法，这样系统类图比较清晰，使设计人员能较好地对整个模型进行把握。

（2）画完上述系统类图后，再对各个类进行详细的说明，确定各个类的属性和方法。

在创建设计模型阶段，对各个类的不断细化，一旦确定了各个类的方法和属性，设计阶段的UML功能模型也就全部完成，下一步的工作就是实现系统了。

对于如何实现系统，即将设计模型转换成相应的程序代码，将在第6章介绍。

5.2.2.2　动态建模

对象类动态模型包括对象交互模型和对象状态模型。其中对象交互模型由顺序图和协作图组成，对象状态模型由状态图和活动图组成。

1. 交互模型建模

顺序图显示对象之间的动态合作关系，它强调对象之间消息发送的顺序。顺序图由对象、生命线、激活条和消息组成。顺序图中，若干对象横向排列，对象之间通过消息连接，每个对象下部都是该对象的生命线和激活条，如图5.24所示。

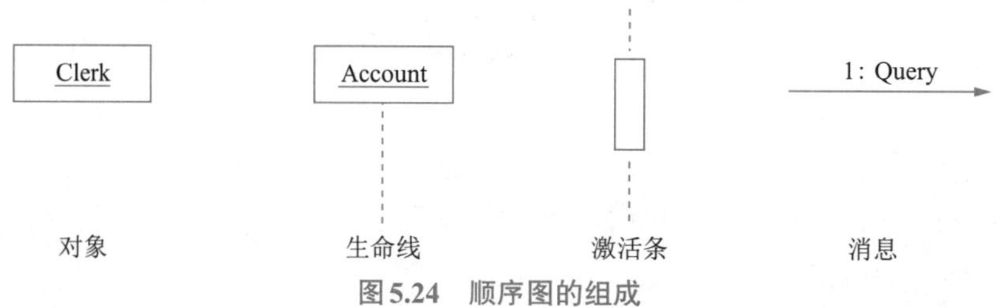

图5.24　顺序图的组成

在图5.25所示的“学生选课”顺序图中，有一个参与者、4个类对象、8个消息，消息实现了对象之间的连接，并体现出时间的顺序。

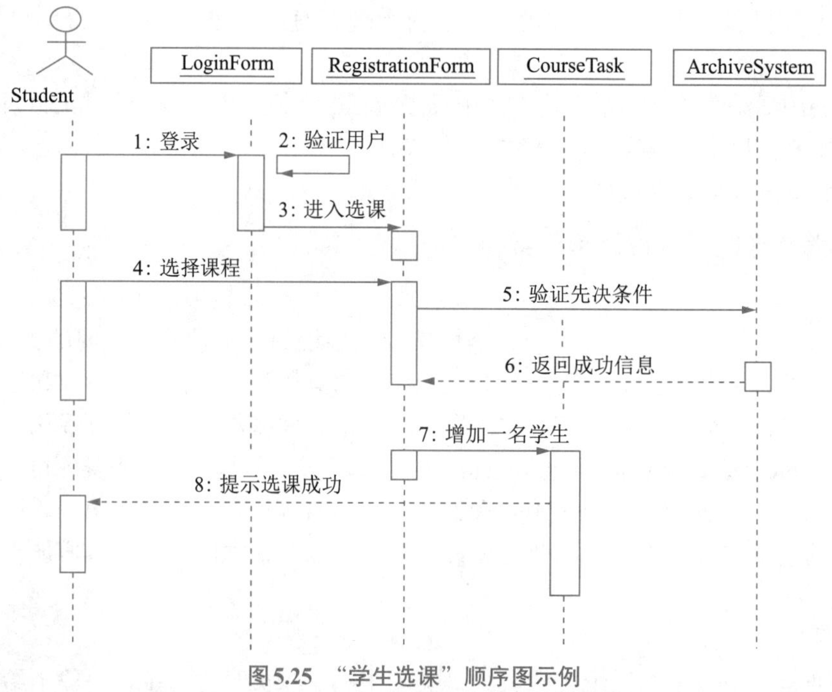

图5.25　“学生选课”顺序图示例

协作图的对象图示与顺序图的对象图示相同。对象之间的连线代表了对象之间的关联和消息传递，每个消息箭头都带有一个消息标签。图5.26描述了银行系统的取款过程中相互协作的对象间的交互关系和关联连接关系。

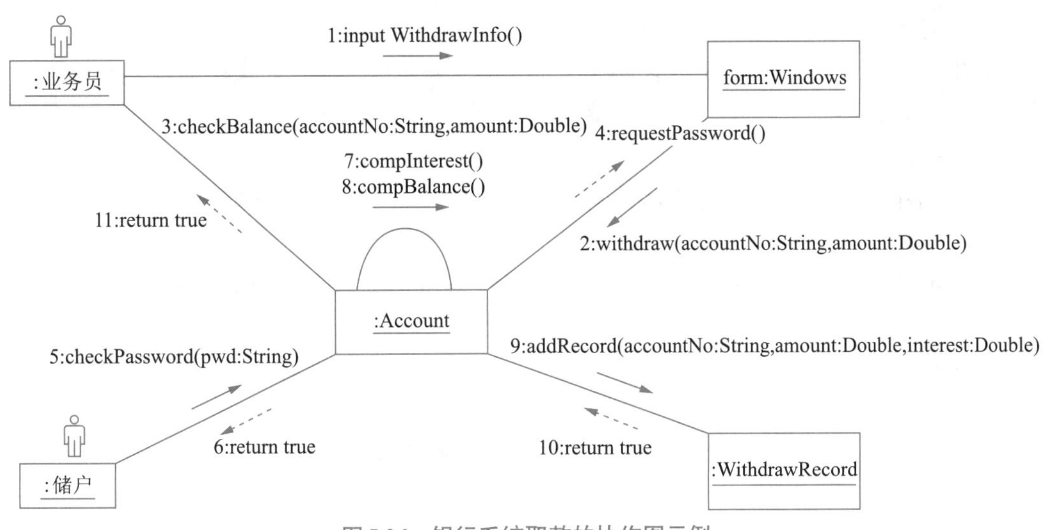

图5.26　银行系统取款的协作图示例

协作图与顺序图相似，都是显示对象间的交互关系。但它们的侧重点不同，若强调时间和顺序，则选择顺序图；若强调对象之间的相互关系则选择协作图。图5.27描述的是银行系统取款的顺序图，可以对比图5.26理解顺序图与协作图的区别。

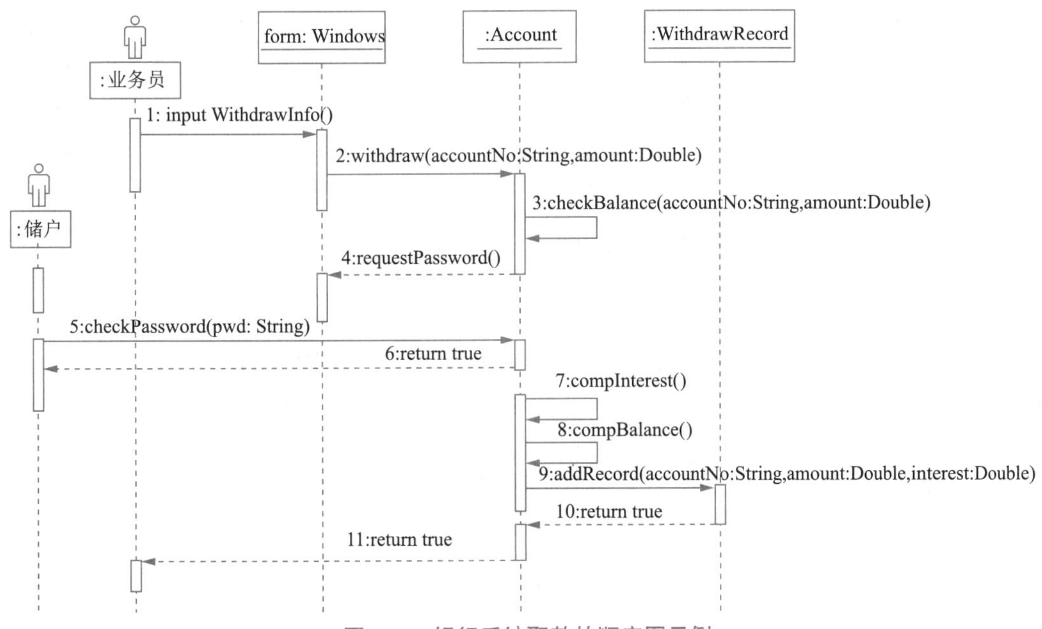

图5.27　银行系统取款的顺序图示例

顺序图与协作图从不同角度描述了系统的行为，顺序图主要用于表现对象间消息传递的时间顺序。而协作图主要用于描述对象间的协作关系。二者可实现用例图中控制流的建模，用于描述用例图的行为。

2.顺序图建模

顺序图具有两个坐标：垂直坐标表示时间顺序，水平坐标表示一组对象。顺序图中的对象用矩形框表示，并标有对象名和类名。垂直虚线是对象的生命线，用于表示在某段时间内对象是存在的。

对象间的通信通过在对象的生命线之间的消息来表示，消息箭头指向消息的接收者，消息分为简单消息、同步消息、异步消息和返回消息。发送消息以实线箭头表示，返回消息以虚线箭头表示。

（1）简单消息：简单消息表示消息类型不确定或与类型无关，或是一同步消息的返回消息。

（2）同步消息：同步消息表示发送对象必须等待接收对象完成消息处理后，才能继续执行。

（3）异步消息：异步消息表示发送对象在消息发送后，不必等待消息处理，可立即继续执行。

（4）返回消息：表示接收消息的对象向发送对象进行反馈的消息。

3. 协作图建模

协作图与顺序图均可以描述系统对象间的交互。协作图包含一组对象及对象间的关联，通过消息传递描述对象间如何协作完成系统的行为。

5.2.2.3 状态模型建模

状态图是在系统分析阶段常用的工具，是对类图的补充。状态图由对象的各个状态和连接这些状态的转换组成。通常，用一个状态图描述一类对象的行为，它确定了由事件序列引出的状态序列。实际上不是任何一个类都需要有一个状态图描述它的行为，只有具有明显的状态特征并且具有比较复杂的状态、事件、响应行为的类，才需要画状态图。状态图由状态、转换、事件和活动等元素组成。一个状态图仅包含一个起始状态，表示对象创建时的状态，用实心圆圈表示。一个状态图可以包含多个终止状态，表示对象生命期的结束，用实心圆点外加一个圆圈表示。其他状态以圆角矩形表示，在圆角矩形内部标出状态名、状态变量和活动，状态名要具有唯一性，状态变量指状态图所描述的类属性，活动列出了该状态要执行的事件和动作。转换指从一个状态至另一个状态的变化，用一个带箭头的连线表示，在状态转换时，要给出相应的事件或监护条件。状态转换图的基本图符如图5.28所示。

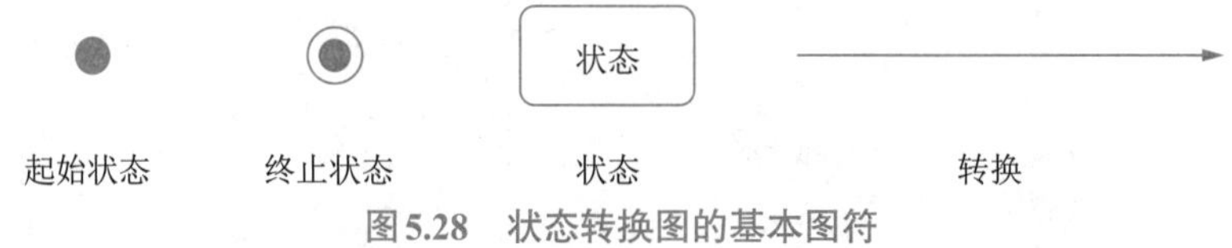

图5.28　状态转换图的基本图符

选课系统中CourseTask类的对象具有比较明显的状态特征，其状态有初始状态、可选状态、人满状态、关闭状态，如图5.29所示。

注意状态图与活动图的区别：状态图反映一个对象的各个状态的变化；活动图反映多个对象间的交互。活动图是UML中实现对系统动态行为建模，将用例图中的用例细化，用例内部的细节通常以活动图的方式描述。活动图用于描述活动的顺序，主要表现出活动之间的控制流，是内部处理驱动的流程，其在本质上是一种流程图。活动图的基本图符如图5.30所示。活动表示控制流程中的任务执行，或者表示算法过程中的语句执行，每个活动应由一个活动名标识。当一个活动完成时，控制流将转至下一个活动，这个过程称为活动转换，可以设置监护条件，在条件满足时触发活动转换。判定是一个菱形图符，可根据不同的判定条件，选择执行不同的活动。还可以使用并发（分为并发分劈和并发接合）图符表示同步控制流，并通过同步线描述这种同步过程。其中，并发分劈表示一个活动分为两个同步活动；并发接合表示两个同步活动合并为一个活动。

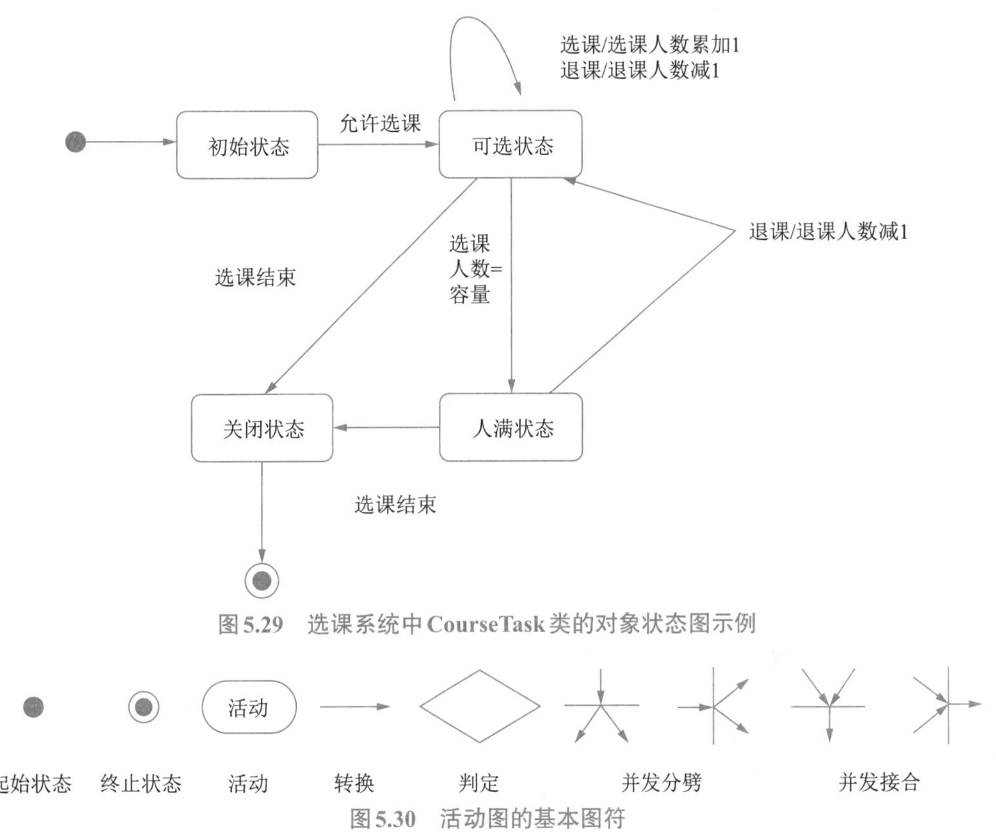

图 5.29　选课系统中 CourseTask 类的对象状态图示例

图 5.30　活动图的基本图符

若需要指出某些活动所属的对象，可以使用泳道表示。泳道将活动图用线条纵向地分成若干矩形，矩形内的所有活动属于相应的对象，应在泳道的顶部标出泳道名。在绘制活动图时，应首先画出泳道，然后画出各个活动，并给出活动的起点和终点，最后画出活动之间的转换，根据需要可以加上判定分支和同步控制流。

图 5.31 描述了银行系统中的“存款”用例的活动图，当 CustomerActor 想存钱到自己的账户时，要向 Clerk 提交存款单和现金，用例启动。系统提示 Clerk 输入用户姓名、用户的 ID 号、账号和所存款项的金额。Clerk 输入相关信息后提交，系统确认账户是否存在并有效（当用户姓名、用户的 ID 号与账户的户主信息一致，且账户处于非冻结状态时，账户有效）。系统建立存款事件记录，并更新账户的相关信息。账户不存在或无效，显示提示信息，用户可以重新输入或终止该用例。

一个对象的各种状态及状态之间的转换组成了状态图。状态图展示了一个对象在生命期内的行为、状态序列、所经历的转换等。活动图描述了系统对象从一个活动到另一个活动的控制流、活动序列、工作流程、并发处理行为等。

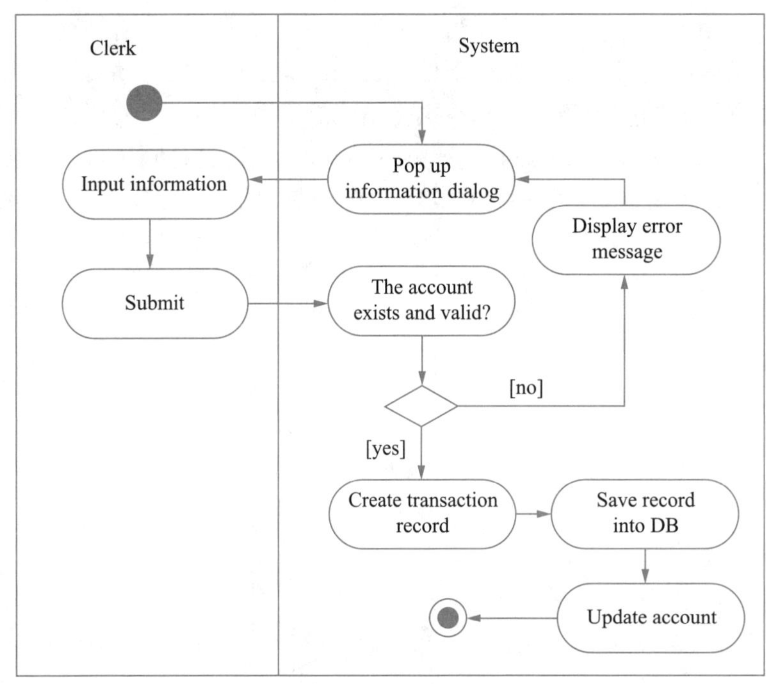

图 5.31 “存款”用例的活动图示例

1. 状态图建模步骤

状态图可以为某一对象生命期的各种状态建模，步骤如下。

（1）确定状态图描述的主体和范围，主体可以是系统、用例、类或者对象。

（2）确定主体在其生命期的各种状态，并为状态编写序号。

（3）确定触发状态转换的事件以及动作。

（4）进一步简化状态图。

（5）确定状态的可实现性，并确定无死锁状态。

（6）审核状态图。

在绘制状态图时，应为每个状态正确命名；先建立状态，再建立状态之间的转换；考虑分支、并发、同步的绘制；元素放于合适的位置，以避免连线交叉。

一个结构良好的状态图能够准确描述系统动态模型的一个侧面，在该图中只包含重要元素，可以在状态图中增加解释元素，以增加状态图的可读性。

2. 活动图建模步骤

活动图建模包括业务工作流建模和操作建模。

（1）业务工作流建模。

活动图用于对系统行为建模。活动图本质上就是流程图，它描述系统的活动、判定和分支等部分。因此，在UML中，可以把活动图作为流程图来使用，用于对系统的操作建模。

业务工作流建模的步骤如下。

①确定负责实现工作流的对象（对象是业务工作中的一个实体或抽象的概念），为重要对象分配泳道。

②确定范围边界，明确起始状态与结束状态。

③确定活动序列。

④确定组合活动。

⑤确定转换，应按优先级别依次处理顺序流活动转换、条件分支转换、分劈接合转换。

⑥确定工作流中的重要对象，并加入活动图。

（2）操作建模。

操作建模的步骤如下。

①确定与操作有关的元素。

②确定范围边界，明确起始状态与结束状态。

③确定活动序列。

④利用条件分支说明路径和迭代。

⑤描述同步与并发。

一个结构良好的活动图能够准确描述系统动态模型的一个侧面，在该图中只包含重要元素，需提供与其抽象层次一致的细节，不应过分简化和抽象信息，可以在活动图中增加解释元素，以增加活动图的可读性。

5.2.2.4 系统体系结构建模

系统体系结构用于描述系统各部分的结构、接口以及用于通信的机制，包括软件系统体系结构模型和硬件系统体系结构模型。软件系统体系结构模型对系统的用例、类、对象、接口以及相互间的交互和协作进行描述。硬件系统体系结构模型对系统的组件、节点的配置进行描述。在UML中，使用组件图和配置图建立系统体系结构模型。它们是面向对象系统物理建模时使用的两种图。

在软件建模过程中，通常使用用例图来表示系统具有的功能；使用类图来描述系统的词汇；使用时序图、状态图和活动图来说明词汇中的事物如何相互协作来完成某些功能。在完成上述建模后，设计人员需要把这些逻辑模型转换成实际的物理事物，如可执行文件、动态链接库（dynamic link library，DLL）和类库等。UML中使用组件图来可视化物理组件及其关系，并描述其构造细节；使用配置图来可视化如何将软件部署到硬件上。

1.软件系统体系结构模型

软件系统体系结构模型，即系统逻辑体系结构模型。该模型将系统功能分配至系统的不同组织，并详细描述各组织之间如何协调工作以实现系统功能。

软件系统体系结构模型指出了系统应该具有的功能，明确了完成系统功能涉及的类和类之间的联系，指明了系统功能实现的时间顺序。

为了能够清晰地描述一个复杂的软件系统，需将软件系统分解为更小的子系统，每个子系统以一个包描述。包是一种分组机制，其将一些模型元素组织成语义相关的组.包中的所有模型元素成为包的内容，包之间的联系构成了依赖关系。

图5.32是一个三层结构的通用软件系统体系结构。该通用软件系统体系结构由通用接口界面层、系统业务对象层和系统数据库层组成，每层都有其内部的体系结构。

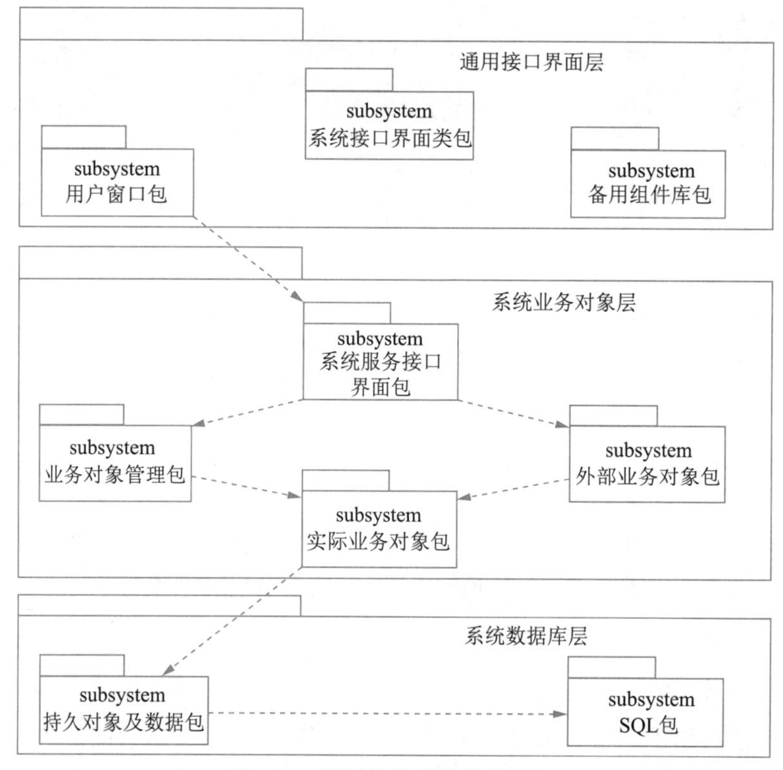

图 5.32　通用软件系统体系结构

通用接口界面层由系统接口界面类包、用户窗口包和备用组件库包组成。该层可以设置软件系统的运行环境接口界面及用户窗口接口界面。

系统业务对象层由系统服务接口界面包、业务对象管理包、外部业务对象包和实际业务对象包组成。该层可以设置用户窗口与系统功能服务接口界面的连接，通过对系统业务对象进行有效管理，以及对外部业务对象进行包装，形成能够实现系统功能的实际业务对象集。

系统数据库层由持久对象及数据包、SQL 包组成。该层可以将实际业务对象包作为持久对象及数据包存储在磁盘中，并可对这些持久对象及数据包进行 SQL 查询。

在 UML 中，组件图用于软件体系结构建模。

（1）组件。

组件一般表示实际存在的、物理的物件，它具有广泛的定义。组件是逻辑体系结构中定义的概念与功能在物理体系结构中的实现，通常为软件开发环境中的实现文件。组件是一种特殊的类，其有操作而无实现，操作的实现需由相应的组件实施。

组件属于系统的组成部分，可在多个软件系统中重用，是软件重用的基本单位。每个组件均具有一个名字，称为组件名。组件可定义一组接口，这一组接口用以实现其内部模型元素的服务。组件具有输入接口和输出接口，其中输入接口是该组件使用其他组件的接口，该组件以输入接口为基础构造其他组件；输出接口是组件实现接口，即组件被其他组件的接口使用。一个组件可以具有多个输入接口和多个输出接口，一个接口可以被一组件输出，也可以被另一组件输入。

以下内容可以定义为组件：程序源代码、子系统、动态链接库、对象库、可执行体、COM+组件以及企业级JavaBeans和类等。类通过组件实现，两者之间是依赖关系。

一个组件即为一个文件。组件可分为源代码组件、二进制代码组件和可执行代码组件。其中，源代码组件表示一个源代码文件与一个包对应的若干源代码文件；二进制组件表示一个目标码文件或一个库文件；可执行组件表示一个可执行程序文件。

（2）组件图建模。

组件图包含组件、接口、组件之间的关系。在UML的组件图中，一个组件对应一个类，类之间的关联、泛化、聚合、组合等关系将转换为组件图中的依赖关系。

（3）组件图示例。

组件的图示符号是左边带有两个矩形的大矩形。组件的名称写在大矩形内。组件的依赖关系用一条带箭头的虚线表示。箭头的形状表示消息的类型。组件的接口是从代表组件的大矩形边框画出一条线，线的另一端为小空心圆，接口的名字写在空心圆附近。这里的接口可以是模块之间的接口，也可以是软件与设备之间的接口或人机交互界面。图5.33表示某系统程序有外部接口，并调用数据库。由于在调用数据库时，必须等数据库中的信息返回后，程序才能进行判断、操作，因此是同步消息传送。

图5.33　组件图示例

图5.34所示的组件图描述了学生学籍管理系统中各个子系统之间的关系。这里的组件用包图表示。

（4）组件图建模步骤。

①分析系统，从系统组成结构、软件重用、物理节点配置、系统归并、组件组成等方面寻找并确定组件。

②使用构造型说明组件，并为组件命名，组件的命名应该有意义。

③标识组件之间的依赖关系，对于接口应注意是输出接口还是输入接口。

④进行组件的组织，对于复杂的软件系统，应使用“包”组织组件，形成清晰的结构层次。

（5）组件的建模方法。

①一个组件图应主要描述系统静态视图的某一个侧面，若要描述系统的完整静态视图，则要将系统的所有组件图接合起来。

②组件图中只包含了与系统某一侧面描述有关的模型元素，并未包含所有的模型元素。

（6）组件图的作用。

组件图用于对系统的实现视图建模，组件图在系统建模过程中的主要作用如下。

①组件图帮助用户理解最终的系统结构。

②组件图使开发工作有一个明确的目标。

③组件图有利于帮助不直接参与系统分析和设计的人员理解系统。

④组件图有利于软件系统的组件重用。

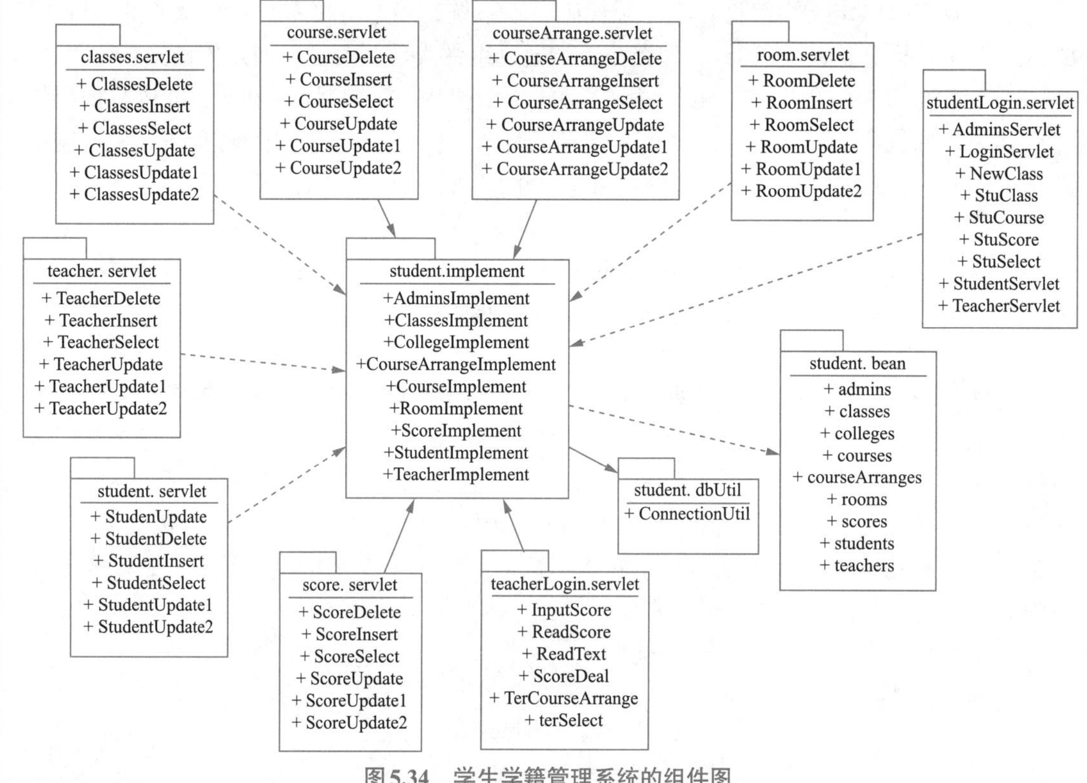

图 5.34　学生学籍管理系统的组件图

2. 硬件系统体系结构模型

硬件系统体系结构模型是将系统硬件结构组成、各节点连接状况，以图形的方式展示代码模块的物理结构和依赖关系，并给出进程、程序、组件等软件在运行时的物理分配。

硬件系统体系结构模型指出了系统中的类和对象涉及的具体程序或进程，标明了系统中配置的计算机和其他硬件设备，指明了系统中的各硬件设备如何连接，明确了不同代码文件之间的相互依赖关系。在UML中，配置图用于硬件体系结构建模。

（1）配置图概述。

配置图显示了运行软件系统的物理硬件，以及如何将软件部署到硬件上，描述了运行系统的硬件拓扑，即描述系统中各个物理组成部分的分布、提交和安装过程。

（2）配置图的作用。

配置图用于对系统的实现视图建模。在配置图中，节点分成两种类型。

①处理器：能够执行软件构件、具有计算能力的节点。

②设备：没有计算能力的节点，通常是通过其接口为外界提供某种服务，如打印机、扫描仪等。

（3）配置图建模。

配置图用于显示计算机节点的拓扑结构和通信路径，以及在节点上执行的组件。对于分布式系统，配置图可以清晰地描述系统中硬件设备的配置、相互间的通信方式和组件的设置。

配置图主要由节点及节点之间的关联关系组成。节点是配置图的基本元素；关联关系表示节点之间的通信路径，可以在其上标出网络名或协议。

（4）配置图示例。

学生学籍管理系统的配置图如图5.35所示。

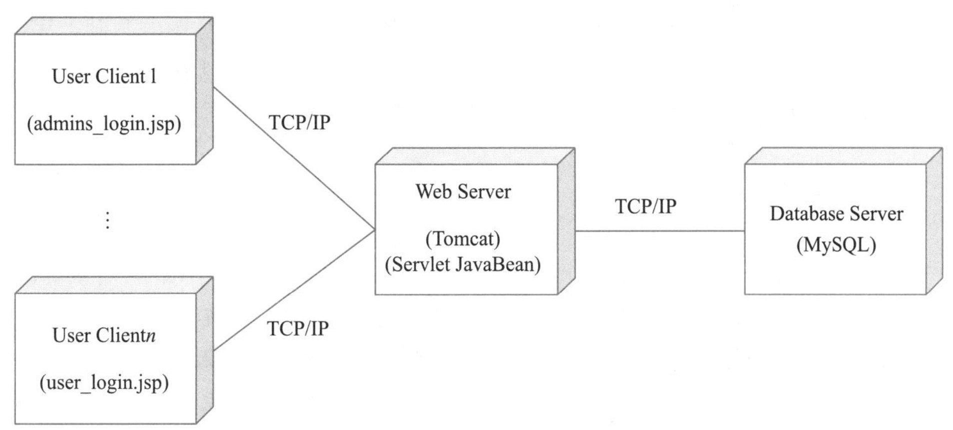

图5.35　学生学籍管理系统的配置图

在图5.35中，学生学籍管理系统中的边界类分布在客户机上，控制类部署在Web服务器上，数据库部署在Database服务器上，客户机和服务器通过网络协议TCP/IP连接。

“选课管理子系统”的配置图如图5.36所示。该图包括HTTP服务器、数据库服务器、客户端浏览器和打印机，两台服务器通过局域网连接，客户端浏览器与HTTP服务器通过Internet连接，HTTP服务器与外设打印机连接。

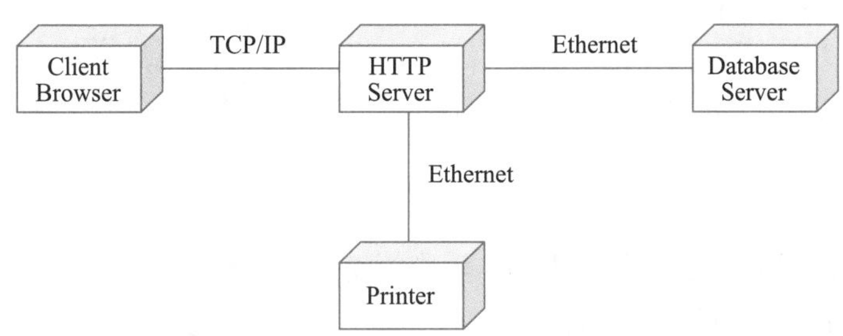

图5.36　“选课管理子系统”的配置图示例

（5）配置图建模步骤。

配置图主要用于在网络环境下运行的分布式系统或嵌入式系统建模，对于单机系统不需要配置图建模，仅仅需要包图、组件图描述。配置图建模步骤如下。

①根据硬件设备配置（如服务器、工作站、交换机、I/O设备等）和软件体系结构功能（如网络服务器、数据库服务器、应用服务器、客户机等）确定节点。

②确定驻留在节点内的组件和对象，并标明组件之间以及组件内对象之间的依赖关系。

③用构造型注明节点的性质。

④确定节点之间的通信联系。

⑤对节点进行统一组织和分配，绘制结构清晰并且具有层次的配置图。

5.3 数据库设计

数据库设计的开始阶段，最主要的工作就是要找出待开发系统中的实体关系图，即E-R图。而面向对象分析阶段给出的实体类之间的关系图也正好属于这个范畴，能够表现系统中大部分实体之间的关系。这样，数据库设计就可以在此实体类图的基础上完成。

在需求分析阶段，分析模型中的类图中有实体类，在设计模型中，这些实体类都被设计成数据库中相应的数据表，每个实体类的属性都转换成相应数据库表中的字段。

5.4 人机界面设计

用户界面是用户与程序沟通的唯一途径，能为用户提供方便、有效的服务。TheoMandel在关于界面设计的著作中提出了三条“黄金原则”，即置界面于用户的控制之下、减少用户的记忆负担、保持界面的一致性，具体来说有以下几点。

1.减少记忆量

重要的是唤醒用户的识别而不是记忆，如工具栏菜单功能提示。

2.一致性原则

一致性原则是指在设计系统的各个环节时应遵从统一的、简单的规则，保证不出现例外和特殊的情况，按用户认为最正常、最合乎逻辑的方式去做。它要求系统的命令和菜单应该有相同的格式，参数应该以相同的方式传递给所有的命令。一致的界面可以加快用户的学习速度，使用户在一个命令或应用中所学到的知识可以在整个系统中使用。

3.应用程序和用户界面分离的原则

用户界面的功能（包括布局、显示、用户操作等）专门由用户管理系统完成，应用程序不管理交互功能，也不和界面编码混杂在一起，应用程序设计者主要进行应用程序的开发，界面设计者主要进行界面的设计。

4.视觉效果原则

视觉效果设计强调的是色彩的使用，色彩的使用应考虑以下方面。

（1）选择色彩对比时以色调对比为主。

（2）就色调而言，最容易引起视觉疲劳的是蓝色和紫色，其次是红色和橙色，而黄色、绿色、蓝绿色和淡青色等色调不容易引起视觉疲劳。

（3）为减轻视觉疲劳，应在视野范围内保持均匀的色彩明亮度。

5.反馈原则

反馈是指将系统输出的信息作为系统的输入，它动态地显示系统运行中所发生的一些变化，以便更有效地进行交互。反馈信息以多种形式出现，在交互中广泛应用。如果没有反馈，用户就无法知道操作是否为系统所接受、是否正确、效果如何等。反馈分为三级，即词法级、语法级和语义级。敲击键盘后，屏幕上将显示相应字符，用户移动鼠标定位器，光标在屏幕上移动时为词法级反馈。如果用户输入一个命令或参数，当语法有错时响铃，为语法级反馈。语义级反馈是最有用的反馈信息，它可以告诉用户请求操作已被处理，并将结果显示出来。

6. 可恢复性原则

可恢复性原则的作用是用户在使用系统时一旦出错可以恢复。界面设计能够最低限度地减少这些错误，但是错误不可能完全消除。用户界面应该便于用户恢复到出错之前的状态，常用以下两种恢复方式。

（1）对破坏性操作的确认。

如果用户指定的操作有潜在的破坏性，那么在信息被破坏之前界面应该提问用户是否确实想这样做，这样可使用户对该操作进行进一步的确认。

（2）设置撤销功能。

撤销命令可使系统恢复到执行前的状态。由于用户并不总能马上意识到自己已经犯了错误，多级撤销命令很有用。

7. 使用快捷方式

当使用频度增加时，用户希望能够减少输入的复杂性，使用快捷键可以提高输入速度。

8. 联机帮助

为用户提供联机帮助服务，能在用户操作过程中的任何时刻提供请求帮助。

9. 回退和出错处理

回退和出错处理包括两部分：回退功能和出错处理功能。回退功能包括回退机制；出错处理功能包括取消机制、确认机制、设计好的诊断程序、提供出错消息以及对可能导致错误的一些动作进行预测、约束（动作与对象相一致）。

10. 显示屏幕的有效利用

显示屏幕的有效利用包括以下几方面。

（1）信息显示的布局合理性。

（2）充分且正确地使用图符。一类图标是应用图符，在图形制作过程中不可避免地要重复利用各种图形元素，对于重复利用的图形元素应该把它们转换为图符，然后在库中重复调用，以节约文件空间；另一类图标是控制图符。

在活动图中可发送和接收信号，分别用发送和接收图符表示。

（3）恰当地使用各种表示方法进行选择性信息的显示。

11. 用户差异性原则

界面应为不同类型用户提供合适的交互功能，即提供多种方法使软件能适应不同熟练程度的用户。对于许多交互式系统而言，有各种类型的用户。有些用户是程序员用户，有些用户不是程序员用户；有些用户接受过计算机基础知识的培训，有些用户没有接受过计算机基础知识的培训。有些用户是应用开发用户，有些用户是系统开发维护用户；有些用户只是偶尔使用系统，与系统的交互是不经常的，而有些用户经常使用系统，偶然使用系统的用户需要界面提供指导，经常使用系统的用户则需要使他们的交互尽可能便捷。此外，有些用户的身体可能有不同类型的缺陷，如果可能应该修改界面以便妥善处理这些问题。这样界面就可能需要具备某些功能，例如能够放大显示的文本、以文本代替声音、制作很大的按钮等。

用户差异性原则与其他界面设计原则有冲突，因为有些用户喜欢的是快速交互，而不是其他。同样，不同类型的用户所需的指导层次完全不同，要开发支持所有用户的界面是不可能的，界面设计者只能根据系统的具体用户做出相应调整。

5.5 程序软件结构复杂性的定量度量

详细设计是为了设计出高质量的软件。一个软件由多个模块构成，那么怎样判断一个模块质量的好坏呢？本节介绍两种方法，即McCabe方法和Halstead方法。

5.5.1 McCabe 方法

McCabe方法是一种软件质量度量方法，它基于对程序拓扑结构复杂度的分析来实现。McCabe于1976年指出：一个程序的环形复杂度取决于它的程序图（流图）包含的判定节点数量。环形复杂度是指根据程序控制流的复杂度度量程序的复杂度，其结果称为程序的环形复杂度。程序图是指退化的程序流程图，仅仅描绘程序的控制流程，完全不表现对数据的具体操作以及分支或循环的具体条件。

1. 程序图

（1）特点。

程序图具有以下几个特点。

①它是一个简化了的流程图。

②流程图中的各种处理框（如加工框、判断框等）都被简化成用圆圈表示的节点。

③可由流程图导出或其他工具（PAD、代码等）变换获得。

（2）基本元素。

程序图的基本元素如下：

①圆圈为程序图的节点，表示一个或多个无分支的语句。

②箭头为边，表示控制流的方向。

③边和节点圈定的封闭范围称为区域。

④从图论的观点来看，它是一个可以用G=<N, E>来表示的有向图。其中，N表示节点，E表示有向边，指明程序的流程。

⑤包含条件的节点称为判定节点。

图5.37所示为4种基本程序图。

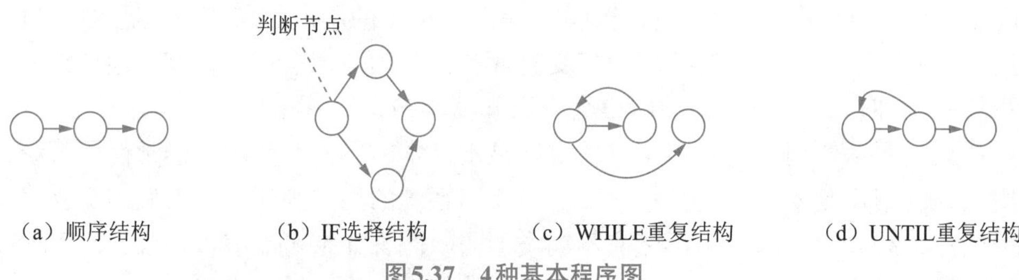

图5.37 4种基本程序图

2. 环形复杂度

对于环形复杂度$V(G)$的图论解释是强连通图G中线性无关的有向环的个数。

（1）用途。

环形复杂度的用途如下。

①环形复杂度是对测试难度的一种定量度量。

②对软件最终的可靠性给出一种预测。

③软件规模以 $V(G) \leqslant 10$ 为宜。

（2）计算方法。

这里给出以下3种计算方法。

① $V(G)$=图中平面区域的个数。

② $V(G)=P$（判定节点的个数）+1。

③ $V(G)=E$（边数）$-N$（节点数）+2。

5.5.2 Halstead 方法

Halstead方法通过计算程序中的运算符和操作数的数量对程序的复杂性加以度量。Halstead方法又称为文本复杂性度量方法，它基于程序中操作符号（包括保留字）和操作数（即常量、变量）出现的总次数来计算程序的复杂度。

设 n_1 表示程序中不同运算符的个数，n_2 表示程序中不同操作数的个数，N_1 表示程序中实际运算符的总数，N_2 表示程序中实际操作数的总数。令 H 表示程序的预测长度，Halstead给出 H 的计算公式为 $H=n_1\log 2n_1+n_2\log 2n_2$；令 N 表示实际的程序长度，其定义为 $N=N_1+N_2$。Halstead的重要结论之一是程序的实际长度 N 与预测长度非常接近。这表明即使程序还未编写完也能预先估算出程序的实际长度 N。Halstead还给出了另外一些计算公式，包括程序容量 $V=N\log 2(n_1+n_2)$，程序级别 $L=(2/n_1)\times(n_2/N_2)$，程序中的错误数预测值 $B=N\log 2(n_1+n_2)/3000$。

Halstead方法实际上只考虑了程序的数据流，没有考虑程序的控制流，因而不能从根本上反映程序的复杂性。

5.6 详细设计的原则

由于详细设计的蓝图是给人看的，因此模块的逻辑描述要清晰易读、正确可靠。

5.6.1 面向过程的详细设计的原则

（1）结构化详细设计的内容。

采用结构化设计方法设计软件的原则要求改善控制结构，降低程序的复杂度，从而提高程序的可读性、可测试性、可维护性。E.W.Dijkstra首先提出在高级语言中取消GOTO语句，Boehm与Jacopini证明用顺序、选择、循环3种结构可构造任何程序结构，并能实现单入口、单出口的程序结构，IBM公司的Mills进一步提出程序结构应该坚持单入口、单出口。Wirth又对结构化程序设计的逐步求精和抽象分解做了总结概括，从而形成了结构化程序设计的基本方法与原则，其基本内容归纳为以下几点。

①在程序语言中应尽量少用GOTO语句，以确保程序结构的独立性。

②使用单入口、单出口的控制结构，确保程序的静态结构和动态执行情况相一致，保证程序易理解。

③程序的控制结构一般采用顺序、选择、循环3种结构构成，确保结构简单。

④用自顶向下逐步求精方法完成程序设计。结构化程序设计的缺点是存储容量和运行时间增加10%～20%，但易读、易维护。

⑤经典的控制结构有顺序、IF THEN ELSE分支、DO-WHILE循环。扩展的控制结构有多分支CASE、DO-UNTIL循环、固定次数循环DO-WHILE。

（2）选择恰当的工具描述各模块算法。

5.6.2 面向对象设计的准则

面向对象设计是把分析阶段得到的需求转换成符合成本和质量要求的、抽象的系统实现方案的过程。从面向对象分析到面向对象设计，这是一个逐渐扩充模型的过程。或者说，面向对象设计就是用面向对象观点建立求解域模型的过程。

尽管面向对象分析和面向对象设计的定义有明显区别，但是在实际的软件开发过程中两者没有明显的界线，很难精确地区分这两个阶段。许多分析结果可以映射成设计结果，而在设计过程中又往往会加深和补充对系统需求的理解，从而进一步完善分析结果。因此，面向对象分析和设计活动是一个多次反复迭代的过程。面向对象方法学在概念和表示方法上的一致性，保证了在各项开发活动之间的平滑（无缝）过渡，领域专家和开发人员能够比较容易地跟踪整个系统开发过程，这是面向对象方法与传统方法比较起来所具有的一大优势。

优秀的设计就是权衡了各种因素，从而使得系统在其整个生存周期中的总开销最小的设计。对大多数软件系统而言，60%以上的软件费用都用于软件维护，因此，优秀软件设计的一个主要特点就是容易维护。

面向对象设计遵循一些准则，如模块化、抽象、信息隐蔽、强内聚性和弱耦合性。这些在4.3节有详细阐述。

1. 模块化

程序模块化是面向对象的特征，对象是面向对象软件中的模块，它把数据结构和操作数据的方法结合为一体形成模块，供其他对象调用。

2. 抽象

类实际上是一种抽象数据类型，它对外开放的公共接口构成了类的规格说明（即协议），这种接口规定了外界可以使用的合法操作符，利用这些操作符可以对类实例中包含的数据进行操作。使用者无须知道这些操作符的实现算法和类中数据元素的具体表示方法，就可以通过这些操作符使用类中定义的数据。

3. 信息隐蔽

面向对象采用了信息隐蔽的方法，使得对象的内部信息对外界是不可见的。对象提供对外的接口，用于调用对象提供的功能。信息隐蔽是通过对象的封装来实现的。

4. 强内聚性

内聚衡量一个模块内各个元素彼此结合的紧密程度。在设计时应该力求做到高内聚，面向对象设计中，通常包含下面3种类型的内聚。

（1）类内聚。

设计类的原则是，一个类应该只有一个用途，它的属性和服务应该是高内聚的。类的属性和服务应该全都是完成该类对象的任务所必需的，其中不包含无用的属性或服务。如果某个类有多个用途，通常应该把它分解成多个专用的类。

（2）一般—特殊内聚。

设计出的一般—特殊结构，应该符合多数人的概念，更准确地说，这种结构应该是对相应的领域知识的正确抽取。

（3）服务内聚。

一个服务应该完成一个且仅完成一个功能。

5. 弱耦合性

耦合是指一个软件结构内不同模块之间互连的紧密程度。在面向对象方法中，对象是最基本的模块，因此，耦合主要指不同对象之间相互关联的紧密程度。弱耦合是优秀设计的一个重要标准，因为这有助于使系统中某一部分的变化对其他部分的影响降到最低程度。

面向对象设计中的耦合可分为交互耦合和继承耦合两类。

（1）交互耦合。

对象之间的耦合通过消息连接来实现，这种耦合称为交互耦合。应该尽量降低消息连接的复杂度。例如，尽量减少消息中包含的参数数目，降低参数的复杂度；减少对象发送或接收的消息数目，从而降低交互耦合度。

对象是不可能完全孤立的，当两个对象必须相互联系、相互依赖时，应该通过类的协议（即公共接口）实现耦合，而不应该依赖类的具体实现细节。

（2）继承耦合。

通过继承关系结合的父类和子类，彼此间结合越紧密越好。因此，与交互耦合不同，要提高继承耦合的程度。从本质上看，通过继承关系结合起来的基类和派生类，构成了系统中粒度更大的模块。

6. 面向对象设计的7种原则

经过对上述通用的设计准则进行总结，伯兰特·梅耶等提出了针对面向对象设计的7种原则，以提高软件系统的可维护性和可重用性，减少错误设计的产生，从不同角度提升一个软件结构的设计水平。

（1）单一职责原则。

该原则由罗伯特·C.马丁提出，是最简单的面向对象设计原则，该原则规定一个类应该有且仅有一个引起它变化的原因，否则类应该被拆分。它用于控制类的粒度大小，一个类只负责一个功能领域中的相应职责，即一个类不要负责太多“杂乱”的工作。它的目的是增强类的内聚性，减弱耦合性，防止脆弱的设计。

（2）开闭原则。

开闭原则由伯兰特·梅耶提出。它的思想是软件实体要对修改关闭，对扩展开放。软件实体指项目中划分出来的模块、类、接口以及方法。开闭原则的目的是降低维护带来的新风险。软件需求会随时间变化，因此设计时需要考虑既适应需求改变也能相对保持稳定，从而使系统不断推出新的版本。

为遵循开闭原则，需要对系统进行抽象化设计，抽象化是开闭原则的关键，软件设计时，一般评估出最有可能发生变化的类，然后构造抽象来隔离那些变化。当变化发生时，无须对抽象层进行改动，只需要增加新的具体类来实现新的业务功能即可，实现在不修改已有代码的基础上扩展系统的功能，达到开闭原则的要求。代码适用性和灵活性提高，稳定性和延续性增强，拥有较高的可重用性和可维护性。

（3）里氏替换原则。

此原则由芭芭拉·利斯科夫针对继承提出，虽然继承有很大的优势，可以提高代码的重用性和可扩展性，但继承是侵入式的，只要继承就必须拥有父类的属性和方法，体系结构复杂，且继承机制增强了耦合性。

里氏替换原则思想是：继承必须要确保超类所拥有的性质，在子类中仍然成立。也就是，子类继承父类时，可添加新的方法，不能改变父类原有的功能，即尽量不要去重写父类的方法。

（4）依赖倒置原则。

此原则由罗伯特·C.马丁提出，程序要依赖于抽象接口，不要依赖于具体实现。换句话说，上层模块不应依赖于底层模块，它们都应该依赖于抽象，抽象不应该依赖于细节，细节应该依赖于抽象。要求对抽象进行编程，不要对实现进行编程，这可降低客户与实现模块之间的耦合。

（5）接口隔离原则。

该原则要求尽量将臃肿庞大的接口拆分成更小更具体的接口，让接口中只包含调用类感兴趣的方法；不使用单一的总接口，不强迫新功能实现不需要的方法。

（6）组合/聚合重用原则。

该原则要求优先使用组合，使系统更灵活，其次才考虑继承，达到重用的目的。

（7）迪米特原则。

该原则要求一个对象应该对其他对象有最少的了解，又称为最少知识原则，只与朋友交谈，不和“陌生人”说话原则。它产生于美国东北大学迪米特的研究项目，由伊恩·荷兰提出。如果两个实体之间没有直接通信，就不应该发生直接的相互调用。它的目的是减弱类之间的耦合性，提高模块之间的相对独立性。从被依赖者的角度来说，尽量将逻辑封装在类的内部，对外除了提供的公有方法，不泄露任何信息，从依赖者的角度来说，只依赖应该依赖的对象。

迪米特原则中的朋友是指当前对象的本身、当前对象的成员对象、当前对象所创建的对象、当前对象的方法参数等，这些对象同当前对象存在关联、聚合、组合关系，可以直接访问这些对象的方法。

5.7 详细设计新方法

5.7.1 面向服务的设计

尽管有XML、Unicode、UML等众多信息标准，但很多异构系统之间的数据源仍使用各自独立的数据格式、元数据以及元模型，这是信息产品提供商形成的固有习惯。各个相对独立的源数据集成，往往通过构建一定的数据获取与计算程序来实现，需要大量花费，且工作量巨大。信息孤岛的大量存在，使软件开发和信息化建设的投资回报率大大降低。SOA给传统分析与设计带来新概念，软件开发不再采用各自独立的架构形式，能轻松互联、组合、共享信息，可重用以往的信息化软件或模块。

SOA可根据需求通过网络对松散耦合的粗粒度应用组件进行分布式部署、组合和使用。服务层是SOA的基础，可以直接被应用调用，从而有效控制系统中与软件代理交互的人为依赖性。SOA提供了构造分布式系统的应用程序的一种方法。它将应用程序功能作为服务发送给最终用户或者其他服务，不同功能单元通过这些服务定义良好的接口和契约关系。接口采用中立方式进行定义，它独立于实现服务的硬件平台、操作系统和编程语言。这使得构建在各种这样的系统中的服务可以以一种统一和通用的方式进行交互。

SOA同时也描述了一种IT基础设施，使得某个应用可以在业务流程中与其他不同的应用交换数据，且这种交换是基于开放标准的方式。如Dubbo 分布式服务框架就是SOA理论的实现框架之一。基于SOA的协同软件提供了应用集成功能，能够将ERP、CRM、HR等异构系统的数据集成。

5.7.2 微服务架构

微服务是一种云原生架构方法，在单个应用中包含众多松散耦合且可单独部署的小型组件或服务。这些服务通常拥有自己的技术栈，包括数据库和数据管理模型；通过REST API、事件流和消息代理组合彼此通信。软件设计师要了解如何设计和实施基于微服务的应用程序。

微服务架构下，代码容易更新，可直接添加新特性或功能，不必更新整个应用。不同团队可对不同的组件使用不同的技术栈和不同的编程语言。组件相互独立扩展，减少与必须扩展整个应用相关的浪费。

SOA是企业级的服务架构，使所有服务间相互交流和集成的方式变得标准化，而微服务体系结构是特定于应用程序的。应用程序的每个组件不必共享公共的堆栈、数据模型和数据库。详细设计实现时可针对该服务优化每个单独服务的堆栈。微服务与推出计算模型的Docker容器密切相关，单个容器没有自己操作系统的开销，比传统虚拟机更小、更轻，因此与微服务架构中更轻便的服务匹配。微服务适合创建跨职能的小型团队，并以敏捷的方式运作。

5.7.3 ChatGPT 在详细设计中的应用

ChatGPT是一种基于深度学习技术的自然语言处理模型。

ChatGPT 通过简单的技术语言解释使软件设计、开发人员能够与非技术人员，如客户，以及需求分析师等进行有效沟通。例如，设计用户界面时，设计师可以向ChatGPT询问客户喜欢的颜色、风格、要素等方面的问题，并根据ChatGPT的回答调整设计方案，以最大限度地满足客户的要求。

设计过程中，ChatGPT还可帮助设计师解决技术难题。设计师可以向ChatGPT提问，

ChatGPT通过其学习的大量设计相关知识和经验，为设计师提供解决问题的思路和创意建议。

ChatGPT是创意助手。设计师在设计过程中需要一些灵感和建议，他可以详细描述设计项目，ChatGPT通过对大量设计作品的分析和理解，生成新颖的设计思路供参考，激发软件设计师的创造力。

ChatGPT也可以辅助设计人员撰写概要设计说明书和详细设计说明书。

开发人员能使用ChatGPT简化重复性任务，解决关键设计问题和理解复杂的代码库，ChatGPT还可用作代码审查器，提高生产力和代码质量。例如，可利用ChatGPT创建有效的算法和发现错误，可以要求它以树格式、使用框、纯文本或其他创意可视化生成适当的算法。从算法设计到实现，可利用ChatGPT生成代码文档，通过重复性任务自动化，开发人员可更专注于高端任务，例如新功能设计和软件开发过程中的实现。

章节习题

1. 详细设计的任务是什么？（关联知识点5.1节）

2. 试比较程序流程图与PAD的特点。（关联知识点5.2.1节）

3. 结构化程序设计方法采用哪几种控制结构？画出每种控制结构的示意图。（关联知识点5.2.1节）

4. 结构化程序设计的原则是什么？其内容有哪些？（关联知识点5.6.1节）

5. 详细设计说明书包括哪些内容？（关联知识点5.2节、10.4节）

6. 试将图5-7所示的程序流程图转换为N-S图。（关联知识点5.2.1节）

7. 用PAD画出s=1+3+5+…+100的程序执行过程。（关联知识点5.2.1节）

8. 假设某航空公司规定，乘客可以免费托运质量不超过30kg的行李。当行李质量超过30kg时，对头等舱的国内乘客超重部分每千克收费4元，对其他舱的国内乘客超重部分每千克收费6元，对外国乘客超重部分每千克收费比国内乘客多一倍，对残疾乘客超重部分每千克收费比正常乘客少一半。请用判定表表示与上述每种条件组合相对应的计算行李费的算法并画出计算航空行李费算法的判定树。（关联知识点5.2.1节）

9. 在系统分析阶段将创建哪些模型？（关联知识点5.2.2节）

10. 如何创建对象类静态模型？（关联知识点5.2.2节）

11. 面向对象设计应该遵循哪些准则？（关联知识点5.6.2节）

软 件 编 码

经过软件的总体设计和详细设计后，便得到了软件系统的结构和每个模块的详细过程描述，接着将进入软件的制作阶段，或者叫编码阶段，也就是通常人们惯称的程序设计阶段。程序设计语言的性能和编码风格在很大程度上影响着软件的质量和维护性能，即对程序的可靠性、可读性、可测试性和可维护性产生深远的影响，所以选择哪一种程序设计语言和怎样来编写代码是要认真考虑的。但是，本章并不具体讲述如何编写程序，而是在软件工程这个广泛的范围内介绍与编程语言和编写程序有关的一些问题。

本章知识图谱如图6.1所示。

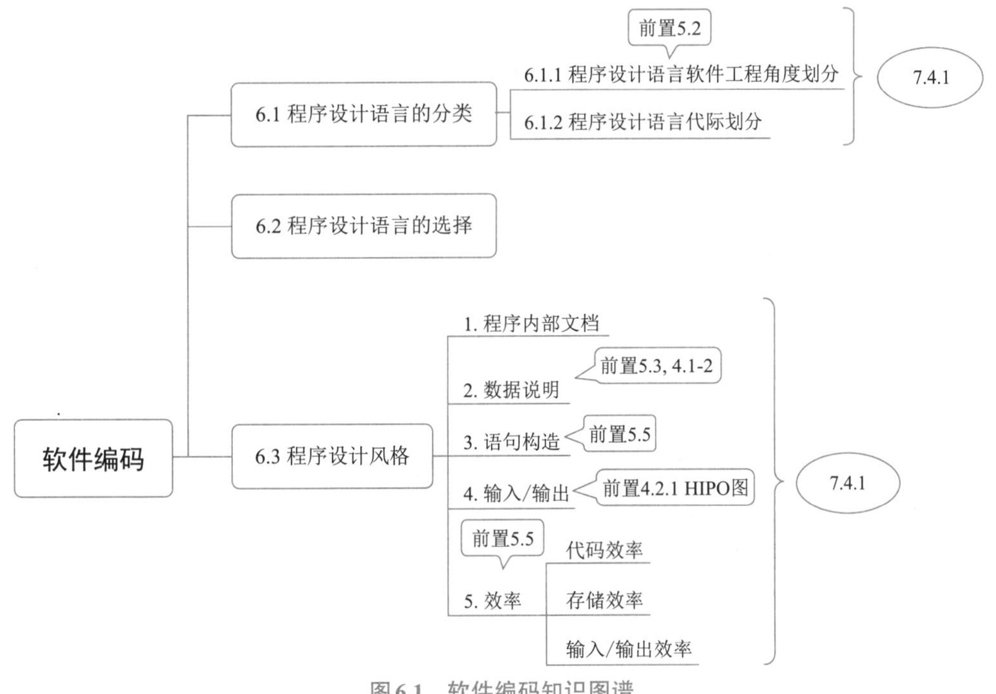

图6.1　软件编码知识图谱

6.1　程序设计语言的分类

程序设计语言是人与计算机通信的媒介。到目前为止，世界上公布的程序设计语言已有千余种，但应用得比较好的只有几十种。现在的编程语言五花八门，品种繁多，人们对于如何分类也有不同的看法，而且从不同的分类角度出发将得出不同的分类体系。

6.1.1 程序设计语言软件工程角度划分

从软件工程的角度，程序设计语言可分为基础语言、结构化语言和面向对象语言3大类。

1.基础语言

基础语言是通用语言，它的特点是适用性强，应用面广，历史悠久，这些语言创始于20世纪50—60年代，并随着版本的几次重大改进、除旧更新，至今仍被人们广泛使用。FORTRAN、COBOL、BASIC和ALGOL都属于这类语言。

（1）FORTRAN语言。

FORTRAN是Formula Translation（公式翻译）的缩写。它是使用最早的高级语言之一。FORTRAN语言主要用于科学和工程计算，因此，在科学计算与工程领域应用比较广泛。由于FORTRAN中的语句几乎可以直接用公式来书写，因此深受广大科技人员的欢迎。从1956年至今，经过几十年的实践检验，FORTRAN始终保持着科学计算重要语言的地位。其缺点是数据类型仍欠丰富，不支持复杂的数据结构。

（2）COBOL语言。

COBOL是common business oriented language（面向商业的公用语言）的缩写，是商业数据处理中广泛使用的语言。它创始于20世纪50年代末期，本身结构上的特点，使得它能有效地支持与商业数据处理有关的各种过程技术。COBOL使用接近于自然语言的语句，易于理解，从而受到企业、事业从业人员的欢迎。它的缺点是程序不够紧凑，计算功能较弱，编译速度较慢。

（3）BASIC语言。

BASIC是beginner’s aLL-purpose symbolic instruction code（初学者通用符号指令代码）的缩写。它是20世纪60年代初期为适应分时系统而研制的一种交互式语言，可用于一般数值计算和事务处理。它简单易学，具有人机会话功能，成为许多初学者学习程序设计的入门语言，并被广泛应用于微型计算机系统中。目前BASIC语言已有许多版本，例如，True BASIC既保留了简单易学的特点，又完全支持结构化程序设计的概念，并加强或增加了绘图、窗口、矩阵计算等功能；还有Visual BASIC，它已发展成了一种面向对象的可视化的基础编程语言。

（4）ALGOL语言。

ALGOL是algorithmic language（算法语言）的缩写。它包括ALGOL60和ALGOL68。其中ALGOL60是20世纪70年代国内流行最广的语言之一。它是所有结构化语言的前驱，提供了非常丰富的过程构造和数据类型构造。它对20世纪70年代出现的Pascal语言有强烈的影响。ALGOL68由于过于庞大，在公布不久后就消失了。

2.结构化语言

20世纪70年代以来，随着结构化程序设计思想的逐步发展，先后出现了一批常用的结构化语言。代码与数据的分离是结构化语言的典型特征。与非结构化语言相比，其更易于程序设计，所编写的程序更加清晰，易于维护。作为基础语言的ALGOL语言是结构化语言的基础，它衍生出了Pascal、C、Ada等结构化语言。

（1）Pascal语言。

Pascal语言是第一个系统体现结构化程序设计概念的高级语言，是20世纪70年代初期由瑞士Wirth教授提出的。它是一种结构化程序设计语言，具有功能强，数据类型丰富，可移植性好，写出的程序简明、清晰、易读、便于查找和纠正错误等特点。这些使Pascal成为一种较理想的教学使用的语言，它有利于培养学生良好的程序设计风格。它不仅适用于数值计算，而且适用于非数值计算问题的数据处理。它既能用于应用程序设计，也能用于系统程序设计。Pascal语言还是一门自编译语言，这使其可靠性大大提升。Pascal的各种版本中，尤其以Turbo Pascal功能最为强大。

（2）C语言。

C语言是由丹尼斯·里奇在贝尔实验室于1972年设计出的一种通用程序设计语言。它是国际上广泛流行的、很有发展前途的计算机高级语言。其最初是为了移植和开发UNIX操作系统而设计的，现已成功地应用到多种微型与小型计算机上，成为独立于UNIX操作系统的通用程序设计语言。C语言除具有结构化语言的特征，如语言功能丰富、表达能力强、控制结构与数据结构完备、使用灵活方便、有丰富的运算符和数据类型外，还具备可移植性好、编译质量高、目标程序效率高和易于学习等优点。此外，C语言兼顾了高级语言和汇编语言的特点，与操作系统紧密相关，既具有汇编语言的高效率，又不像汇编语言那样只能局限于在某种处理机上运行。C语言提供了高效的执行语句，并且允许程序员直接访问操作系统和底层硬件。C语言上述特点使它不仅能写出效率高的应用软件，也适用于编写操作系统、编译程序等系统软件。

（3）Ada语言。

Ada语言是在美国国防部大力扶植下开发的，主要适用于实时、并发和嵌入式系统。Ada语言是在Pascal基础上开发的，但功能更强，更复杂。它除包含数字计算、非标准的输入和输出、异常处理、数据抽象等特点外，根据文本，它还提供了程序模块化、可移植性、可扩充性等特点，并提供了一组丰富的实时特性，包括多任务处理、中断处理、任务之间同步与通信等。

Ada语言还是一个充分体现软件工程思想的语言。它既是编码语言，又可用作设计表达工具。Ada语言提供的多种程序单元（包括子程序、程序包、任务与类属）与实现相分离的规格说明，以及分别编译等功能，支持对大型软件的开发，也为采用现代开发技术开发软件提供了便利。

3.面向对象语言

面向对象实现要把面向对象设计的结果映射到实际运行的程序，涉及程序设计语言的选择。面向对象的思想起源于计算机仿真语言Simula。Simula 67被认为是第一个面向对象程序设计语言，由挪威的Kristen Nygaard和Ole-Johan Dahl于1965—1967年研制出来，最初是为了模拟离散事件。其基本贡献是对抽象和计算的理解。Simula 67中引入了类的概念，这是大多数面向对象程序设计语言的基础。

最早的通用面向对象语言是20世纪80年代的Smalltalk。Smalltalk、C++的推出，使面向对象程序设计语言趋于成熟，从而形成了一种全新的面向对象编程的程序设计方法。目前，常用的面向对象语言包括C++、Java、Python、Go语言等。

（1）C++语言。

C++语言近几年来发展比较迅速。它是从C语言进化而来的，保留了传统的结构语言C语言的特征，同时又融合了面向对象的能力。它是1980年由贝尔实验室开发出来的。C++主要是在C语言的基础上增加了类的机制，从而使其成为一种面向对象程序设计语言。在C语言的基础上，C++增加了数据抽象、继承、封装、多套性、消息传递等概念实现的机制，又与C语言兼容，从而使得它成为一种灵活、高效、可移植的面向对象的语言。C++语言最初也被称为“含类库的C”。C++增加了大容量的类库等许多新特性，并具有较高的执行效率。

目前，C++已有许多不同的版本，如MSC/C++、Borland C++、Borland C++Builder、Visual C++和ANSIC++等，充分发挥了Windows和Web的功能。

（2）Java语言。

Java语言是由SUN公司推出的一种面向对象的分布式的、安全的、高效的、易移植的当今流行的一种新兴网络编程语言，它的基本功能类似C++，但做了重大修改，不再支持运算符重载、多继承及许多易于混淆和较少使用的特性，并增加了内存空间自动垃圾收集的功能，使程序员不必考虑内存管理问题。Java不仅能够编写小的应用程序来实现嵌入式网页的声音和动画功能，而且还能够应用于独立的大中型应用程序，其强大的网络功能把整个Internet作为一个统一的运行平台，极大地拓展了传统单机或Client/Server模式下应用程序的外延和内涵。它最初被命名为Oak，是为嵌入式电子应用系统而开发的一种高级语言，由于市场需求没有预期的高，SUN公司放弃了该项计划。就在Oak几近失败之时，随着互联网的发展，Sun公司看到了Oak在计算机网络上的广阔应用前景，于是改造了Oak，在1995年5月23日将其以“Java”的名称正式发布了。Java伴随互联网的迅猛发展而发展，逐渐成为重要的网络编程语言。Java保留了C++的基本语法、类和继承等概念，丢弃了C++中较少使用的、难理解的某些特性，如操作符重载、多继承、自动的强制类型转换。特别地，Java语言不使用指针，并提供了自动垃圾收集的功能，使得程序员不必为内存管理而担忧。它是一种纯粹的面向对象语言，不依赖于任何特定平台。

（3）Python语言。

Python是一种新兴的面向对象、解释型的计算机程序设计语言，由Guido van Rossum于1989年年底发明，其第一个公开发行版发行于1991年。Python语法简洁而清晰，具有丰富和强大的类库。它常被称为“胶水语言”，能够把用其他语言制作的各种模块（尤其是C/C++）很轻松地连接在一起。Python作为脚本语言，跨平台性非常好，几乎可以在所有操作系统中使用。Python既支持面向过程的编程，也支持面向对象的编程。在面向对象的语言中，程序是由数据和功能组合而成的对象构建起来的。与其他主要的语言如C++和Java相比，Python以一种非常强大又简单的方式实现面向对象编程。

（4）Go语言。

Go（Golang）语言被称为云计算时代的C语言，最初由Ken Thompson、Rob Pike及Robert Griesemer在2007年开发，于2009年11月发布。2018年2月，Go1.10版本发布。开发人员在为项目选择语言时，不得不在开发速度和性能之间做出选择。C和C++这类语言提供了很快的执行速度，而 Ruby 和 Python 这类语言则擅长快速开发。Go语言以“让程序员有更高的生产效率”为目的，在这两者间架起了桥梁，不仅提供了高性能的语言，而且让开发更快速。Go语言支持面向对象编程，它具备类型安全、垃圾收集、真正的闭包和反射功能，支持并行进程。

面向对象设计的结果，既可以用面向对象语言实现，也可以用非面向对象语言实现。面向对象程序设计语言本身就支持面向对象概念的实现，其编译程序可以自动地实现面向对象概念到目标程序的映射。而且与非面向对象语言相比，面向对象语言还具有以下一些优点。

（1）一致的表示方法。

面向对象采用的方法从问题域表示到面向对象分析，再到面向对象设计与实现始终稳定不变。一致的表示方法不但有利于在软件开发过程中始终使用统一的概念，也有利于维护人员理解软件的各种配置成分。

（2）可重用性。

为了能带来可观的商业利益，必须在更广泛的范围内运用重用机制，而不是仅仅在程序设计这个层次上进行重用。软件开发组织既可能重用它在某个问题域内的OOA结果，也可能重用相应的OOD和OOP结果。

（3）可维护性。

在实际软件系统开发中，维护人员面对的主要是源程序，如果程序设计语言本身能显式地表达问题域语义，将极大地帮助维护人员理解所要维护的软件。

因此，选择程序设计语言应该考虑的首要因素是，哪个程序设计语言能最好地表达问题域语义。一般来说，实现面向对象分析、设计的结果，应该尽量选用面向对象程序设计语言。

4.面向对象程序设计语言技术特点

选择面向对象语言时，应该着重考察语言的以下一些技术特点。

（1）支持类和对象概念的机制。

支持类和对象概念的机制是所有面向对象语言的基本特点。面向对象语言允许用户创建和引用动态对象。程序语言允许动态创建对象，必然涉及系统的内存管理问题。一般有两种管理内存的方法：一种是由语言的运行机制自动管理内存；另一种是由程序员编写释放内存的代码。

比较流行的Java和C#语言都提供了自动回收“垃圾”的机制。自动内存管理机制方便安全，但是必须采用先进的垃圾收集算法以减少系统开销。

程序员可以编写程序代码对所创建的对象进行必要的管理。一些面向对象语言（如C++）提供了析构函数来释放对象的内存空间。当该对象超出范围或被显式删除时，析构函数就被自动调用，这使得程序员能比较方便地回收系统内存。

无论使用哪一种方法，都必须对内存进行有效管理。如果不及时释放不再需要的对象所占用的内存，动态存储分配就有可能耗尽内存。

（2）实现聚集（整体—部分）结构的机制。

在C++和Java语言中，可通过组合类（在一个类中定义或声明另一个类的对象）实现整体和部分。

（3）实现泛化（一般—特殊）结构的机制。

一般—特殊结构的机制是指程序设计语言实现类继承的机制。有些语言支持多重继承，因而在派生类中可能会出现重名的问题，必须提供解决名字冲突的机制。

（4）实现属性和服务的机制。

实现属性的机制应该考虑到对属性值的约束，控制属性的可见性，支持实例连接。对于服务，则应能控制服务的可见性，支持消息连接，实现动态联编。动态联编是指编译程序在编译阶段并不能确切知道将要调用的函数，只有在程序执行时才能确定，这就要求联编工作要在程序运行时进行。动态联编使得程序员在向对象发送消息前，无须知道接收消息的对象属于哪个类。同时也使得程序在运行过程中，当需要执行一个特定的服务时，具有自动选择实现该服务的适当算法的能力。

（5）类型检查机制。

程序设计语言按照编译时进行类型检查的严格程度可以分为强类型语言和弱类型语言。强类型语言语法规定每个变量或属性必须准确地属于某个特定的类。这样既有利于编译时发现程序错误，也增加了优化的可能性。由于强类型语言有助于提高软件的可靠性和运行效率，大多数新语言都是强类型语言。通常使用强类型编译型语言开发软件产品，使用弱类型解释型语言快速开发原型。

（6）类库。

面向对象语言一般都提供对类库的支持。类库的使用为实现软件重用带来很大的方便。由于类库的存在，许多软件构件就不必由程序员从头编写了。类库中通常包含实现通用数据结构（如动态数组、表、队列和树等）的类，称为容器类。

有些类库还提供独立于具体设备的接口类（如输入/输出流），以及用于实现窗口系统的用户界面类等。类库丰富的功能给程序编码和代码重用提供了强大的支持。

（7）效率。

许多人认为效率低是面向对象语言的主要缺点。人们产生这一看法的一个主要原因是，早期的面向对象语言是解释型的而不是编译型的。事实上，由于类库的使用，面向对象语言有时能得到运行更快的代码。这是因为类库提供了效率更高的算法和更好的数据结构。有些常用的算法（如哈希表算法）在类库中已得到实现，而且算法先进、代码可靠。

另外，面向对象程序设计语言在运行时，使用动态联编实现多态性，似乎需要在运行时查找给定操作的类，这也可能会降低程序的执行效率。但实际上绝大多数面向对象语言都优化了这个查找过程，实现了高效率查找，而且也不会由于继承深度加大或类中定义的操作增加而降低效率。

（8）持久保存对象的机制。

为了恢复被中断了的程序的运行，或者实现不同程序之间的数据传递，常常需要把数据长时间地保存下来，而不依赖于程序执行的生存周期。有些面向对象语言（如Smalltalk等），能够把当前的执行状态完整地保存在磁盘上，有些则只提供了访问磁盘对象的输入和输出操作。另外，还有一些面向对象语言（如C++等），并没有提供直接存储对象的机制，必须由用户自己管理对象的输入和输出，或者使用面向对象语言的数据库管理系统进行管理。也可以在类库中增加对象存储管理功能，这样就可以从“可存储的类”中派生出需要持久保存的对象，该对象自然继承了对象存储管理功能。

（9）参数化类的机制。

参数化类是使用一个或多个类型去参数化一个类的机制。在实际的应用中，常常可以看到这样一些软件元素（如函数、类等软件成分），它们的逻辑功能是相同的，所不同的主要是处理的对象（数据）类型。例如，一个向量类只是对它的数据元素提供插入、删除、检索等基本操作，而不管这些元素是整型的、浮点型的还是其他类型的。为了减少程序冗余和提高程序的可重用性，程序设计语言最好能提供一种可以抽象出这类共性的机制。参数化类的机制允许程序员先定义一个参数化的类模板（即在类定义中以参数形式代替一个或多个类型），然后把实际数据类型作为参数传递进来，从而实现程序不同类型的应用。C++语言就提供了这种类模板的机制。

（10）开发环境。

软件生产的实际开发工作都是在一定的开发环境下进行的。软件工具和软件工程环境对软件生产率有很大的影响。一般情况下，应该包括下列一些最基本的软件工具：编辑程序、编译程序或解释程序、浏览工具和调试器等。

编译程序或解释程序是最基本、最重要的软件工具。编译与解释的差别主要是速度和效率的不同。一般用编译型语言来开发正式的软件产品，好的编译程序往往能生成效率很高的目标代码。解释程序的特点是边解释、边执行用户的源程序，虽然速度和效率都比不上编译程序，可是却能更加方便、灵活地对源程序进行调试。这是编译程序所无法代替的。有些面向对象语言的编译程序先把用户源程序翻译成中间代码，再把中间代码翻译成目标代码。

通过面向对象的调试器，应该能够查看属性值和分析消息连接的结果。此外，在开发大型系统的时候，还需要有系统构造工具和变更控制工具。总之，应该考虑程序设计语言本身是否提供了软件系统开发所需要的工具，以及这些工具能否很好地集成起来。

例如，MyEclipse企业级工作平台是对Eclipse IDE的扩展，利用它可以在数据库和J2EE的开发、发布，以及应用程序服务器的整合方面极大地提高工作效率。它是功能丰富的J2EE集成开发环境，包括完备的编码、调试、测试和发布功能，完整支持HTML、Struts、JSF、CSS、JavaScript、SQL、Hibernate等。据官方介绍，如IBM公司、戴尔公司、惠普公司、花旗集团、西门子公司、斯坦福大学、波音公司、三星公司等知名机构均使用MyEclipse进行Java、JavaEE开发，80%以上的全球财富100强企业均是MyEclipse的用户。

6.1.2 程序设计语言代际划分

以上是从软件工程的角度把程序设计语言分为3大类，如果按“代”划分，程序设计语言可以划分为第一代语言、第二代语言、第三代语言和第四代语言。它们基本反映了编程语言的发展水平。

1.第一代语言

1GL（first generation languages）的主要特征是面向机器。机器语言和汇编语言是1GL的代表。

2. 第二代语言

2GL（second generation languages）开始于20世纪50—60年代，主要代表是FORTRAN、ALGOL、COBOL和BASLC，它们是3GL的基础。

3. 第三代语言

3GL（third generation languages）也称现代编程语言，分3大类：通用高级语言、面向对象高级语言和专用语言。其主要代表是Pascal、C、Ada等和C++、Objective-C、Smalltalk等，以及Lisp、PROLOG等。

4. 第四代语言

4GL（fourth generation languages）的概念最早提出是在20世纪70年代末。4GL的主要特征是：友好的用户界面、非过程性，程序员只需告诉计算机“做什么”，而不必描述“怎样做”，“怎样做”的工作由语言系统运用它的专门领域的知识填充过程细节；高效的程序代码；完备的数据库；应用程序生成器。目前流行较广的有Delphi、Power Builder、Visual Foxpro、Visual BASIC和JavaScript等。它们一般都局限于某些特定的应用领域（如数据库应用、网络开发），或支持某种编程特色（如可视化编程），由于易学易用而受到广大用户欢迎。

6.2 程序设计语言的选择

不同的程序设计语言有各自不同的特点，软件开发人员应该了解这些特点及这些特点对软件质量的影响，这样在面对一个特定的软件项目时，才能做出正确的选择。为某个特定的软件项目选择程序设计语言时，既要从技术角度、工程角度和心理角度评价与比较各种语言，同时还必须考虑现实可能性。首先，希望编出的程序容易阅读和理解，方便测试和维护；其次，希望编出的代码执行效率高。因此，在编码之前，一项比较重要的工作就是选择一种适宜的程序设计语言。

语言方面除特殊应用领域外，高级语言优于汇编语言，但在种类繁多的高级语言中选择哪一种呢？为了使程序容易测试和维护以减少软件开发总成本，选用的高级语言应该有比较理想的模块化机制，以及可读性好的控制结构和数据结构；为了便于调试和提高软件的可靠性，语言的特点应该使编译程序能够尽可能地发现程序中的错误；为了降低软件开发和维护的成本，选用的语言应该有良好的独立编译机制。这些要求是选择程序设计语言的理想标准，但在实际选用程序设计语言时，不能仅仅考虑理论上的标准，还必须同时考虑实际应用方面的各种因素和限制，如不同应用问题的特性、用户要求、应用环境等。主要的实用标准有下述几条。

1. 待开发软件的应用领域

各种语言都有自己的适用范围，所谓的通用程序设计语言并不是对所有的应用领域同样适用。例如，在工程和科学计算领域，FORTRAN语言占主要优势；在商业领域，通常使用COBOL语言；C语言和Ada语言主要适用于系统和实时应用领域；Lisp语言适用于组合问题领域；PROLOG语言适用于知识表达和推理，它们都适用于人工智能领域；第4代语言，如Power Builder、Visual Foxpro、Delphi和Microsoft SQL等都是目前主要用于数据处理与数据库应用的。因此，选择语言时应该充分考虑目标系统的应用范围。

2. 用户的要求

如果软件是委托开发或与用户联合开发，将来系统由用户负责维护，则应选择用户熟悉的语言书写程序。

3. 软件的运行环境

目标系统的运行环境往往会限制可以选用的语言范围。而良好的编程环境不但有效提高软件生产率，同时能减少错误，有效提高软件质量。因此在选择语言时，要认真考虑软件的运行环境。

4. 软件开发人员的知识

程序设计语言的选择有时与软件开发人员的知识水平及心理因素有关。人们一般习惯使用自己已经熟悉的语言编写程序，新语言的不断出现吸引着软件开发人员。学习一种新语言并不困难，但要完全掌握一种新语言需要长期、大量的编程实践。如果和其他标准不矛盾，已有的语言支持软件和软件开发工具，程序员比较熟悉并有过类似的软件项目开发经验和成功的先例，那么则应选择一种程序员熟悉的语言，这样能使开发速度更快、质量更易保证。

5. 软件的可移植性要求

如果目标系统将来可能要在几种不同的计算机上运行，或者预期使用时间比较长，那么就应该选择一种标准化程度高、程序可移植性好的语言，这对以后的维护工作有很大的好处。

6. 选择面向对象语言的实际因素

面向对象的实现主要包括两项工作：把面向对象设计结果翻译成用某种程序设计语言书写的面向对象程序；测试并调试面向对象的程序。

除面向对象分析、设计等前期工作以外，所采用的程序设计语言特点和程序设计风格，对软件的可靠性、可重用性及可维护性也会产生重要的影响。由于面向对象方法与结构化方法不同，面向对象软件的测试也必然会具有其新的特点。

选择面向对象程序设计语言的关键因素是看程序设计语言的表达能力和程序设计语言的可理解性、可维护性。面向对象分析和设计使用的表示方法具有一致性，这种表示方法从问题域到系统分析，再到系统设计始终不变。一致的表示方法既有利于软件开发过程中使用统一的概念，也有利于维护人员理解软件的各种配置。因此，在选择面向对象语言时要考虑语言对分析和设计模型的一致性表达。

面向对象方法追求的目标之一是软件的可重用性。通过重用已有的软件元素，不但可以提高开发效率、降低成本，同时可以大幅提高软件产品的质量。选择的程序设计语言应该支持封装、继承和多态性，使得软件可以在代码层次上易于重用。

（1）将来能否占主导地位。

这主要是为了使自己的软件产品在若干年仍能具有较强的生命力。除技术因素以外，通常还要考虑成本之类的经济因素。

（2）可重用性。

软件重用可以大大提高软件生产率，这也是采用面向对象方法的基本目标和主要优点。应该优先选用能够最完整、最准确地表达问题域语义的面向对象语言。

（3）类库和开发环境。

类库和开发环境是程序设计语言可重用性的决定因素。选用的程序设计语言除提供强大、适用的类库以外，还应提供方便地对类库进行相关操作的工具和环境。

（4）其他因素。

例如，售后服务和技术支持、对运行环境的需求、集成已有软件的难易程度等。

6.3 程序设计风格

程序设计风格良好的编程

软件质量不但与所选择的语言有关，而且与程序员的程序设计风格密切相关。早期，人们在编写程序时，只追求编程的个人技巧，并不重视所编写程序的可读性、可维护性。也就是说，人们并不关心源代码的编写风格。只要程序执行效率高、正确就是好程序。但是，随着软件规模的扩大，复杂性的增加，人们逐渐认识到，程序设计风格的混乱在很大程度上制约了软件的发展，并深刻认识到一个逻辑绝对正确但杂乱无章的程序不是好程序，因为这种难以供人阅读的程序，必然难以测试、排错和维护，甚至由于变得无法维护，而提前报废。

20世纪70年代以来，人们开始意识到在编写程序时，应该注意程序有良好的设计风格。程序设计的目标从强调运行速度、节省内存，转变到强调可读性、可维护性。程序设计风格也从追求所谓“技巧”变为提倡“可读性”。良好的程序设计风格可以减少编码的错误，减少读程序的时间，从而提高软件的质量和开发效率。

源程序代码的逻辑简明、易读易懂是好程序的一个重要标准，为了做到这一点，应该遵循下述规则。

1. 程序内部文档

程序内部文档包括标识符的选取、程序的注解和好的程序布局。

（1）标识符的选取。

为了提高程序的可读性，选取意义直观的名字，使之能正确提示程序对象所代表的实体，这对于帮助阅读者理解程序是很重要的。无论对大程序，还是小程序，选取有意义的标识符都会有助于理解。选取的名字长度要适当，不宜太长，太长了难以记忆，又增加了出错的可能。如果名字使用缩写，缩写规则一定要一致，并且应该给每个名字加上注解，以便于阅读理解，从而提高可维护性。

（2）程序的注解。

注解是软件开发人员与源程序的读者之间重要的通信方式之一。好的注解能够帮助读者理解程序，提高程序的可维护性和可测试性。而注解可分为序言性注解和功能性注解。

序言性注解应该安排在每个模块的首部，用来简要描述模块的整体功能、主要算法、接口特点、重要数据含义及开发简史等。

功能性注解嵌入在源程序内部，用来描述程序段或者语句的处理功能。注解不仅仅是解释程序代码，还提供一些必要的附加说明。另外，书写功能性注解应该注意以下几点。

①功能性注解主要描述的是程序块，而不是解释每行代码。

②适当使用空行、空格或括号，使读者容易区分程序和注解。

③注解的内容一定要正确、准确，修改程序的同时也应修改注解。错误的或不一致的注解不仅对理解程序毫无帮助，而且会引起误导，还不如没有注解。

（3）程序的布局。

程序代码的布局对于程序的可读性也有很大影响，应该适当利用阶梯形式，使程序的逻辑结构清晰、易读。

2.数据说明

虽然在设计阶段数据结构的组织和复杂度已经确定了，但在程序设计阶段还要注意建立数据说明的风格。为了使数据更容易理解和维护，数据说明应遵循一些简单的原则。

（1）数据说明的次序应该标准化，例如，可以按数据类型或数据结构确定说明的次序，数据的规则在数据字典中加以说明，以便在测试阶段和维护阶段容易查阅。

（2）当一个说明语句说明多个变量时，最好按字典顺序排列，这样不仅可以提高可读性，而且还可以提高编译速度。

（3）如果设计时使用了一个复杂的数据结构，则应加注解说明用程序设计语言实现这个数据结构的方法和特点。

3.语句构造

语句构造的原则如下。

（1）不要为了节省存储空间把多个语句写在同一行。

（2）尽量避免复杂的条件测试，尤其是减少对“非”条件的测试。

（3）避免大量使用循环嵌套语句和条件嵌套语句。

（4）利用圆括号使逻辑表达式或算术表达式的运算次序清晰直观。

（5）变量说明不要遗漏，变量的类型、长度、存储及初始化要正确。

（6）心理换位：“如果我不是编码人，我能看懂它吗？”

4.输入/输出

在设计和编写输入/输出程序时应考虑以下有关输入/输出风格的规则。

（1）对所有输入数据都要进行校验，以保证每个数据的有效性，并可以避免用户误输入。

（2）检查输入项重要组合的合法性。

（3）保持简单的输入格式，为方便用户使用，可在提示中加以说明或用表格方式提供输入位置。

（4）输入一批数据时，使用数据或文件结束标志，不要用计数来控制，更不能要求用户自己指定输入项数或记录数。

（5）人机交互式输入时，要详细说明可用的选择范围和边界值。

（6）当程序设计语言对输入/输出格式有严格要求时，应保持输入格式与输入语句的要求一致。

（7）输出报表的设计要符合用户要求，输出数据尽量表格化、图形化。

（8）给所有的输出数据加标志，并加以必要的注解。输入/输出风格还受到许多其他因素的影响，如输入、输出设备的性能，用户的水平及通信环境等。

5.效率

效率主要是指处理机工作时间和内存容量这两方面的利用率。在前面各规则符合的前提下，提高效率也是必要的。好的算法、好的编码可以提高效率，反过来，不好的算法、不好的编码在同等条件下解决同样的问题，效率会很低。关于程序效率问题应该记住下面3条原则。

（1）效率属于性能的要求，因此应该在软件需求分析阶段确定效率方面的要求。

（2）良好的设计可以提高效率。

（3）程序的效率和编码风格要保持一致，不应该一味追求程序的效率而牺牲程序的清晰性和可读性。

下面进一步从3方面讨论效率问题。

（1）代码效率。

代码效率直接由详细设计阶段良好的数据结构与算法决定。但是，程序设计风格也能对程序的执行速度和存储器要求产生影响，在把详细设计结果用程序来实现时，要注意坚持以下原则。

①在编码之前，尽可能简化算术和逻辑表达式。

②仔细研究算法中所包含的多重嵌套循环，尽可能将某些语句或表达式移到循环体外面。

③尽量避免使用多维数组、指针和复杂的表格。

④尽量使用执行时间短的算术运算。

⑤尽量避免混合使用不同的数据类型。

⑥尽量使用算术表达式和布尔表达式。

⑦尽量选用等价的效率高的算法。

某些特殊应用领域，如果效率起决定性因素，则应使用有良好优化特性的编辑程序，以自动生成高效的目标代码。

（2）存储效率。

在大型计算机系统中，软件的存储器效率与操作系统的分页性能直接有关，对虚拟存储要注意减少页面调度，使用能保持功能域的结构化控制，从而可以提高效率。

在微处理机中，存储器容量对软件设计和编码的制约很大，许多情况下，为了压缩存储容量，提高执行速度，必须仔细评审和选用语言的编译程序，选用有紧缩存储器特性的编译程序。当今，硬件技术的飞速发展和内存容量的提高，使人们不再关心存储效率问题。尽管如此，良好的程序设计风格，自然会提高软件的可维护性。

（3）输入/输出效率。

用户和计算机之间的通信是通过输入/输出来完成的，因此，输入/输出应该设计得简单清晰，这样才能提高人机通信的效率。从程序设计的角度看，人们总结出下述一些简单的原则，可以提高输入/输出效率。

①对所有的输入/输出操作都应该有缓冲，有利于减少用于通信的开销。

②对辅助存储器（如磁盘），选择尽可能简单的、可行的访问方式。

③对辅助存储器输入/输出，以块为单位进行存取。

④任何不易理解的，对改善输入/输出关系不大的措施是不可取的。

好的输入/输出编码风格对效率提高有明显的效果。这些简单的原则适用于软件工程的设计和编码两个阶段。

章节习题

1. 在软件项目开发时，选择程序设计语言通常考虑哪些因素？（关联知识点6.2节）

2. 举例说明各种程序设计语言的特点及适用范围。（关联知识点6.1节）

3. 什么是程序设计风格？为了具有良好的程序设计风格，应该注意哪些方面的问题？（关联知识点6.3节）

4. 第4代语言有哪些主要特征？为什么受到广大用户欢迎？（关联知识点6.1.2节）

5. 面向对象程序设计语言有哪些技术特点？（关联知识点6.1节、6.2节）

第7章
思政案例

软 件 测 试

软件测试是保证软件质量、提高软件可靠性的重要阶段。软件测试的目的是进一步找出软件系统的缺陷和错误，因此无论怎样强调软件测试的重要性都不过分。但软件测试又十分复杂和困难，为保证软件测试的效果，需要有先进的测试方法和技术的支持。

本章知识图谱如图7.1所示。

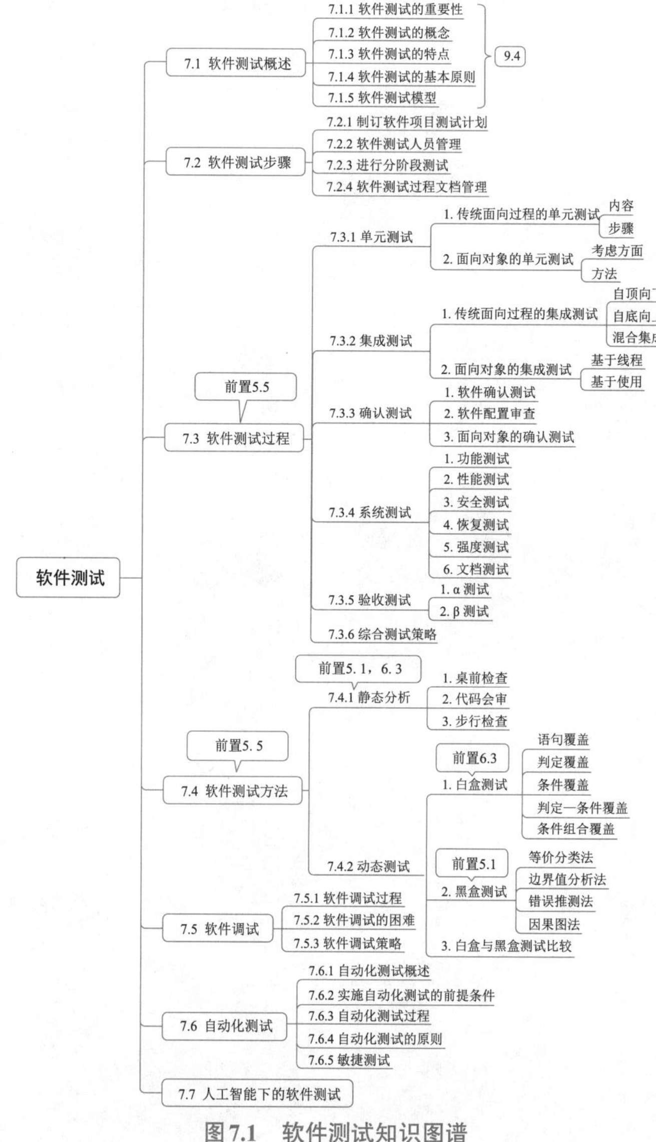

图7.1　软件测试知识图谱

7.1 软件测试概述

7.1.1 软件测试的重要性

由于软件是一种高密集度的智力产品，比一般的硬件产品更复杂和难以控制，在软件系统的分析、设计、编码等开发过程中，尽管开发人员采取了许多保证软件产品质量的手段和措施，但是错误和缺陷仍然是不可避免的。例如，对用户需求理解不正确、不全面，以及实现过程中的编码错误等。这些错误和缺陷，轻者导致软件产品无法完全满足用户的需要，重者导致整个软件系统无法正常运行，造成巨大的损失和浪费。例如：

测试概述

（1）1963年美国飞往火星的火箭爆炸，造成1000万美元的损失。原因是在FORTRAN程序中，循环语句DO 5 I=1,3，将逗号误写为小数点，即DO 5 I=1.3。

（2）1967年苏联“联盟一号”载人宇宙飞船在返航时，由于软件忽略了一个小数点，在进入大气层时因打不开降落伞而烧毁。

软件测试是在软件开发过程中保证软件质量、提高软件可靠性的最主要的手段之一。因此，无论如何强调软件测试对于确保软件系统的质量的重要性都是不过分的。

根据相关开发组织的大量资料统计，在整个软件系统的开发过程中，软件测试占了40%～50%的工作量。特别是在一些特殊或重要的软件系统中，例如武器火控系统、核反应控制系统、航空/航天飞行系统等，软件测试环节的工作量和成本往往是所有其他开发活动总工作量的3～5倍。

正如E.W.Dijkstra所指出的：“测试只能证明程序有错（有缺陷），不能保证程序无错。”因此，能够发现程序缺陷的测试是成功的测试。当然，最理想的是进行程序正确性的完全证明，遗憾的是除非极小的程序，至今还没有实用的技术证明任一程序的正确性。为使程序有效运行，测试与调试是唯一手段。

对软件测试，Myers提出了下述观点：

（1）测试是一个程序的执行过程，其目的是发现错误。

（2）一个好的测试用例很可能发现至今尚未发现的错误。

主观上开发人员思维的局限性，客观上目前开发的软件系统都有相当的复杂性，决定了在开发过程中出现软件错误是不可避免的。若能及早排除开发中的错误，就可以排除给后期工作带来的麻烦，也就避免了付出高昂的代价，从而大大地提高系统开发过程的效率。因此，软件测试在整个软件开发生存周期各个环节中都是不可缺少的。

7.1.2 软件测试的概念

不同的时期，人们对软件测试有不同的理解。1979年，Myers的经典著作《软件测试之艺术》给出了测试的定义：测试是为发现错误而执行程序的过程。1983年，IEEE对软件测试进行定义：使用人工或自动手段来运行或测定某个系统的过程，其目的在于检测它是否满足规定的需求或弄清预期结果与实际结果之间的差别。1995年，《软件工程术语》（GB/T 11457—1995）对软件测试进行定义：软件测试是一个过程，测试不只是测试执行，它包括从计划开始到测试结束的一系列活动。

根据对上述定义的分析可知，软件测试就是根据软件开发过程文档来分析系统程序的内部结构，有针对性地设计测试用例，根据测试用例执行程序以找到系统中的潜在错误的过程。其最终目的是尽可能早、尽可能多地找出软件缺陷并对其及时进行修复。这里的缺陷是一种泛称，它可以指功能上的错误，也可以指性能低下、易用性差等。软件测试不仅仅是针对代码进行测试，还包括对各类文档的测试。

7.1.3 软件测试的特点

1. 软件测试的开销大

按照Boehm的统计，软件测试的开销占总成本的30%～50%。例如，APPOLLO登月计划，80%的经费用于软件测试。

2. 不能进行“穷举”测试

只有将所有可能的情况都测试到，才有可能检查出所有的错误，但这是不可能的。例如，图7.2中，程序P有两个整型输入量X、Y，输出量为Z，在32位机上运行。所有的测试数据组（X_i，Y_i）的数目为$2^{32}\times 2^{32}=2^{64}$。假设1ms执行1次，如进行完全测试，则共需5亿年。

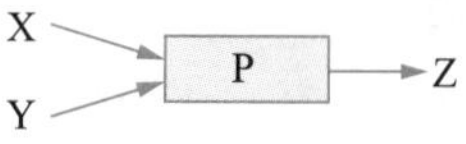

X → P → Z
Y →

图7.2 程序P

7.1.4 软件测试的基本原则

测试是一项非常复杂的、创造性的和需要高度智慧的挑战性的工作。测试一个大型程序所要求的创造力，事实上可能要超过设计那个程序所要求的创造力。软件测试中一些直观上看是很显而易见的至关重要的原则，总是被人们所忽视。

1. 应尽早地和不断地进行软件测试

相关的研究数据表明，软件系统的错误和缺陷具有明显的放大效应。在需求阶段遗留的一个错误，到了设计阶段可能导致出现*n*个错误，而到了编码实现阶段则可能导致更多的错误。因此，在许多成熟的软件开发模型中，例如面向对象的测试，软件测试不再只是对程序的测试，软件测试活动始终贯穿软件系统整个开发周期的各个阶段，只有这样才能尽早地发现潜在的错误和缺陷，降低软件测试的成本，提高软件测试的质量。

2. 开发人员应尽量避免进行软件测试

开发和测试是既不同又有联系的活动。开发是创造或建立新事物的行为活动，而测试的唯一目的是证明所开发的软件产品存在若干潜在的错误和缺陷，因此开发人员不可能同时将这两个截然对立的角色扮演好。开发者在测试自己的程序时存在一些弊病：

（1）开发者总认为自己的程序是正确的。事实上，如果在设计时就存在理解错误，或因不良的编程习惯而留下隐患，他本人是很难发现这类错误的。

（2）程序设计犹如艺术设计，开发者总是喜欢欣赏程序的成功之处，而不愿看到自己的失败，在测试时，会有意无意地选择那些证明程序是正确的测试用例。

（3）开发者对程序的功能、接口十分熟悉，所以测试自己开发的程序难以具备典型性。

因此，开发者参与测试，往往会影响测试效果。Microsoft公司关于测试的经验教训更加说明了这点。

20世纪80年代初期，Microsoft公司是由开发人员测试自己的产品，致使许多软件产品的bug未能查出，因此许多使用Microsoft操作系统的PC厂商非常不满，很多个人用户也纷纷投诉。直到出现一种相当厉害的破坏数据的bug，致使Microsoft公司赔付了20万美元，公司这才吸取了教训，成立了独立的测试机构。

从以上的例子可以看出，软件系统由独立的测试机构来完成其测试工作具有许多显著的优点。独立测试是指软件测试工作由在管理上和经济上独立于开发机构的组织来承担。独立测试可以避免软件开发机构测试自己开发的软件而产生的种种问题，从而使测试工作不受影响和干扰。

3. 注重测试用例的设计和选择

测试用例由输入数据和预期的输出结果两部分组成，直接影响到测试的效果，因此测试用例设计至关重要。测试用例的质量由以下四个特性来描述：

（1）有效性。能否发现软件缺陷或至少可能发现软件缺陷。

（2）可仿效性。可仿效的测试用例可以测试多项内容，从而减少测试用例数量。

（3）经济性。测试用例的执行分析和排错是否经济。

（4）修改性。每次软件修改后对测试用例的维护成本。

这四个特性之间相互影响，如高可仿效性有可能导致经济性和修改性较差。因此，通常情况下，应对上述四个特性进行一定的权衡折中。

在设计测试用例时，还需要格外注意以下几个问题：

（1）测试用例不仅应包含合理的输入条件，更应包含不合理的输入条件。在软件系统实际运行过程中，经常会发生这样一种情况，当以某种特殊的甚至不合理的输入数据来使用软件时，常常会产生许多意想不到的错误。因此，使用预期不合理的输入数据进行软件测试时，经常比使用合理数据时能够找出更多的错误和缺陷。

（2）测试用例应由测试输入数据和与之对应的预期输出结果两部分组成。这些期望的输出结果应该是根据系统的需求来进行定义的，因此测试人员在将系统的实际输出与测试用例中的预期输出进行对比以后，就可以完成对软件系统正确性、可靠性的测试，发现其中是否存在相应错误和缺陷。

4. 充分注意测试中的群集现象

软件系统中的错误和缺陷通常是成群集出现的，经常会在一个模块或一段代码中存在大量的错误和缺陷。例如，在IBM 370的操作系统中，被发现的错误和缺陷有47%集中在4%的代码中。这一群集现象的出现表明，为了提高软件的测试效率，要集中处理那些容易出现错误的模块或程序段。具体地说，群集现象是指，在测试过程中，发现错误比较集中的程序段，往往可能残留的错误较多。因此必须注意这种群集现象，对错误群集的程序段进行重点测试，以提高测试的效率和质量。

5. 全面检查每一个测试结果

在使用测试用例对软件产品进行测试时，对每一个测试结果应该做全面、细致的检查。因为许多错误的迹象和线索会在输出结果中反映或表现出来。否则，一些有用的测试信息可能会被遗漏，严重影响软件测试的质量和效率。

6. 妥善保存测试过程中的一切文档

测试计划、测试用例、测试结果、出错统计等都是软件测试过程中的重要文档。对这些文档必须进行完整、妥善保存，为后期的软件维护提供便利。另外，测试的重现也往往要依靠测试文档的相关内容。

Davishai还提出了一组测试原则，测试人员在设计有效的测试用例时必须理解这些原则。

（1）所有的测试都应根据用户的需求来进行。

（2）应该在测试工作真正开始前的较长时间内就制订、编写测试计划。一般而言，测试计划可以在需求分析完成后开始，详细的测试用例定义可以在设计模型被确定后立即开始，因此，所有测试可以在任何代码被编写前进行计划和设计。

（3）Pareto原则应用于软件测试。Pareto原则意味着测试发现的80%的错误很可能集中在20%的程序模块中。

（4）测试应从“小规模”开始，逐步转向“大规模”，即从模块测试开始，再进行系统测试。

（5）穷举测试是不可能的，因此，在测试中不可能覆盖路径的每一个组合。然而，充分覆盖程序逻辑，确保覆盖程序设计中使用的所有条件是有可能的。

（6）为达到最佳的测试效果，提倡由第三方来进行测试。

7.1.5 软件测试模型

1994年在《软件工程师参考手册》中，J.McDermid提出了“生存周期软件开发V模型”，进一步说明了测试的重要性。此后许多学者在此基础上做了不少修改与发展，提出了W模型、X模型、H模型、前置模型等。我们结合ISO/IEC 12207—1995对《软件生存周期过程》做了一些调整，如图7.3所示。需要说明的是，生存周期软件开发V模型并不针对某种开发模型或某种开发方法，它是按照软件生存周期中的不同阶段划分的，因此不能认为它只适合瀑布模型。

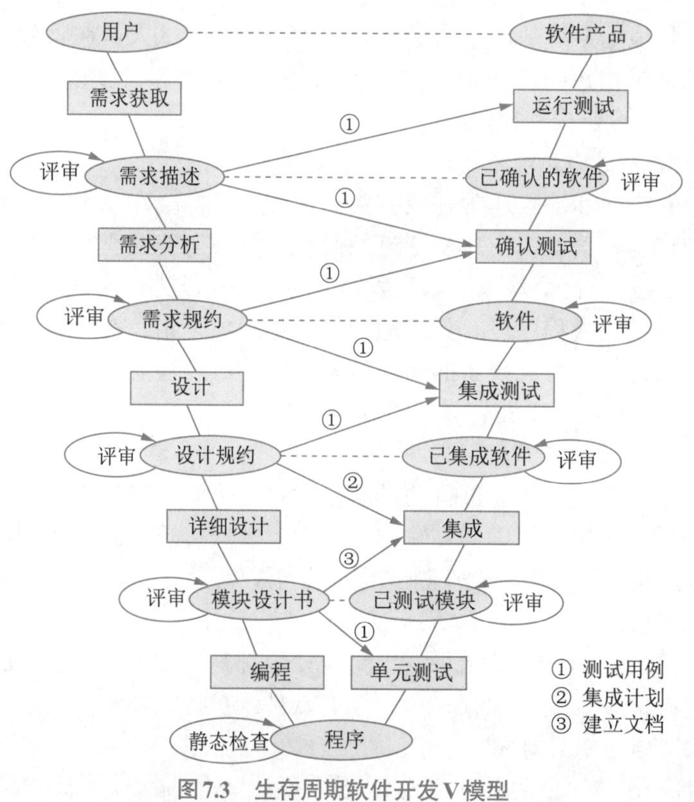

图7.3 生存周期软件开发V模型

总体来说，软件测试的目标是，以最小的工作量和成本尽可能多地发现软件系统中潜在的各种错误和缺陷，以确保软件系统的正确性和可靠性。在软件测试工作中，建立正确的测试目标具有重要的价值和意义。如果软件测试的目标是证明软件的正确性，那么测试人员就会选用那些使软件出错可能性较小的数据作为测试用例；如果软件测试的目标是证明软件有错误，那么测试人员就会选用那些容易使软件发生错误的数据作为测试用例，以尽可能多地发现软件系统中潜在的错误和缺陷。因此，一个测试人员的工作是要证明和发现软件有错，只有选用那些易使程序出错的测试用例，才能够有效地发现程序中的错误和缺陷，达到软件测试的目的。

7.2 软件测试步骤

7.2.1 制订软件项目测试计划

制订测试计划是软件测试中最重要的步骤之一，在软件开发的前期对软件测试做出清晰、完整的计划，不仅对整个测试起到关键性的作用，而且对开发人员的开发工作、整个项目的规划、项目经理的审查都有辅助性作用。

软件测试计划作为软件项目计划的子计划，应尽早开始进行规划。原则上应该在需求定义完成之后开始编写测试计划，对于开发过程不是十分清晰和稳定的项目，测试计划也可以在总体设计完成后开始编写。

测试过程也从一个相对独立的步骤越来越紧密地贯穿在软件整个生存周期中，即软件测试应该贯穿整个软件开发的全过程。测试计划也就成为开展测试工作的基础和依据。

虽然测试计划的模板在各个公司中都不相同，但一般都应该包括以下内容。

1. 项目背景、测试范围和内容

在制订软件测试计划时首先要明确被测试的软件项目的背景，包括它是做什么的，功能、性能的需求等。软件测试的对象应该包括需求分析、概要设计、详细设计、编码实现各个阶段所获得的开发成果，程序测试仅仅是软件测试的一个组成部分。

2. 确定测试的质量、目标，对测试风险进行评估

对于一些重要的软件系统，如航空、航天飞行系统，实时控制系统等对软件质量和可靠性都有特殊要求的系统，应该明确清晰地说明该项测试计划的内容并评估测试各阶段可能的风险及应对措施。

3. 测试资源需求

测试资源需求包括各阶段的测试方法和测试工具，测试的软件需求，测试的硬件需求。测试的软、硬件环境需求，测试成本、测试工作量以及人力资源的需求。

4. 测试进度安排

测试进度安排包括总的测试开始时间和结束时间，各测试阶段所需时间及具体完成的测试内容，测试人员安排，应该负责的工作等。

5. 测试策略

测试策略提供了对测试对象进行测试的推荐方法，也就是要确定对软件开发各阶段的测试方法和策略，如自动化测试、手工测试、数据和数据库完整性测试、功能测试、

白盒测试、黑盒测试、界面测试、压力测试等，制定测试策略时所考虑的主要问题有将要使用的技术以及判断测试何时完成的标准。

另外还必须注意到以下两点。

（1）测试计划一旦制订，并非一成不变，软件需求的变化、人员流动的变化等，都会影响测试计划的执行，因此，测试计划也要根据实际情况的变化而不断进行调整，以满足实际测试的需要。

（2）测试计划编写完成后，必须对测试计划的正确性、全面性以及可行性等进行评审，评审人员可包括软件开发人员、营销人员、测试负责人以及其他有关项目负责人。

总之，测试计划的书写应该简明清晰、无二义性；切合实际，从宏观上反映项目的测试任务、测试阶段、资源需求等。而在测试工作进行过程中，测试机构和测试人员应该严格按照该计划执行，避免测试工作的随意性，这样才能保证对软件产品进行系统、科学的测试。

7.2.2　软件测试人员管理

由于测试工作的艰巨性和复杂性，并且它是保障软件质量的关键过程，因此对进行软件测试的人员提出了严格的要求。若缺乏一个合格、积极的测试团队，测试任务是无法圆满完成的，这必然会严重地影响整个软件产品的质量。

在许多软件开发企业中，特别是一些小型的、不成熟的软件企业，对软件测试工作的重视程度不够，常常让那些熟练的开发人员完成软件系统的分析、设计、实现等工作，而让那些开发经验最少的新手去承担被认为相对次要的软件测试工作。这种做法是非常不合理、不科学的。对一个软件系统进行高效率、高质量的测试所需要的技能与经验其实并不比开发一个新软件少。因此，在一些比较成熟的软件企业中，都将软件测试看作一项专业的技术工作，有意识地在开发团队中培训专门的软件测试人员，并使他们在开发过程中及时地投入工作，以便完成高质量的软件测试。

7.2.3　进行分阶段测试

根据相关的统计资料发现，在查找出的软件错误中，大约有64%的错误都来自软件的需求分析和设计阶段。这一统计结果表明，对软件系统而言，许多错误都是因为前一阶段的错误没有被及时地发现，而导致后续错误的发生。

因此，为了避免软件开发过程中前一阶段的错误影响后续的开发活动，开发人员必须实施分阶段、分步骤的测试，以确保软件开发过程的各个阶段产品的质量。例如，传统的软件测试过程按测试的先后次序可分为几个步骤进行，如图7.4所示。

1. 单元测试

单元测试是分别完成每个单元的测试任务，以确保每个模块都能正常工作。单元测试大量地采用了白盒测试方法，尽可能发现模块内部的程序差错。

2. 集成测试

完成单元测试以后，把已测试过的模块组装起来，进行集成测试，其目的在于检验与软件设计相关的程序结构问题。这时较多地采用黑盒测试方法来设计测试用例。

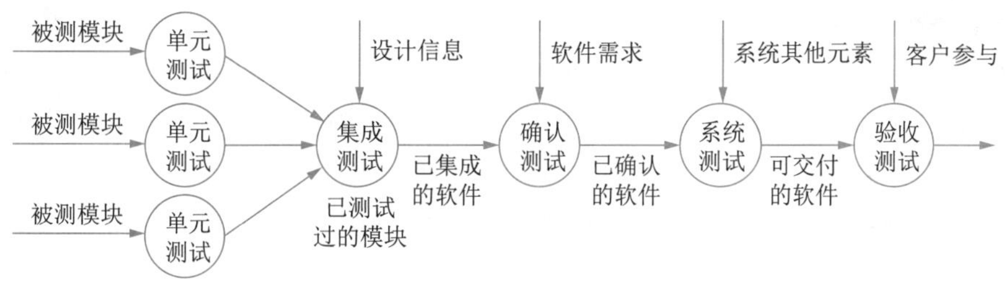

图7.4　软件测试过程

3. 确认测试

完成集成测试以后，要对开发工作初期制定的确认准则进行检验。确认测试是检验所开发的软件能否满足所有功能和性能需求的最后手段，通常均采用黑盒测试方法。

4. 系统测试

完成确认测试以后，给出的应该是合格的软件产品，但为检验它能否与系统的其他部分（如硬件、数据库及操作人员）协调工作，需要进行系统测试。系统测试常涉及硬件，往往超出了软件工程的范围。

5. 验收测试

检验软件产品质量的最后一道工序是验收测试。与前面讨论的各种测试活动的主要不同之处在于它突出了客户的作用，同时软件开发人员也应有一定程度的参与，且本阶段测试往往采用用户的真实数据，而非实验室数据。

7.2.4　软件测试过程文档管理

软件测试是一个非常复杂且艰巨的过程，它涉及软件需求、设计、编码等许多软件开发的其他环节。软件测试工作对于保证软件的正确性、可靠性、健壮性具有十分重要的意义。因此，必须将软件测试的要求、过程、结果以正式文档的形式加以记录并进行有效管理。测试文档的撰写是软件测试工作规范化的重要组成部分。主要的测试文档如下。

1. 测试计划书

测试计划书是软件测试工作的指导性文档，它规定了测试活动的范围、测试方法、测试的进度与资源、测试的项目与特性，明确需要完成的测试任务、每个任务的负责人，以及与测试活动相关的风险。测试计划书一般包括测试目标、测试范围、测试方法、测试资源、测试环境和工具、测试体系结构、测试进度。

2. 测试规范

测试规范规定了测试工作的总体原则并描述了测试工作的一些基本情况，如测试用例的运行环境、测试用例的生成步骤与执行步骤、软件系统的调试与验证。

3. 测试用例

测试工作通常需要设计若干测试用例，每个测试用例包括一组测试数据和一组预期的运行结果。因此，一个典型的测试用例可以被描述为

测试用例={测试数据+期望的运行结果}

相应地，测试结果可以被描述为

测试结果={测试数据+期望的运行结果+实际的运行结果}

4.缺陷报告

缺陷报告用于记录软件系统在测试过程中发现的错误与缺陷，具体包括缺陷编号、缺陷的严重程度和优先级、缺陷的状态、缺陷发生的位置、缺陷的报告步骤、期待的修改结果，以及附件等内容。

需要特别说明的是，在缺陷报告中的严重程度和优先级，是两个不同概念。其中，缺陷的严重程度是指缺陷的恶劣程度，反映其对整个软件系统和用户的危害程度；缺陷的优先级是指纠正这一缺陷在时间上的紧迫程度。

7.3 软件测试过程

软件测试的经典策略是，从单元测试开始，测试每一模块的功能和结构；然后逐步进入集成测试，将已测试过的模块按一定顺序组装起来进行测试；最后进行确认测试，按规定的各项需求，在用户的参与下，逐项进行有效性测试，决定已开发的软件是否合格，能否交付用户使用。

7.3.1 单元测试

单元测试（unit testing），也称模块测试（module testing）。测试的主要目的是检查模块内部的错误。因此，测试方法应以白盒测试方法为主。

7.3.1.1 传统面向过程的单元测试

1.单元测试的内容

如图7.5所示，单元测试解决以下5方面的问题。

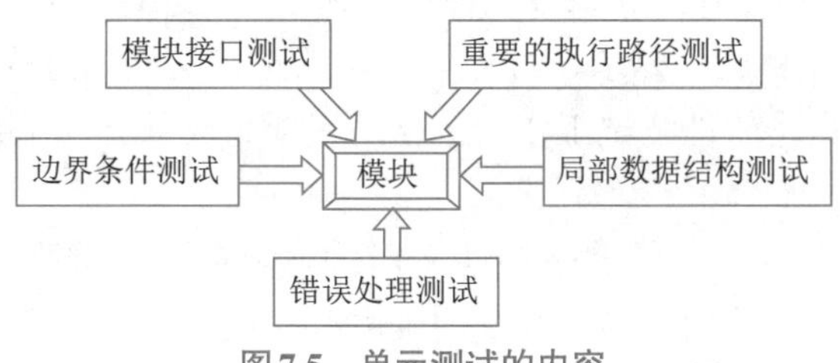

图7.5 单元测试的内容

（1）模块接口。

模块接口测试主要检查数据能否正确地通过模块。

软件单元作为一个独立的模块，同时又作为软件系统的一个组成部分，它和系统中的其他模块之间存在着信息交换，因此测试信息能否正确地输入和输出待测试模块是整个单元测试的基础和前提。针对单元接口测试，Myers提出了测试内容应该主要包括下列因素。

①待测试单元的实参的个数是否与形参的格式一致。

②待测试单元的实参的数据类型是否与形参的数据类型匹配。

③调用其他单元的实参个数是否与被调用单元的形参的个数相同。

④调用其他单元的实参数据类型是否与被调用单元的形参的数据类型相同。

⑤传送给另一个被调用模块的变量，其单位是否与参数的单位一致。

⑥调用库函数时，实参的个数、数据类型和顺序是否与该函数的形参表一致。

⑦在模块有多个入口的情况下，是否引用与当前入口无关的参数。

⑧是否修改了只读的参数。

⑨各个单元对系统中的全局变量定义和使用是否一致。

⑩有没有把常数当作变量来传送。

当一个模块执行外部的输入/输出操作时，Myers提出还需考虑以下进行附加的接口测试。

①文件属性是否正确。

②OPEN语句是否正确。

③格式说明与输入/输出语句给出的信息是否一致。

④缓冲区的大小是否与记录的大小匹配。

⑤是否所有的文件在使用前均已打开了。

⑥对文件结束条件的判断和处理是否正确。

⑦对输入/输出错误的处理是否正确。

⑧有没有输出信息的文字错误。

（2）局部数据结构。

在模块工作过程中，必须测试其内部的数据能否保持完整性，包括内部数据的内容、形式及相互关系不发生错误。应该说模块的局部数据结构是经常发生错误的错误源。对于局部数据结构应该在单元测试中注意发现以下几类错误：不正确的或不一致的类型说明；错误的变量名，如拼写错误或缩写错误；不相容的数据类型；下溢、上溢或地址错误。

除局部数据结构外，在单元测试中还应弄清楚全程数据对模块的影响。

（3）重要的执行路径。

重要模块要进行基本路径测试，仔细地选择测试路径是单元测试的一项基本任务。测试用例必须能够发现由于计算错误、不正确的判定或不正常的控制流而产生的错误。常见的错误如下。

①误解的或不正确的算术优先级。

②混合模式的运算。

③精度不够精确。

④表达式的不准确符号表示。

针对判定和条件覆盖，测试用例还需能够发现如下错误：

①不同数据类型的比较。

②不正确的逻辑操作或优先级。

③应当相等的地方由于精度的错误而不能相等。

④不正确的判定或不正确的变量。

⑤不正常的或不存在的循环中止。

⑥当遇到分支循环时不能退出。

⑦不适当地修改循环变量。

（4）边界条件。

程序最容易在边界上出错，对输入/输出数据的等价类边界、选择条件和循环条件的边界，以及复杂数据结构的边界等都应进行测试。

（5）错误处理。

测试错误处理的要点是模块在工作中发生了错误，其中的错误处理措施是否有效。

程序运行中出现了异常现象并不奇怪，良好的设计应该预先估计到投入运行后可能发生的错误，并给出相应的处理措施，使得用户不至于束手无策。考察一个程序的错误处理能力可能出现的情况如下。

①对运行发生的错误描述得难以理解。

②所报告的错误与实际遇到的错误不一致。

③出错后，在错误处理之前就引起了系统干预。

④例外条件的处理不正确。

⑤提供的错误信息不足，以致无法找到出错的原因。

这5方面问题的提出，使得用户必须认真考虑：如何设计测试用例，使模块测试能够高效率地发现其中的错误。这是非常关键的问题。

2. 单元测试的步骤

由于被测试的模块往往不是独立的程序，它处于整个软件结构的某一层位置上，被其他模块调用或调用其他模块，其本身不能单独运行，因此在单元测试时，需要为被测试模块设计若干辅助测试模块。

辅助模块有两种。一种是驱动模块，处于被测试模块的上层，用以模拟主程序或者调用模块的功能，向被测试模块传递数据，接收、打印从被测试模块返回的数据，较容易实现。一般只设计一个驱动模块。另一种是桩模块，用以模拟那些由被测试模块所调用的下属模块的功能，往往下属模块不止一个，也不止一层，由于模块接口的复杂性，桩模块很难模拟各下层模块之间的调用关系。另外为模拟下层模块的不同功能，需要编写多个桩模块，也很难验证这些桩模块所模拟功能的正确性，所以，桩模块的设计要比驱动模块困难得多。单元测试的环境如图7.6所示。

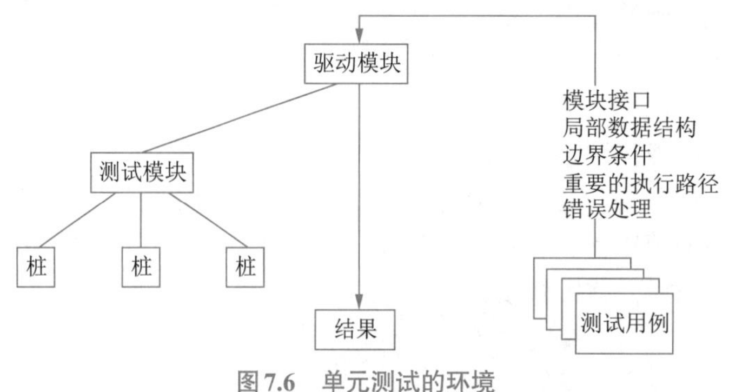

图7.6　单元测试的环境

驱动模块和桩模块在单元测试中必须使用，尽管它们带来了额外开销，但并不作为最终的软件产品提供给用户。由于模块间接口的复杂性，全面检查往往要推迟到集成测试时进行。

7.3.1.2 面向对象的单元测试

在面向对象系统中，系统的基本构造模块是类和对象，而不再是由完成特定功能的模块组成。类是单元测试的重点，然而类中包含的操作是最小的可测试单元。由于类中包含一组不同的操作，而且某些操作可能作为不同类的一部分，同时，每个对象有自己的生存周期的状态，因此，必须对单元测试技术进行改变。面向对象测试用例关注如何设计合适的操作序列以及测试类的状态。

面向对象软件的类测试与传统软件的单元测试相对应，不同的是传统软件的单元测试侧重于模块的算法和模块接口的数据，面向对象软件的类测试是由封装在该类中的操作和类的状态行为驱动的。传统的黑盒测试与白盒测试也适用于面向对象软件，如白盒测试可用于测试类中函数的基本路径等。一些传统的测试方法在面向对象的单元测试中都可以使用，如等价类划分方法、边值分析方法、逻辑覆盖方法、路径分析方法等。

面向对象编程中类的继承性和多态性，使得对成员函数的测试，又不完全等同于传统的函数测试。子类继承或重载的父类成员函数的出现，不能孤立地对单个操作进行测试，而是将其作为类的一部分。通常考虑以下两方面：

1.继承的成员函数是否需要测试

对父类中已经测试过的成员函数，以下两种情况需要在子类中重新测试：

- 继承的成员函数在子类中做了修改。
- 成员函数调用了修改过的成员函数的内容。

例如，假设基类Base中有两个成员函数，即A()和B()，派生类Derived只对B()进行了修改，显然需要对Derived::B()进行重新测试。对于Derived::A()，若有调用B()的语句，则需要重新测试；否则，不需要再测试。

2.对子类的测试可参考对父类的测试

派生类重新定义基类的成员函数，两者已经是不同的成员函数，如Derived::B()与Base::B()。但由于面向对象的继承性使得两个函数有相似性，通常不用全部重新设计测试用例，只要增补改动部分的测试用例。

面向对象的单元测试方法有如下几种。

（1）基于故障的测试。

这种测试方法与传统的错误推测方法类似，它首先从分析模型开始，考察可能发生的故障，然后设计用例以确定故障是否存在。基于故障的测试具有较高的发现可能故障的能力。但这在很大程度上取决于测试人员的经验和直觉。经验丰富的测试人员可能推测得比较准确，这时使用基于故障的测试方法能够用相当低的工作量发现大量的错误。如果推测不准，那么这种方法的测试效果并不比随机测试的效果好。

（2）基于场景的测试。

基于场景的测试主要是在用户任务的执行过程中对软件进行检测。它关注用户需要什么，而不是产品能做什么。基于场景的测试有助于在一个单元测试的情况下检查多重系统。它比基于故障的测试更实际，也更复杂。

（3）随机测试。

一个类中通常有多个操作，这些操作序列有多种排列，可以让类的实例随机地执行一些类内定义的操作，以测试类的状态。如果类的操作受到具体应用系统性质的限制，则可以在最小操作序列的基础上随机地增加一些操作，作为该类的测试用例。例如，一个类包括login（登录）、query（查询）、update（更新）、logout（退出）等操作。其中，login和logout是必须进行的操作，组成最小操作集合｛login，logout｝，可以在此基础上随机地增加其他操作，得到测试用例，如{ login，query，logout}或{login，update，logout｝等。

（4）划分测试。

这种测试方法与传统测试方法中的等价类划分方法类似。使用类层次的划分测试，可以减少所需要的测试用例的数目。划分测试可以分为以下3种：

①基于状态的划分。根据操作改变类的状态能力来进行划分。设计测试用例时分别考虑测试改变状态的操作和不改变状态的操作。在上述例子中，改变类状态的操作是update；不改变类状态的操作是login、query、logout。

②基于属性的划分。按类操作所用到的属性来进行划分。通常根据所用到的属性可以把类操作划分成3种：使用属性的操作、修改属性的操作、不使用也不修改属性的操作。随后设计测试用例，分别对每类操作进行测试。在上述例子中，对于用户登录以后需进行处理的数据属性来说：使用属性的操作是query；修改属性的操作是update；不使用也不修改属性的操作是login、logout。

③基于功能的划分。按类操作所完成的功能来进行划分。划分完成以后，就可以为每个类别的操作分别设计相应的测试用例序列。例如，在上述例子中，类操作可以划分为初始操作login；查询操作query；更新操作update；终止操作logout。

7.3.2 集成测试

集成测试是指在单元测试的基础上，将所有模块按照设计要求组装成一个完整的系统而进行的测试，也称为联合测试或组装测试。重点测试模块的接口部分，测试方法以黑盒测试方法为主。

在软件测试的过程中经常会遇到这样的情形：系统中的每个模块经过单元测试后都可以正常工作了，但是将这些模块组装集成在一起后却无法正常工作。出现这一情况的主要原因是模块之间的相互调用和数据传送，为系统的运行引入了新的问题，例如，全局数据的访问或共享出现错误，模块调用时不正确的参数传递等。

根据连接模块的不同方式，集成测试分为非渐增式测试和渐增式测试。

（1）非渐增式测试。

非渐增式测试方法采用一步到位的方法来集成系统。这种测试方法在对每个模块分别进行单元测试的基础上，把所有的模块按设计要求组装在一起进行测试。

由于非渐增式测试是将所有的模块一次连接起来，简单、易行，节省机时，但测试过程中难于查错，也很难进行错误定位，测试效率低，所以这种测试方法很少使用。

（2）渐增式测试。

渐增式测试与非渐增式测试有所不同。它的集成过程是逐步实现的，组装测试也是逐步完成的。这种测试方法在对每个模块完成单元测试的基础上，进行组装测试。每加入一个新模块，就要对新的子系统进行一次集成测试，不断重复此过程，直至所有模块组装完毕。按组装次序，渐增式测试有以下一些方法。

7.3.2.1 传统面向过程的集成测试

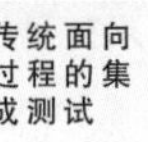

传统面向过程的集成测试

自顶向下、自底向上、混合集成

1. 自顶向下集成

自顶向下集成方法不需要编写驱动模块，只需要编写桩模块。它表示逐步集成和逐步测试是按结构图自顶向下进行的，即模块集成的顺序是，首先集成主模块（主程序），然后按照控制层次结构向下逐步集成。从属于主模块的模块按深度优先策略（纵向）或者广度优先策略（横向）集成到所设计的系统结构中去。

集成的整个过程由下列4个步骤完成。

（1）桩模块作为测试驱动器。

（2）根据集成的策略（深度或广度），下层的模块一次一个地被替换为真正的模块。

（3）在每个模块被集成时，都必须先进行单元测试。

（4）回到第（2）步重复进行，直至整个系统结构被集成。

图7.7所示为采用深度优先策略自顶向下结合组装模块的例子，其中*si*模块表示桩模块。

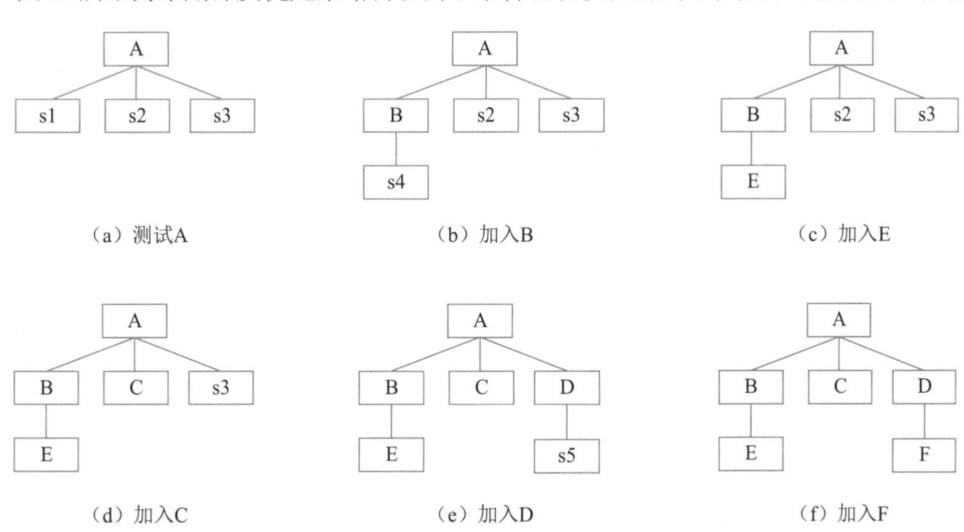

图7.7 采用深度优先策略自顶向下结合组装模块

自顶向下测试的优点是能较早地发现高层模块在接口、控制等方面的问题；初期的程序概貌可让人们较早地看到程序的主要功能，增强开发人员的信心。其缺点是桩模块不可能提供完整的信息，因此把许多测试推迟到用实际模块代替桩模块之后；设计较多的桩模块，测试开销大；早期不能并行工作，不能充分利用人力。

2. 自底向上集成

自底向上集成方法只需编写驱动模块。它表示逐步集成和逐步测试的工作是按结构图自底向上进行的，其步骤如下。

（1）把底层模块组合成实现一个个特定子功能的族。

（2）为每一个族编写一个驱动模块d*f*，模拟测试用例的输入和测试结果的输出。

（3）对模块族进行测试。

（4）按软件结构图依次向上扩展，用实际模块替换驱动模块，形成一个个更大的族。

（5）重复第（2）～（4）步，直至软件系统全部测试完毕。

图7.8用同一实例描述了这一过程。

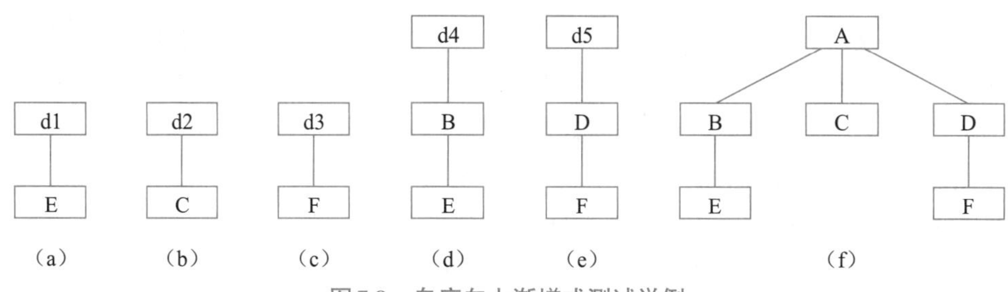

图7.8　自底向上渐增式测试举例

自底向上集成测试的优点是只需编写驱动模块，无须编写桩模块，相对容易些。随着逐步向上集成，驱动模块逐步减少，测试开销小；容易设计测试用例，早期可以并行工作；底层模块的错误能较早发现。其缺点是系统整体功能最后才能看到；上层模块错误发现得晚，但上层模块的问题是全局性的问题，影响范围大。

3. 混合集成

混合集成也称为三明治集成，由于自顶向下渐增式测试和自底向上渐增式测试的方法各有利弊，实际应用时，应根据软件的特点、任务的进度安排选择合适的方法。常见的混合增值方案如下。

（1）演变自顶而下。先自底向上集成子系统，再自顶向下集成总系统。

（2）自底向上—自顶向下增值。对含有读操作的子系统采用自底向上，对含有写操作的子系统采用自顶向下。

（3）回归测试。在回归测试中采用自底向上集成方法，对其余部分（尤其是对修改过的子系统）采用自顶向下集成方法。

7.3.2.2　面向对象的集成测试

由于面向对象程序中类与类之间的相互关系极其紧密，面向对象的集成测试通常需在整个程序编译完成之后进行。面向对象程序的动态特性使得程序的控制流往往难以确定，因而面向对象的集成测试通常只能使用黑盒测试方法。

面向对象的集成测试能够检测出在单元测试时无法检测出的因类间相互作用而产生的错误。单元测试对类及成员函数行为进行测试，集成测试关注系统的结构和内部的相互作用。

面向对象的集成测试采用两种新的测试策略。

1. 基于线程的测试

这种测试策略把响应系统的一个输入或一个事件所需要的那些类集成起来（称为一个线程）。应分别集成并测试每个线程，同时应用回归测试保证没有产生副作用。

2. 基于使用的测试

这种测试策略通过测试那些几乎不使用服务器类的类（称为独立类）开始构造系统，在独立类测试完成后，再增加使用独立类的类（称为依赖类）进行测试。

面向对象的集成测试可以分成两步进行：先进行静态测试，然后再进行动态测试。静态测试主要针对程序的结构进行，检测程序结构是否符合设计要求。现在流行的一些测试软件都能提供一种称为逆向工程的功能，即通过原程序得到类图和函数功能调用关系图，如Rose C++Analyzer等，将逆向工程得到的结果与OOD的结果相比较，从而检测程序结构和实现上是否有缺陷。换句话说，通过这种方法检测出OOP是否达到设计要求。动态测试设计测试用例时，一般需要用到上述过程所得到的类图、实体联系图等作为参考，以优化测试用例，减少测试工作量，并使测试能够达到一定的覆盖标准，如类所有状态的覆盖率等。

面向对象的集成测试阶段，必须对类间协作进行测试。通常由行为模型（如状态图、活动图、顺序图和协作图）导出测试用例。例如，类的协作图可以导出类以及与其协作的那些类的动态行为的测试序列。这样就可以得到面向对象的集成测试的用例。

Kirani和Tsai建议，可按照下列步骤生成多个类的随机测试用例。

（1）对每个客户类，使用类操作符列表来生成一系列随机测试序列。这些操作符向服务器类实例发送消息。

（2）对所生成的每个消息，确定协作类和在服务器对象中的对应操作符。

（3）对服务器对象中的每个操作符（已经被来自客户对象的消息调用），确定传递的消息。

（4）对每个消息，确定下一层被调用的操作符，并把这些操作符结合进测试序列中。

7.3.3　确认测试

集成测试完成以后，已组装成完整的系统，各模块之间接口存在的问题都已消除，此时应进行确认测试（validation testing），又称为有效性测试或合格性测试（qualification testing）。其任务是验证系统的功能、性能等特性是否符合需求规格说明。

确认测试阶段需进行软件确认测试与软件配置审查两项工作。

1.软件确认测试

软件确认测试一般是在模拟的环境（或开发环境）下运用黑盒测试方法来验证软件特性是否与需求符合。首先需要制订测试计划，确定测试步骤，设计测试用例。测试用例应选用实际运用的数据。测试结束后，应该写出测试分析报告。

经过软件确认测试后，可能有以下两种情况。

（1）经过检验，软件的功能、性能及其他要求均已满足需求规格说明书的规定，因此可以被认为是合格的软件。

（2）经过检验，软件的功能、性能及其他要求与需求规格说明书有相当大的偏离，因此得到一个包含各项缺陷的清单。

对于第二种情况，要对错误进行修改，工作量非常大，往往很难在交付期限前把发现的问题纠正过来。这就需要开发部门和用户进行协商，找出解决的办法。

2.软件配置审查

配置审查（configuration review）有时也称为配置审计（configuration audit），是确认过程的重要环节。软件配置是指软件工程过程中所产生的所有信息项：文档、报告、程序、表格、数据等。随着软件工程过程的进展，软件配置项（software configuration item，SCI）得到快速增加和变化。

软件配置审查，应复查SCI是否齐全，检查软件的所有文档资料的完整性和正确性。如发现遗漏和错误，应补充和改正。同时要编排好目录，为以后的软件维护工作奠定基础。

可通过软件确认测试得到测试报告，通过软件配置审查得到软件配置情况。两项工作的结果都要经过管理机构的裁决，并通过专家鉴定会的评审。

图7.9描述了软件确认测试过程、参与确认测试的人员及测试所需的文档资料。

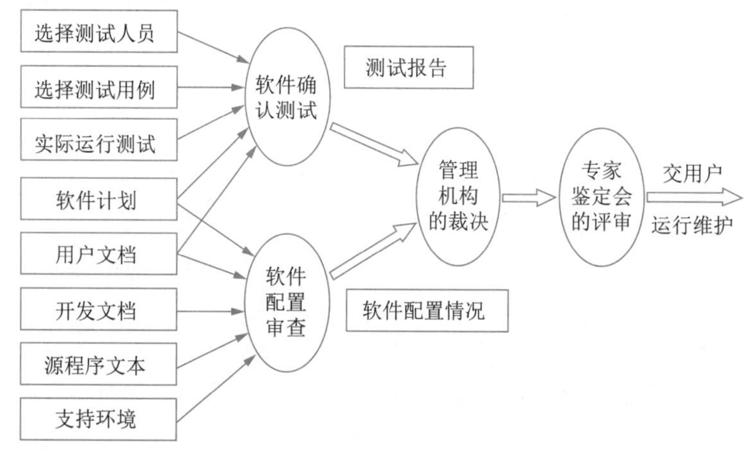

图7.9　软件确认测试

3. 面向对象的确认测试

与传统的确认测试一样，面向对象的确认测试在用户参与下，且在与用户实际使用环境相同的运行环境中进行。它主要采用实际数据进行测试，来验收软件的功能和性能是否符合软件需求规格说明。

确认测试不再考虑类之间相互连接的细节，不涉及软件的具体实现方法，因而这个阶段可以用传统的黑盒测试方法设计确认测试用例。但对于面向对象的软件来说，主要是根据系统的动态模型和描述系统行为的脚本来设计测试用例，以确定最可能发现用户交互需求错误的场景。

7.3.4　系统测试

由于软件系统只是计算机系统的一个组成部分，软件开发完成以后，最终还要和系统中的其他部分（如计算机硬件、外部设备、某些支持软件、数据）集成起来，在投入运行以前完成系统测试，以确保各组成部分不仅能单独地受到检验，而且在系统各部分协调工作的环境下也能正常工作。尽管每一个检验都有着特定的目标，然而所有的检验工作都要验证系统中每个部分均已得到正确的集成，并能完成指定的功能。下面简要说明系统测试需要完成的工作。

1. 功能测试

功能测试又称正确性测试，它检查软件的功能是否符合需求规格说明书。由于正确性是软件最重要的质量因素，所以其测试也最重要。

基本的方法是构造一些合理输入，检查是否得到期望的输出，这是一种枚举的方法。倘若枚举空间是无限的，关键在于寻找等价区间。

2. 性能测试

性能测试用来测试软件在集成系统中的运行性能，特别是针对实时系统和嵌入式系统。性能测试可以在测试过程的任意阶段进行，但只有当整个系统的所有成分都集成到一起后，才能检查一个系统的真正性能。这种测试常常与强度测试结合起来进行。为记录系统性能，通常需要在系统中安装必要的测量仪表或软件。

3. 安全测试

安全测试的目的在于验证安装在系统内的保护机制能够在实际中保护系统并不受非法侵入，不受各种非法的干扰。系统的安全测试要设置一些测试用例，试图突破系统的安全保密措施，检验系统是否有安全保密的漏洞。

4. 恢复测试

操作系统、数据库管理系统等都有恢复机制，即当系统受到某些外部事故的破坏时能够重新恢复正常工作。恢复测试是指通过各种手段，强制性地使软件出错，而不能正常工作，进而检验系统的恢复能力。如果系统恢复是自动的（由系统本身完成），则应检验：重新初始化、检验点设置机制、数据恢复，以及重新启动是否正确。如果这一恢复需要人为干预，则应考虑平均修复时间是否在限定的范围以内。

5. 强度测试

强度测试主要是在一些极限条件下，检查软件系统的运行情况，例如，一些超常数量的输入数据、超常数量的用户、超常数量的网络连接。显然这样的测试对于了解软件系统性能和可靠性、健壮性具有十分重要的意义。强度测试可以先根据所开发的软件系统面临的一些运行强度方面的挑战设计出相应的测试用例，然后通过使用这些测试用例，检查软件系统在这些极端情况下能否正常运行。

6. 文档测试

文档测试主要检查文档的正确性、完备性和可理解性。这里的正确性是指不要把软件的功能和操作写错，也不允许文档内容前后矛盾。完备性是指文档不可以“虎头蛇尾”，更不许漏掉关键内容。可理解性是指文档要让大众用户看得懂，能理解。

总的来说，系统测试是一项比较灵活的工作，对测试人员有较高的要求，测试人员既要熟悉用户的环境和系统的使用，又要有从事各类测试的经验和丰富的软件知识。参加文档测试人员为有经验的系统测试专家、用户代表、软件系统的分析员或设计员。

7.3.5 验收测试

正如前面所述，即使经过一系列的严格测试，软件测试人员也不可能发现并排除软件系统中所有潜在的错误和缺陷，不可能完全预见用户使用软件系统的所有情况。例如，用户可能使用一组意想不到的输入数据来使用软件系统，导致系统中一些未被发现的错误或缺陷暴露出来。因此，在用户参与的情况下进行软件测试是非常重要的，它可以确认软件系统在功能和性能上能否满足用户的需要，并最终决定用户对该软件系统的认可

验收测试：α 测试、β 测试

程度。因此，在软件产品开发结束后，用户正式使用产品之前需要进行验收测试，此过程需要客户共同参与，以确认软件系统符合需求规格说明书中的相关要求。

1. α 测试

α 测试是邀请某些有信誉的软件用户与软件开发人员一起在开发场地对软件系统进行测试，其测试环境要尽量模拟软件系统投入使用后的实际运行环境。在测试过程中，软件系统出现的错误或使用过程中遇到的问题，以及用户提出的修改要求，均要完整、如实地记录下来，作为对软件系统进行修改的依据。α 测试的整个过程是在受控环境下，由开发人员和用户共同参与完成的。α 测试的目的是评价软件的FLURPS，其中FLURPS表示对以下项目的测试：功能测试（function testing）、局域化测试（local area testing）、可使用性测试（usability testing）、可靠性测试（reliability testing）、性能测试（performance testing）和可支持性测试（supportability testing）。

2. β 测试

β 测试是由软件产品的全部或部分用户在实际使用环境下进行的测试。整个测试活动是在用户的独立操作下完成的，没有软件开发人员的参与。β 测试是投入市场前由支持软件预发行的客户对FLURPS进行测试，其主要目的是测试系统的可支持性。

β 测试的涉及面最广，最能反映用户的真实愿望，但花费的时间最长，过程不好控制。一般软件公司与 β 测试人员之间有一种互利的协议，即 β 测试人员无偿地为软件公司做测试，定期递交测试报告，提出批评与建议。而软件公司将向 β 测试人员赠送或以很大的优惠价格提供软件的正式版本。

7.3.6 综合测试策略

软件测试是保证软件可靠性的主要手段，也是软件开发过程中最艰巨、最繁杂的任务。软件测试方案是测试阶段的关键技术问题，其基本目标是选择最少量的高效测试用例，从而尽可能多地发现软件中的问题。因此，无论哪一个测试阶段，都应该采用综合测试策略，才能够实现测试的目标。

一般都应该先进行静态分析，往往可以发现系统中的一些问题。然后再考虑动态测试。

1. 单元测试

通常应该先进行“人工走查”，再以白盒测试方法为主，辅以黑盒测试方法进行动态测试。使用白盒测试方法时，只需选择一种覆盖标准；而使用黑盒测试方法时，应综合采用多种测试方法。

2. 组装测试

组装测试的关键是要按照一定的原则，选择组装模块的方案（次序），然后再使用黑盒测试方法进行测试。在测试过程中，如果发现了问题较多的模块，需要进行回归测试时，再采用白盒测试方法。

3. 确认测试、系统测试

确认测试、系统测试应该以黑盒测试方法为主。确认测试中进行软件配置审查，主要是静态测试。

7.4 软件测试方法

根据是否需要执行被测程序，可将传统的软件测试分为静态分析和动态测试。静态分析方法的主要特征是不在计算机上运行被测程序，即静态分析是以人工的、非形式化的方法对软件的特性进行分析和测试。或者说，静态分析是对被测软件进行特性分析的一些方法的总称。动态测试方法与静态分析方法的区别是：选择适当的测试用例，通过上机执行程序进行测试，对其运行情况（输入/输出的对应关系）进行分析。

7.4.1 静态分析

目前，已经开发出一些静态分析系统作为软件测试的工具，静态分析已被当作一种自动化的代码校验方法。不同的方法有各自的目标和步骤，侧重点也不一样。常用的静态分析方法如下。

1.桌前检查

作为一种传统的检查方法，桌前检查常常是在程序通过编译以后，进行单元测试之前，由程序员对源程序中的代码进行分析、检验，并补充相应的文档，以发现程序中潜在的错误和缺陷。具体检查：变量的交叉引用是否正确；标号的交叉引用是否正确；子程序或函数的调用是否正确等。

2.代码会审

代码会审由程序员和测试员组成评审小组负责，他们按照“常见错误清单”，在会议中进行讨论和检查。

代码会审一般分为两个步骤：第一步，由评审小组的负责人提前将软件系统的设计规格说明书、流程图等相关文档分发给参与会审的程序员和测试员，作为会审的依据，评审小组的成员在参与会审之前需要熟悉这些文档资料；第二步，在代码会审会议上，由开发人员讲解软件系统的分析、设计与实现，而评审人员提出疑问，展开相应的讨论。通过讨论与交流，软件系统中隐藏的错误和缺陷就可能暴露出来，以此实现对软件产品的测试，确保软件产品的质量。

3.步行检查

与代码会审类似，它也要进行代码评审，但评审过程主要采取人工执行程序的方式，故也称为“走查”。

步行检查是最常用的静态分析方法，进行步行检查时，还常使用以下分析工具。

（1）调用图。使用调用图可从语义的角度考察程序的控制路线。例如图7.10中，无论Y为何值，都不能调用子程序，因为执行路径ABC后，是不可能执行路径CDE的。

（2）数据流分析图。使用数据流分析图可检查变量的定义和引用情况。例如图7.11中，节点表示单个语句，有向边表示控制结构。用d表示定义，r表示引用，u表示未引用。执行节点1～6后，检查以下变量的定义和引用情况所存在的问题：

变量R：duuuuu只定义不引用。

变量S：uruuur未定义就引用。

变量Y：uuddru连续定义，先定义的无效。

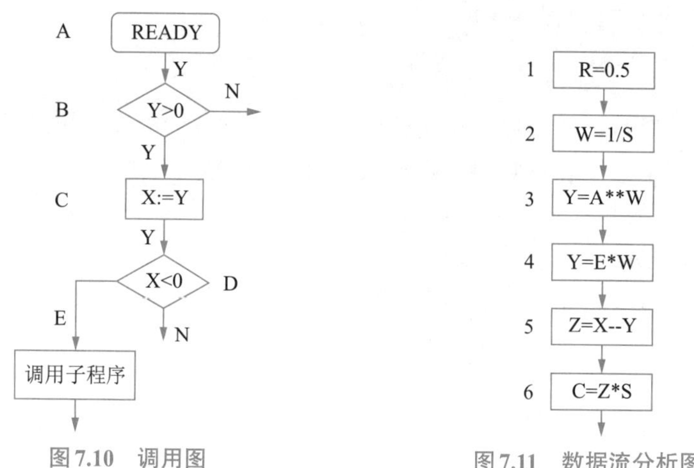

图 7.10　调用图

图 7.11　数据流分析图

7.4.2　动态测试

动态测试方法通过运行程序发现错误，常用的方法如下。

7.4.2.1　白盒测试

白盒测试又称结构测试、逻辑覆盖法、逻辑驱动测试。白盒测试用来分析程序的内部结构，是以程序（模块）内部的逻辑结构为基础来设计测试用例的。针对特定条件或/与循环集设计测试用例，对软件的逻辑路径进行测试。因此采用白盒测试技术时，必须有设计规约及程序清单。设计的宗旨是，测试用例尽可能提高程序内部逻辑的覆盖程度，最彻底的白盒测试能够覆盖程序中的每一条路径。但当程序中含有循环时，路径的数量极大，要执行每一条路径变得极不现实。

白盒测试主要用于单元测试。测试的关键是如何选择高效的测试用例，即对程序内部的逻辑结构覆盖程度高的测试用例。

几种常用的逻辑覆盖标准测试方法的对比如表 7.1 所示。不同的逻辑覆盖测试方法都是从各自不同的方面出发，为设计测试用例提出依据的。

表 7.1　几种常用的逻辑覆盖标准测试方法的对比

发现错误的能力	逻辑覆盖测试方法	说　明
弱	语句覆盖	每条语句至少执行一次
↓	判定覆盖	每个判定的每个分支至少执行一次
	条件覆盖	每个判定的每个条件应取到各种可能的值
	判定—条件覆盖	同时满足判定覆盖和条件覆盖的标准
	条件组合覆盖	每个判定中各种条件的每一种组合至少出现一次
强	路径覆盖	使程序中每一条可能的路径至少执行一次

例如，有以下程序段：

```
IF((A>1) AND (B=0))THEN
    X=X/A
```

```
IF((A=2) OR (X>1))THEN
    X=X+1
```

其中“AND”和“OR”是两个逻辑运算符。图7.12显示了它的流程图和流图，a到e是流程图上的若干程序点。

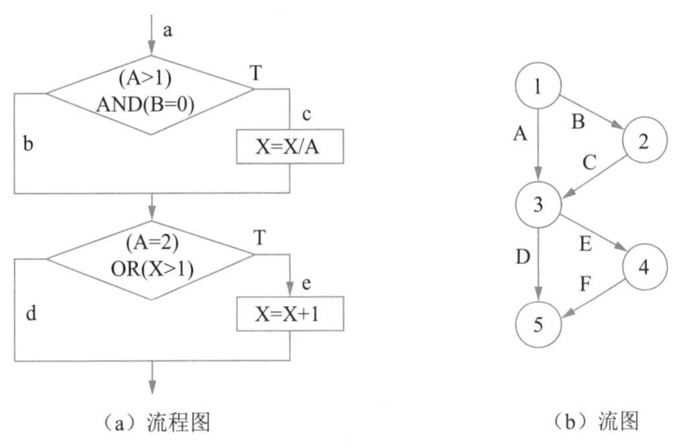

（a）流程图　　（b）流图

图7.12　被测程序段流程图和流图

下面将分别建立满足语句覆盖、判定覆盖、条件覆盖、判定—条件覆盖和条件组合覆盖标准的测试用例。

语句覆盖、判定覆盖、条件覆盖

1.语句覆盖

语句覆盖的含义是：选择足够的测试用例，使程序中的每条语句至少执行一次。这里所谓“足够的”，自然是越少越好。

一般测试用例的格式为［输入(A，B，X)，输出(A，B，X)］，即包括输入用例和预期的输出两部分。

在上述程序段中，只需设计一个能通过路径ace的测试用例，即可满足语句覆盖标准。

选择测试用例：

```
[(2, 0, 4), (2, 0, 3)]
```

即测试用例输入：

```
A=2, B=0, X=4。
```

则程序按路径ace（流图上的路径BCEF或1→2→3→4→5）执行。该程序段的4条语句均得到执行，从而满足语句覆盖标准。

虽然语句覆盖似乎能够比较全面地检验每一条语句，但实际上它的覆盖标准是很弱的。假如这一程序段中两个判定的逻辑运算有问题，例如，第一个判定的运算符“AND”错写成运算符“OR”，或者第二个判定中的运算符“OR”错写成运算符“AND”，这时使用上述测试用例，程序仍将按流程图上的路径ace执行，覆盖所有4条语句，但并不能检查出错误。又如第二个条件语句将X>1误写成X>0，这时使用上述测试用例，也不能检查出错误。

所以，“语句覆盖”是一种很不充分的覆盖标准。

2. 判定覆盖

比语句覆盖稍强的覆盖标准是判定覆盖。判定覆盖的含义是：执行足够的测试用例，使得程序中的每个判定至少都获得一次“真”和“假”值，或者说使得程序中的每一个取“真”分支和取“假”分支至少执行一次。因此，判定覆盖又称为分支覆盖。仍以图7.12的流程为例，如果设计两个测试用例，使它们能通过路径ace（流图上的路径BCEF或1→2→3→4→5）和abd（流图上的路径AD或1→3→5），或通过路径acd（流图上的路径BCD或1→2→3→5）及abe（流图上的路径AEF或1→3→4→5），可满足“判定覆盖”标准，即测试用例应执行路径：ace ∧ abd或acd ∧ abe。

若选用的两组测试用例是

```
A=2, B=0, X=3（测试用例 1）
A=1, B=0, X=1（测试用例 2）
```

可分别执行流程图上的路径ace和abd，从而使两个判断的4个分支c、e和b、d分别得到覆盖，如表7.2所示。

表7.2　判定覆盖测试用例1、2

测试用例	A B X	(A>1)AND(B=0)	(A=2)OR(X>1)	执行路径
测试用例1	2 0 3	真（T）	真（T）	ace（BCEF）
测试用例2	1 0 1	假（-T）	假（-T）	abd（AD）

若选用的两组测试用例是

```
A=3, B=0, X=3（测试用例 3）
A=2, B=1, X=1（测试用例 4）
```

则分别执行流程图上的路径acd（流图上的路径BCD或1→2→3→5）及abe（流图上的路径AEF或1→3→4→5），同样也可覆盖4个分支，如表7.3所示。

表7.3　判定覆盖测试用例3、4

测试用例	A B X	(A>1)AND(B=0)	(A=2)OR(X>1)	执行路径
测试用例3	3 0 3	真（T）	假（-T）	acd（BCD）
测试用例4	2 1 1	假（-T）	真（T）	abe（AEF）

应该注意到，上述两组测试用例不仅满足了判定覆盖标准，还满足了语句覆盖标准。因此“判定覆盖”的覆盖标准比“语句覆盖”更强一些。

但如果将程序段中的第2个判定条件X>1错写为X<1，使用上述测试用例，照样能按原路径（abe）执行，而不影响结果。这说明即使满足了判定覆盖标准，也无法准确判断内部条件的错误。

因此，需要有更强的覆盖标准去判断内部条件。

对于多值判定语句，如CASE语句，判定覆盖更一般的含义是：使得每一个判定都获得每一种可能的结果至少一次。

3.条件覆盖

一个判定中往往包含了若干条件，例如图7.12中的流程，判定(A>1) AND (B=0)包含了两个条件：A>1及B=0。一个更强的覆盖标准是条件覆盖，其含义是：设计若干测试用例，使每个判定中的每个条件的可能取值至少执行一次。

因此，在第一个判定（(A>1)AND(B=0)）中应考虑到以下各种条件取值的情况。

（1）条件A>1为真，记为T1。

（2）条件A>1为假，即A≤1，记为-T1。

（3）条件B=0为真，记为T2。

（4）条件B=0为假，即B≠0，记为-T2。

在第二个判定（(A=2)OR(X>1)）中应考虑到以下各种条件取值的情况。

（1）条件A=2为真，记为T3。

（2）条件A=2为假，即A≠2，记为-T3。

（3）条件X>1为真，记为T4。

（4）条件X>1为假，即X≤1，记为-T4。

只需选择以下两个测试用例：

```
A=2，B=0，X=3（测试用例1）
A=0，B=1，X=1（测试用例5）
```

即可满足条件覆盖标准，即覆盖了4个条件的8种情况，如表7.4所示。

表7.4　条件覆盖测试用例

测试用例	ABX	执行路径	覆盖条件
测试用例1	2 0 3	ace（BCEF）(1→2→3→4→5)	T1，T2，T3，T4
测试用例5	1 1 1	abd（AD）(1→3→5)	-T1，-T2，-T3，-T4

从表7.4可见，两个测试用例在覆盖了4个条件的8种情况的同时，也覆盖了两个判断的4个分支b、c、d和e。这是否可以说，满足条件覆盖标准，也一定满足判定覆盖标准呢?

若选用如下的两组测试用例：

```
A=1，B=0，X=3（测试用例6）
A=2，B=1，X=1（测试用例4）
```

从表7.5可见，满足条件覆盖标准，却不一定满足判定覆盖标准。事实上，这两个测试用例只覆盖了4个分支中的两个（b和e）。因此，需要有同时满足条件覆盖和判定覆盖的更强的覆盖标准。

表7.5　不满足判定覆盖标准的测试用例

测试用例	ABX	执行路径	覆盖分支	覆盖条件
测试用例6	1 0 3	abe（AEF）(1→3→4→5)	be	-T1，T2，-T3，T4
测试用例4	2 1 1	abe（EF）(1→3→4→5)	be	T1，-T2，T3，-T4

4. 判定—条件覆盖

判定—条件覆盖要求设计足够的测试用例，使得判定中每个条件的所有可能（真/假）至少执行一次，并且每个判定的结果（真/假）也至少出现一次。采用测试用例1和测试用例5即可满足判定—条件覆盖标准，如表7.6所示。

表7.6 判定—条件覆盖测试用例

测试用例	A B X	执行路径	覆盖条件	(A>1)AND(B=0)	(A=2)OR(X>1)
测试用例1	2 0 3	ace	T1，T2，T3，T4	真（T）	真（T）
测试用例5	1 1 1	abd	-T1，-T2，-T3，-T4	假（-T）	假（-T）

判定—条件覆盖、条件组合

虽然判定—条件覆盖的覆盖标准比判定覆盖和条件覆盖都强，但在实际运行测试用例的过程中，计算机对多个条件做出判定时，必须将多个条件的组合分解为单个条件进行判断。图7.13描述了下列程序段经编译后所产生的目标程序执行的流程。

```
IF((A>1) AND (B=0))THEN
    X=X/A
IF((A=2) OR (X>1))THEN
    X=X+1
```

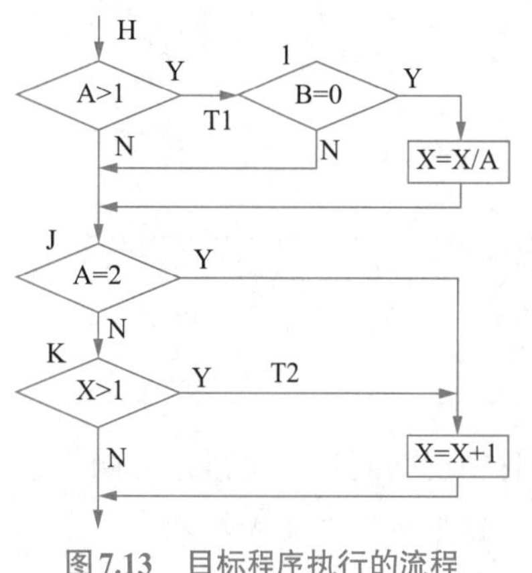

图7.13 目标程序执行的流程

例如，逻辑条件表达式“(A>1) AND (B=0)”，如果A>1为“假”，目标程序就不再检查条件B=0了，即不再执行A>1为“真”的分支。这样B=0及以后的错误就发现不了。

上面的两个测试用例未能使目标程序中的每一个简单判定取得各种可能的结果（真/假）。原因是：含有AND和OR的逻辑表达式在经编译执行时，某些条件将抑制其他条件。

为解决上述问题，需要引入更强的覆盖标准。

5. 条件组合覆盖

条件组合覆盖的含义是：执行足够的测试用例，使得每个判定中条件的各种可能组合都至少出现一次。显然，满足条件组合覆盖标准的测试用例一定满足判定覆盖标准、条件覆盖标准和判定—条件覆盖标准。

例如图7.13中的流程，每个判定包含两个条件，这两个条件在判定中有8种可能的组合，它们分别如下。

（1）A＞1，B=0，记为T1，T2。

（2）A＞1，B≠0，记为T1，-T2。

（3）A≤1，B=0，记为-T1，T2。

（4）A≤1，B≠0，记为-T1，-T2。

（5）A=2，X＞1，记为T3，T4。

（6）A=2，X≤1，记为T3，-T4。

（7）A≠2，X＞1，记为-T3，T4。

（8）A≠2，X≤1，记为－T3，－T4。

这里设计了4个测试用例，用以覆盖上述8种条件组合，如表7.7所示。

表7.7 条件组合覆盖测试用例

测试用例	ABX	覆盖组合号	执行路径	覆盖条件
测试用例1	2 0 3	1，5	ace	T1，T2，T3，T4
测试用例4	2 1 1	2，6	abe	T1，−T2，T3，−T4
测试用例5	1 1 1	4，8	abd	−T1，−T2，−T3，−T4
测试用例6	1 0 3	3，7	abe	−T1，T2，−T3，T4

使用白盒测试方法时，每次只选择一种覆盖标准，虽然采用最强的覆盖标准能够获得更好的测试效果，但这样不仅选择测试用例非常困难，而且测试用例的数量也成倍增加，对测试用例本身的正确性、合理性的验证也更加困难。因此，应根据具体情况，尽可能选择一种较强的覆盖标准。

7.4.2.2 黑盒测试

黑盒测试案例

黑盒测试又称功能测试、数据驱动测试或基于规格说明的测试。测试时把被测程序看作一个黑盒，不考虑程序内部结构和内部特性，测试者只需知道该程序输入和输出之间的关系或程序的功能，依靠能够反映这一关系和程序功能需求的规格说明书，来确定测试用例，判断测试结果的正确性。黑盒测试常用来进行软件功能测试。

黑盒测试方法注重测试软件的功能需求，主要用于发现功能不对或遗漏；性能错误；初始化和终止错误；界面错误；数据结构或外部数据库访问错误等。

黑盒测试常用的方法包括等价分类法、边界值分析法、错误推测法、因果图法等。但是没有一种方法能提供一组完整的测试用例，以检查系统的全部功能。因而在实际测试中需要把各种黑盒测试方法结合起来使用，才能得到较好的测试效果。

1. 等价分类法

等价分类和边界值分析

等价分类法是一种典型的黑盒测试方法，也是一种非常实用而重要的测试方法，该方法只需根据测试软件的需求规格说明书设计测试用例，完全不用考虑程序的内部结构。因此，必须仔细分析和推敲说明书的各项需求，特别是功能需求，同时把说明书中对输入的要求和输出的要求区别开来并加以分解。

由于无法实现穷举测试，只有选取高效的测试用例，才能发现更多的错误，获得好的测试效果。等价分类法是一种可能获取高效测试用例的方法。它将输入数据域按有效的或无效的（也称为合理的或不合理的）划分成若干等价类，在每个等价类中选取一个代表值进行测试，就等于测试了该类其他值。也就是说，如果从某一个等价类中任选一个测试用例未发现程序错误，该类中其他测试用例也不会发现程序的错误。这样就把漫无边际的随机测试改变为有针对性的等价类测试，有效地提高了测试的效率。下面对等价分类法的两个关键问题进行讨论。

（1）确定等价类。

等价类分为有效等价类和无效等价类。有效等价类指对于程序的规格说明是合理的、有意义的输入数据构成的集合。而无效等价类指对于程序的规格说明是不合理的、没有意义的输入数据构成的集合。

如何确定等价类？这是使用等价分类法的一个重要问题。以下几条经验可供参考：

①如果输入条件规定了取值的范围或值的个数，则可确定一个有效等价类（输入值或个数在此范围内）和两个无效等价类（输入值或个数小于这个范围的最小值或大于这个范围的最大值）。

例如，输入值是学生某一门课的成绩，范围是0～100，则可确定一个有效等价类为"0≤成绩≤100"，两个无效等价类为"成绩<0"和"成绩>100"。

②如果一个输入条件说明了一个"必须成立"的情况，则可划分为一个有效等价类和一个无效等价类。例如，规定"所有变量名必须以字母开头"，则可划分一个有效等价类"变量名的第一个字符是字母"和一个无效等价类"变量名的第一个字符不是字母"。

③如果输入条件规定了输入数据的一组可能的值，而且程序是用不同的方式处理每一种值的，则每一种值是一个有效等价类，此外还有一个无效等价类（任何一个不允许的输入值）。例如，输入条件说明教师的职称可为助教、讲师、副教授和教授4个职称之一，则分别取这四个值作为4个有效等价类，把这4个职称之外的任何职称作为无效等价类。

④如果已划分的等价类中各元素在程序中的处理方式不同，则说明等价类划分得太大，应将该等价类进一步划分成更小的等价类。

（2）确定测试用例。

根据已划分的等价类，按以下步骤来设计测试用例。

①为每一个等价类规定唯一的编号。

②设计一个新的测试用例，使其尽可能多地覆盖尚未被覆盖过的有效等价类。重复这一步，直到所有有效等价类均被测试用例所覆盖。

③设计一个新的测试用例，使其只覆盖一个无效等价类。重复这一步，直到所有无效等价类均被覆盖。

正确划分等价类和选择高效的测试用例，是等价分类法获得好的测试效果的关键。另外，特别要注意：一个测试用例，只能覆盖一个无效等价类。请读者考虑这是为什么。

2.边界值分析法

实践经验表明，程序往往在处理边界时出错，所以根据输入等价类和输出等价类边界上的情况来设计的测试用例是高效的。

边界值分析（boundary value analysis，BVA）就是选择等价类边界的测试用例。它是一种补充等价分类法的测试用例设计技术。下面提供几条设计原则以供参考：

（1）如果输入条件规定了取值范围，可以选择正好等于边界值的数据及刚刚超过边界值的数据作为测试用例。例如，输入值的范围是［a，b］，可取a，b，将略大于a且略小于b的值作为测试数据。

（2）如果输入条件规定了输入值的个数，则按最大个数、最小个数、稍小于最小个数及稍大于最大个数等情况分别来设计测试用例。例如，一个输入文件可包括1～255个记录，则分别取有1个记录、255个记录、0个记录和256个记录的输入文件来作为测试用例。

（3）针对每个输出条件使用上述两条原则。例如，某学生成绩管理系统规定，只能查询2016—2018级学生的各科成绩，因而可以设计测试用例查询该范围内的学生成绩，此外，还需要设计查询2015级、2019级学生成绩的测试用例。因为输出值的边界不一定与输入值的边界相对应，所以要检查输出值的边界不一定能实现，要产生超出输出值的结果也不一定能做到，但必要时还需要试一试。

（4）如果程序规格说明书中给出的输入域或输出域是一个有序集合（如顺序文件、线性表和链表等），则应选取有序集合的第一个元素和最后一个元素作为测试用例。

（5）分析规格说明书，找出其他的可能边界条件。

3. 错误推测法

在测试软件时，我们可以根据以往的经验和直觉来推测软件中可能存在的各种错误，从而有针对性地设计测试用例，这就是错误推测法。

错误推测法是凭经验进行的，没有确定的步骤。其基本思想是列出程序中可能发生错误的情况，根据这些情况选择测试用例。

例如，对一个排序的程序，可能出错的情况如下：

（1）输入表为空。

（2）输入表中只有一行。

（3）输入表中所有的行都具有相同的值。

（4）输入表已经排好序。

又如，测试一个采用二分法的检索程序，需要考虑的情况如下：

（1）表中只有一个元素。

（2）表长是2的幂。

（3）表长是2的幂减1或2的幂加1。

错误推测法是一种简单易行的黑盒测试方法，但由于该方法有较大的随意性，必须具体情况具体分析，主要依赖于测试者的经验，因此通常把它作为一种辅助的黑盒测试方法。

4. 因果图法

前面介绍的等价分类法和边界值分析法都只是孤立地考虑各个输入数据的测试功能，而都没有考虑输入数据的各种组合情况，以及输入条件之间的相互制约关系。因果图（cause effect graph）法解决了这个问题。

因果图是一种形式化语言，是一种组合逻辑网络图。它把输入条件视为“因”，把输出或程序状态的改变视为“果”，采用逻辑图的形式来表达功能说明书中输入条件的各种组合与输出的关系。

因果图法的基本原理是通过因果图，把用自然语言描述的功能说明转换为判定表，然后为判定表的每一列设计一个测试用例。其步骤如下。

（1）分析规范。

规范是指规格说明描述，如输入/输出的条件、功能、限制等。应分析程序规格说明书的描述中，哪些是原因，哪些是结果。原因常常是输入条件或输入条件的等价类，而结果是输出条件。

（2）标识规范。

标识出规范中的原因与结果，并对每个原因、结果赋予一个标识。

（3）画出因果图。

分析规范语义、内容，找出原因与结果之间、原因与原因之间的对应关系，画出因果图。此外，由于语法或环境的限制，有些原因和结果的组合情况是不可能出现的，所以在因果图上需要使用若干特殊的符号来标明约束条件。

因果图的基本符号如图7.14所示。其中0表示“不出现”，1表示“出现”。

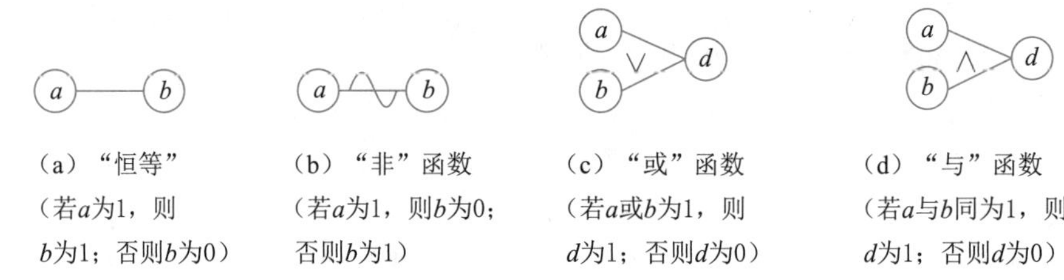

图7.14　因果图的基本符号

因果图的限制符号如图7.15所示。

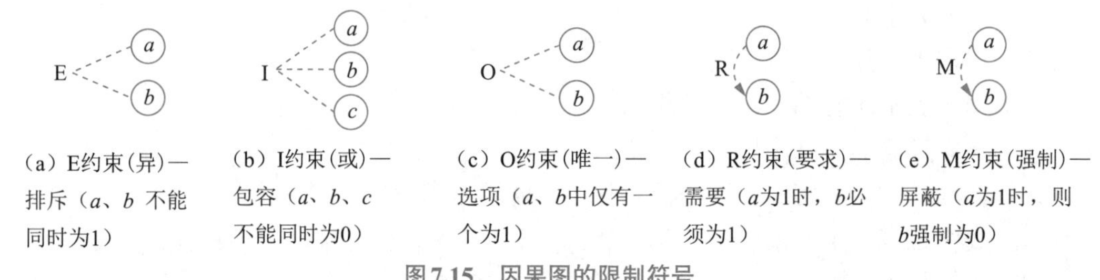

图7.15　因果图的限制符号

（4）转换为判断表。

将因果图转换为有限项判断表。

（5）设计测试用例。

为判定表中每一列表示的情况设计一个测试用例。

由于因果图法最终生成的是判断表，所以它适合设计检查程序输入条件的各种组合情况的测试用例。

7.4.2.3　白盒测试与黑盒测试比较

无论白盒测试还是黑盒测试，其关键都是如何选择高效的测试用例。所谓高效的测试用例，是指一个用例能够覆盖尽可能多的测试情况，从而提高测试效率。白盒测试和黑盒测试各有优缺点，构成互补关系，在规划测试时需要把白盒测试与黑盒测试结合起来。表7.8给出了白盒测试与黑盒测试两种方法的对比。

表7.8　白盒测试与黑盒测试两种方法的对比

对 比 项	白 盒 测 试	黑 盒 测 试
测试规划	根据程序的内部结构，如语句的控制结构、模块之间的控制结构，以及内部数据结构等进行测试	根据用户的规格说明，即针对命令、信息、报表等用户界面，以及体现它们的输入数据与输出数据之间的对应关系，特别是针对功能进行测试

续表

对比项		白盒测试	黑盒测试
特点	优点	能够对程序内部的特定部位进行覆盖测试	能站在用户的立场上进行测试
	缺点	无法检验程序的外部特性，无法对未实现规格说明的程序内部欠缺部分进行测试	不能测试程序内部特定部位 如果规格说明有误，则无法发现
方法举例		语句覆盖、判定覆盖、条件覆盖、判定—条件覆盖、基本路径覆盖、循环覆盖、模块接口测试	基于图的测试、等价类划分法、边界值分析法、比较测试

7.5 软件调试

软件调试与软件测试不同。软件调试是在软件测试完成后，对在测试过程中发现的错误加以修改，以保证软件运行的正确性和可靠性；软件测试的目标是尽可能多地发现软件中的错误。显然，要找出错误真正的原因，排除潜在的错误，不是一件易事。因此，调试是通过现象，找出错误原因的一个思维分析的过程。

7.5.1 软件调试过程

软件调试是在完成软件测试以后，修改和纠正软件系统的错误的过程。软件调试的具体过程如下。

（1）从软件测试过程中发现的错误的表现形式入手，确定软件系统出现错误的原因。

（2）对软件系统进行细致研究，确定错误发生的准确位置。

（3）修改软件系统的设计和编码，排除或纠正发现的错误。

（4）对修改后的软件系统进行重复测试，以确保对错误的排除和纠正没有引入新的错误。

（5）如果发现针对错误进行的修改没有效果甚至引入了新的错误，则需要根据实际情况撤销此次修改，或者对新出现的错误进行修改。

不断重复以上过程，直至在软件测试中发现的错误都被消除，并且没有引入新的错误为止。

7.5.2 软件调试的困难

在整个软件系统开发中，调试工作是一个漫长而艰难的过程，软件开发人员的技术水平乃至心理因素对软件调试的效率和质量都有很大的影响。从技术角度来看，软件调试的困难主要存在于以下几方面。

（1）人为因素导致的错误不易被确定和追踪。

（2）当一个错误被纠正时，可能会引入新的错误。

（3）在软件系统中，错误发生的外部位置与其内在原因所处的位置可能相差甚远。

（4）在分布式处理环境中，错误的发生是由若干CPU执行的任务共同导致的，对导致错误的准确定位十分困难。

（5）错误是由难以精确再现的外部状态或事件所引起的。

软件调试是一项十分艰巨的工作，要在规模庞大的软件系统中准确地确定错误发生的原因和位置，并正确纠正相应的错误，需要有良好的调试策略。

7.5.3 软件调试策略

软件调试工作的关键是采用恰当的调试策略，发现并纠正软件系统中发生的错误。下面具体介绍几种常见的软件调试策略的基本思想和特点。

1. 试探法调试

试探法是一种比较原始的调试策略。它的基本思想是通过分析软件系统运行过程中数据信息、中间结果的变化情况来查找错误发生的原因，确定错误发生的位置。例如，通过输出寄存器、内存单元的内容，在程序中的恰当位置插入若干输出语句等方法，来获取程序运行过程中的大量现场信息，从中发现出错的线索。

使用试探法来获取错误信息具有很大的盲目性，需要耗费大量的时间和精力，因此该方法具有较低的调试效率。并且由于采用的调试技术十分原始，使其只适用于对结构比较简单的小规模系统的调试，而对于复杂的大型系统却无能为力。使用试探法的典型方式包括：输出作为程序中间结果的相关数据的值；在程序中添加必要的打印语句；使用自动调试工具。在许多集成开发环境（IDE）中都包含相应的调试工具，例如设置程序执行的断点、程序单步执行等功能。这些调试工具的使用可以有效地帮助开发人员完成对软件系统的调试工作。

2. 归纳法调试

归纳是一种由特殊到一般的逻辑推理方法。归纳法调试是根据软件测试所取得的错误结果的个别数据，分析出可能的错误线索，研究出错规律和错误之间的线索关系，由此确定错误发生的原因和位置。归纳法调试的基本思想是：从一些个别的错误线索着手，通过分析这些线索之间的关系而发现错误。

如图7.16所示，归纳法调试的步骤如下。

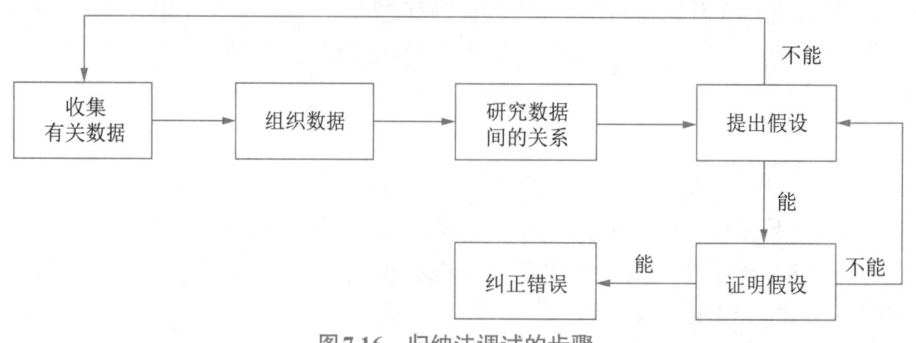

图7.16 归纳法调试的步骤

（1）收集有关数据。

对所有已经知道的测试用例和程序运行结果进行收集、汇总，不仅要包括那些出错的运行结果，也要包括那些不产生错误结果的测试数据，这些数据将为发现错误提供宝贵的线索。

（2）组织数据。

对收集的有关数据进行组织、整理。

（3）研究数据间的关系。

在整理有关数据的基础上对其进行细致的分析，从中发现数据间的关系和错误发生的线索及规律。

（4）提出假设。

研究分析测试结果数据之间的关系，力求寻找出其中的联系和规律，进而提出一个或多个关于出错原因的假设。如果无法提出相应的假设，则回到第一步，补充收集更多的测试数据；如果可以提出多个假设，则选择其中可能性最大者。

（5）证明假设。

在假设提出以后，证明假设的合理性对软件调试是十分重要的。证明假设是将假设与原始的测试数据进行比较，如果假设能够完全解释所有的调试结果，那么该假设便得到了证明。反之，该假设就是不合理的，需要重新提出新的假设。

（6）纠正错误。

证明假设后，进行核查，如有错误将进行纠正。

3.演绎法调试

演绎是一种由一般到特殊的逻辑推理方法。演绎法调试是根据已有的测试数据，设想所有可能的出错原因，然后通过测试逐一排除不正确、不可能的出错原因，直到最后证明，剩余的错误的确是软件系统发生错误的根源。

具体来说，演绎法调试主要包括如图7.17所示的几个步骤。

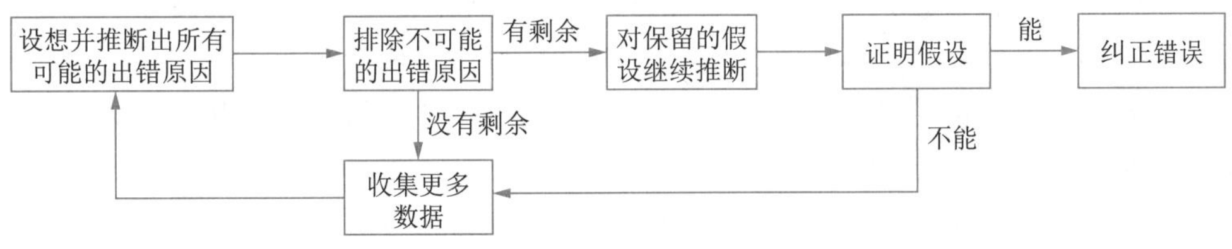

图7.17　演绎法调试的步骤

（1）设想并推断出所有可能的出错原因。

根据已有的测试用例和测试结果数据，设想并推断出软件系统发生相关错误的所有可能原因。

（2）排除不可能的出错原因。

针对第一步中获得的各种可能的出错原因，通过软件测试，逐一排除其中和测试结果有矛盾（即不可能）的出错原因。

（3）对保留的假设继续推断。

针对经过第二步的排除而剩余的那些可能的出错原因，使用软件的测试结果，对其合理性进行验证，并进一步确定错误发生的位置。

（4）收集更多数据。

如果在第二步中没有剩余的可能的出错原因，则需要收集更多数据，重新设想并推断出可能的出错原因。

（5）证明假设。

提出假设以后要证明假设的合理性。将假设与原始的测试数据进行比较，如果假设能够完全解释所有的调试结果，则该假设得到了证明；反之，则需要回到第四步。

（6）纠正错误。

证明假设后，进行复审，纠正错误。

4. 回溯法调试

回溯法是从软件系统中发现错误的位置开始，沿着程序的控制流程往回追踪程序代码，直至找到错误发生的位置或范围。

回溯法对于规模较小的软件系统而言是一种比较有效的调试策略，它能够将错误的范围缩小到程序中的某一个较小部分，为错误的精确定位提供了方便。但是，随着程序规模的不断扩大，进行回溯的流程路径的数目将会急剧增加，使得流程的完全回溯变得不现实。

5. 对分查找法调试

如果已经知道某些变量在程序中若干关键点的正确值，则可以在程序中间的某个恰当位置插入赋值语句或输入语句，为这些变量赋予正确的值，然后再检查程序的运行结果。如果在插入点以后的运行正确，那么错误一定发生在插入点的前半部分；反之，错误一定发生在插入点的后半部分。对于程序中有错误的部分再重复使用该方法，直至把错误的范围缩小到容易诊断的区域为止。

7.6 自动化测试

随着软件系统日益复杂，对于软件功能、性能的要求不断提高，同时要求软件推出新版本的时间不断缩短。在这种情况下如何保证软件质量成为企业关注的重点。仅仅依靠以密集劳动为特征的传统手工测试，已经不能满足快节奏软件开发和测试的需求。自动化测试为此提供了成功的解决方案。

自动化测试是测试体系中新发展起来的一个分支，是将人工操纵的测试行为转换为机器自动执行的过程，利用软件测试工具自动实现全部或部分测试。实施正确合理的自动化测试能够分担手工测试特别是回归测试的工作量，降低性能测试的难度，从而在保证软件质量的前提下，缩短测试周期，降低软件成本。

7.6.1 自动化测试概述

20世纪90年代以来，随着软件规模和复杂度的不断增加，测试工作量和难度越来越大，单纯靠手工测试已经远远无法保障其产品发布和发现问题的效率；为了提高软件测试的效率和质量，自动化测试逐渐成为一种趋势，国际上自动化测试在经历了很长的一段磨合期后，现正处于初步发展期。很多大型公司开始致力于自动化测试的开发和推广，像微软公司、IBM公司等巨头，都建立了一套自己的自动化测试体系和平台。我国的一些企业如华为公司、中兴公司等，也很早就开始投资自动化测试平台，如华为公司的网管自动化测试平台，每年就能为华为公司节省数千万元的成本。

因此，测试活动的自动化在许多情况下可以获得最大的实用价值，尤其在自动化测试的测试用例开发和组装阶段，测试脚本可被重复调用、运行多次。因此，采用自动化测试可以获得很高的回报。

1. 自动化软件测试的定义

自动化软件测试（automated software testing，AST）是借助于测试工具、测试规范，局部或全部代替人工进行测试，以提高测试效率的过程。自动化测试相对于手工测试而言，其主要进步在于自动化测试工具的引入。

自动化软件测试的定义包括了所有测试阶段，它是跨平台兼容的，并且是与进程无关的。一般来讲，当前作为手工测试部分的各种测试（如功能、性能、并发、压力等测试）都可以做自动化测试，还包括各种测试活动的管理与实施，以及测试脚本的开发与执行。

例如，系统测试级上的回归测试是有效应用自动化软件测试的情况。回归测试要验证改进后的系统提供的功能是否按照预期的改进目标执行，系统在运行中是否出现非预期变化。自动化测试几乎可以不加改动地重用先前的测试用例和测试脚本，以非常有效的方式执行回归测试。

因此，给出对自动化软件测试的高层次定义：以改进软件测试生存周期（software testing lifecycle，STL）的效率和有效性为目标，贯穿整个软件测试生存周期的应用程序和软件技术的实施。

2. 自动化软件测试的特点

综上，自动化软件测试的主要特点如下：

- 能更多、更频繁地执行测试，对某些测试任务的执行比手工方式更高效。
- 能执行一些手工测试困难或不可能做的测试。
- 更好地利用资源，可利用整夜或周末设备空闲时执行自动化测试。
- 使测试人员从烦琐的手工测试中解放出来，投入更多的精力设计出更多、更好的测试用例，提高测试准确性和测试人员的积极性。
- 自动化测试具有一致性和可重复性，而且测试更客观，提高了软件的信任度。

虽然自动化测试有许多优点，但它仍然存在着一定的局限性，并不是任何测试都能或值得自动化。必须针对测试项目的具体情况，确定什么时候，对哪些部分进行自动化测试。如果对不适合自动化测试的部分，实施了自动化测试，不但会耗费大量资源，还得不到相应的回报。自动化测试不可能完全和手工测试分开，相反，自动化测试和手工测试是相辅相成的。自动化测试不可能完全替代手工测试。

7.6.2 实施自动化测试的前提条件

究竟哪些类型的测试适合自动化测试？什么情况可以进行自动化测试?

1. 实施自动化测试的前提条件

实施自动化测试之前需要对软件开发过程进行分析，以观察其是否适合自动化测试。通常需要同时满足以下条件。

（1）软件需求变动不频繁。

测试脚本的稳定性决定了自动化测试的维护成本。如果软件需求变动过于频繁，测试人员需要根据变动的需求来更新测试用例以及相关的测试脚本，而脚本的维护本身就是一个代码开发的过程，需要修改、调试，必要的时候还要修改自动化测试的框架，如果所花费的成本不低于利用其节省的测试成本，那么自动化测试便是失败的。

项目中的某些模块相对稳定，而某些模块需求变动很大，可对相对稳定的模块进行自动化测试，而变动较大的仍用手工测试。

（2）项目周期足够长。

自动化测试过程本身就是一个测试软件的开发过程，需求的确定、自动化测试框架的设计、测试脚本的编写与调试均需要相当长的时间来完成。如果项目开发的周期比较短，没有足够的时间去支持这样一个过程，那么自动化测试毫无意义。

（3）自动化测试脚本可重复使用。

自动化测试脚本的开发，需要耗费大量的人力、物力和财力，若脚本的重复使用率很低，致使其间所耗费的成本大于所创造的经济价值，则自动化测试便成了测试人员的练手之作，而并非真正可产生效益的测试手段了。

另外，在手工测试无法完成，需要投入大量时间与人力时，也需要考虑引入自动化测试。比如性能测试、配置测试、大数据量输入测试等。

2. 实施的场合

通常适合软件测试自动化的场合如下。

（1）回归测试，重复单一的数据录入或是击键等测试操作造成了不必要的时间浪费和人力浪费。

（2）测试人员对程序的理解和对设计文档的验证通常也要借助于测试自动化工具。

（3）采用自动化测试工具有利于测试报告文档的生成和版本的连贯性。

（4）自动化工具能够确定测试用例的覆盖路径，确定测试用例集对程序逻辑流程和控制流程的覆盖。

随着测试流程的不断规范以及软件测试技术的进一步发展，软件测试自动化已经日益受到软件企业的重视，如何利用自动化测试技术来规范企业的测试流程，提高测试活动的效率，是当前企业所关心的热门课题。

目前，软件测试自动化的研究领域主要集中在软件测试流程的自动化管理以及动态测试的自动化（如单元测试、功能测试及性能测试等）。在这两个领域，与手工测试相比，自动化测试的优势是明显的。首先，自动化测试可以提高测试效率，使测试人员更加专注于新的测试模块的建立和开发，从而提高测试覆盖率；其次，自动化测试更便于测试资产的数字化管理，使得测试资产在整个测试生存周期内可以得到重用，这个特点在功能测试和回归测试中尤其具有意义；最后，测试流程自动化管理可以使机构测试活动的开展更加过程化，这符合能力成熟度模型集成（capability maturity model integration，CMMI）过程改进的思想。

3. 实施的注意事项

（1）一个企业实施测试自动化，不仅涉及测试工作本身在流程上、组织结构上的调整与改进，甚至也包括需求、设计、开发、维护及配置管理等其他方面的配合。如果对这些必要的因素没有考虑周全的话，必然在实施过程中处处碰壁，既定的实施方案也无法开展。

（2）尽管自动化测试可以降低人工测试的工作量，但并不能完全取代手工测试。100%的自动化测试只是一个理想目标，即便一些如SAP、OracleERP等测试库规划十分完善的套件，其测试自动化率也不会超过70%。所以一味追求测试自动化只会给企业带来运作成本的急剧上升。

（3）实施测试自动化需要企业有相当规模的投入，对企业运作来说，投入回报率将是决定是否实施软件测试自动化的关键，因此企业在决定实施软件测试自动化之前，必须要做量化的投资回报分析。

（4）实施软件测试自动化并不意味着必须采购功能强大的自动化软件测试工具或自动化管理平台，毕竟软件质量的保证不是依靠的产品或技术，而在于高素质的人员和合理有效的流程。

7.6.3 自动化测试过程

应该把自动化测试看作一个开发项目，自动化测试与软件开发过程从本质上来讲是相同的，无非是利用自动化测试工具（相当于软件开发工具），经过对测试需求的分析（软件过程中的需求分析），设计出自动化测试用例（软件过程中的需求规格），从而搭建自动化测试的框架（软件过程中的概要设计），设计与编写自动化脚本（详细设计与编码），测试脚本的正确性，从而完成该套测试脚本（即主要功能为测试的应用软件）。

自动化测试过程由开发者、测试设计工程师和测试工程师共同参与。如图7.18所示，自动化测试过程包括制订自动化测试的计划、测试需求分析、自动化测试的框架设计、自动化测试的执行与评估等主要步骤，各个步骤分别又由不同的自动化工具提供支持。

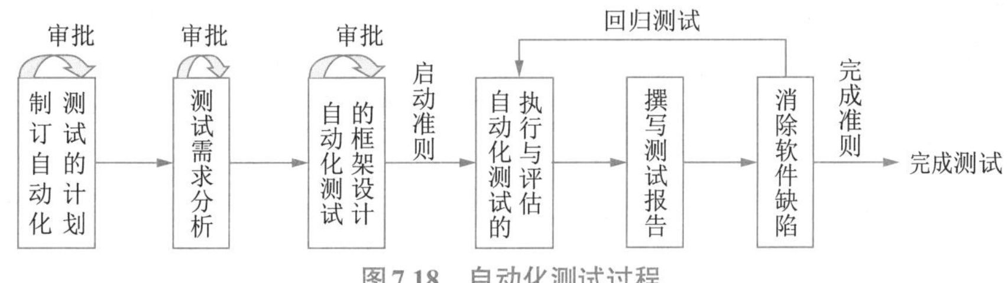

图7.18　自动化测试过程

1. 制订自动化测试的计划

自动化测试计划是测试过程中最重要的活动，包括风险评估、鉴别和确定测试需求的优先级，估计测试资源的需求量，开发测试项目计划，以及给测试小组成员分配测试职责等。

制订自动化测试计划的目的是收集从软件需求/设计文档中得到的信息，并将这些信息反映在测试需求中。

2. 测试需求分析

测试需求将在测试场景中得到实现。测试场景是测试计划的一部分，它直接为测试条件、测试用例、测试数据的开发提供指导。可以将测试计划看作从软件需求中抽出来的工作文档，它和测试需求及测试结果相联系。测试计划还会随着软件需求的更新而更新，是动态的文档。

这个阶段主要由测试设计工程师根据开发者提供的功能需求、总体设计文档及详细设计文档，使用如Rational RequisitePro这样的工具得到测试需求、测试计划，以及测试用例的Excel形式的列表。

3. 自动化测试的框架设计

所谓自动化测试框架，与软件架构类似，一般是由一些假设、概念和为自动化测试提供支持的实践组成的集合。经过测试需求分析后，测试设计包括定义测试活动模型（确定测试所使用的测试技术），定义测试体系结构，完成测试程序的定义与映射，即建立测试程序与测试需求之间的联系，确定哪些测试使用自动化测试，以及测试数据映射。

并不是一个自动化测试框架就能够应用于所有系统的自动化开发，而要根据被测程序的不同特点确定。所以自动化测试框架虽不需要每个系统单独开发一个，但是也很难做到用一个框架支持所有系统的测试，最好的办法就是根据开发技术划分所需要使用的测试框架种类。

下面介绍几种比较常用的自动化测试框架。

（1）数据驱动的自动化测试框架。

当测试对象流程固定不变（仅仅数据发生变化）时，可以使用这种测试框架。数据驱动的自动化测试框架的测试数据是由外部提供的，是从某个数据文件（例如ODBC源文件、Excel文件、CSV文件、ADO对象文件等）中读取输入、输出的测试数据，然后通过变量传入事先录制好的或手工编写的测试脚本中，即这些变量被用来传递（输入/输出）待验证应用程序的测试数据。在这个过程中，数据文件的读取、测试状态和所有测试信息都被编写进测试脚本中；测试数据只包含在数据文件中，而不是脚本中，测试脚本只是一个传送数据的机制。

数据驱动的自动化测试框架的优点如下。

①应用程序和测试脚本可同步开发，而且当应用功能变动时，只需修改业务功能部分的脚本。

②利用模型化的设计，避免重复的脚本。

③测试输入数据、验证数据和预期的测试结果与脚本分开，有利于修改和维护，增加了测试脚本的健壮性。

数据驱动的自动化测试框架的缺点如下。

①要求测试设计人员必须非常精通自动化测试工具里的脚本语言。

②每个脚本都对应存放在不同目录的多个数据文件中，增加了使用的复杂性。

③数据文件的编辑、维护困难。

（2）关键字驱动的自动化测试框架。

关键字驱动的自动化测试（也称为表驱动测试自动化）框架，是数据驱动的自动化测试框架的变种，可支持由不同序列或多个不同路径组成的测试。它是一种独立于应用程序的自动化框架，在处理自动化测试的同时也适合手工测试。这种自动化测试框架提供了一些通用的关键字，这些关键字适用于各种类型的系统。

这些测试被开发成使用关键字的数据表，它们独立于执行测试的自动化工具。关键字驱动的自动化测试是对数据驱动的自动化测试的有效改进和补充。

关键字驱动的自动化测试框架采用了一种截然不同的思想，它把传统测试脚本中变化的与不变的部分进行了分离，这种分离使得分工更明确，并且避免了它们相互之间的影响。

（3）混合自动化测试框架。

目前最为成功的自动化测试框架应是综合使用数据驱动和关键字驱动的自动化测试框架：以数据驱动的脚本作为输入，通过关键字驱动框架的处理得到测试结果，完成自动化测试过程。混合自动化测试框架同时具有数据驱动和关键字驱动框架的优点。这种测试框架不但具有通用的关键字，还有基于被测系统业务逻辑的关键字。这样可以使数据驱动的脚本利用关键字驱动框架所提供的库和工具。这些框架工具可以使数据驱动的脚本更为紧凑，而且脚本不容易失败。

4. 自动化测试的执行与评估

随着测试计划的制订和测试环境搭建完成，按照测试程序进度安排测试，可以通过手工、自动或半自动方式执行，不同方式可以发现不同类型的错误。

其中，测试开发即创建具有可维护性、可重用性、简单性、健壮性的测试程序。同时要注意确保自动化测试开发的结构化和一致性。

这个阶段由测试设计工程师在上一阶段的基础上，根据详细测试表、映射关系定义表等电子数据表格，使用Robot、WinRunner等工具，生成手工测试脚本或自动化测试脚本。对自动化测试脚本的开发，可采用线性脚本、结构化脚本、共享脚本、数据驱动的脚本和关键字驱动的脚本这几种脚本技术。

测试执行结束后，需要进一步评估。这包括对测试结果进行比较、分析和验证。

5. 撰写测试报告

经过评估，得出测试报告（包括总结性报告和详细报告）。其中，总结性报告是提供给被测方中高层管理者及客户的；详细报告通过编辑整理后，将提供给开发小组成员。

在这个阶段，测试设计工程师与测试工程师共同参与，最终得到测试结果日志、测试度量、缺陷报告及测试评估总结等。

6. 消除软件缺陷

依据缺陷报告，开发人员、测试人员需要联合修改程序，消除软件缺陷。

7.6.4 自动化测试的原则

任何一种商品化的自动化测试工具，都可能存在与某具体项目不甚贴切的地方。另外，在企业内部通常存在多种不同的应用平台和不同的应用开发技术，甚至在一个应用中就可能跨越多种平台；或同一应用的不同版本之间存在技术差异。所以选择软件测试自动化方案时必须特别注意这些差异可能带来的影响，以及可能造成的诸多方面的风险和成本开销。

下面给出企业用户进行软件测试自动化方案选型的参考性原则。

（1）选择尽可能少的自动化产品覆盖尽可能多的平台，以降低产品投资和团队的学习成本。

（2）通常应该优先考虑测试流程管理自动化，以满足为企业测试团队提供流程管理支持的需求。

（3）在投资有限的情况下，性能测试自动化产品将优先于功能测试自动化产品被考虑使用。

（4）在考虑产品性价比的同时，应充分关注产品的支持服务和售后服务的完善性。

（5）尽量选择趋于主流的产品，以便通过行业间交流甚至网络等方式获得更为广泛的经济支持。

（6）应对测试自动化方案的可扩展性提出要求，以满足企业不断发展的技术和业务需求。

7.6.5 敏捷测试

敏捷测试（agile testing）是敏捷开发方法的重要组成部分。自动化测试是敏捷测试的重要特点。

埃森哲给出敏捷测试的定义：敏捷测试是遵从敏捷软件开发原则的一种测试实践。敏捷开发模式把测试集成到了整个开发流程中而不再把它当成一个独立的阶段。测试变成了整个软件开发过程中非常重要的环节。

按照上述定义，敏捷软件测试并不是一个与敏捷软件开发同一层次的划分，而是敏捷软件开发中的一部分，与传统的测试不同，敏捷软件测试并不是一个独立的过程，相反，它与整个敏捷开发中的其他活动交织在一起，处处都能看到它的影子。

根据这一定义，敏捷测试的核心内涵如下。

（1）遵从敏捷开发的原则（强调遵守），如敏捷开发的价值观，即简单、沟通、反馈、勇气、谦逊，敏捷测试也应遵循。

（2）测试被包含在整体开发流程中（强调融合），而不是独立于开发的过程。

（3）跨职能团队（强调协作），敏捷测试人员全程参与敏捷开发人员从开始设计到最后发布的所有活动，所有工作都以用户需求为准。

敏捷开发的最大特点是高度迭代，有周期性，并且能够及时、持续地响应客户的频繁反馈。而敏捷测试是不断修正质量指标，正确建立测试策略，使客户的有效需求得以完全实现并确保整个开发过程安全，及时发布最终产品。

敏捷测试人员则需要在活动中关注产品需求、产品设计，解读源代码；在独立完成各项测试计划、执行测试工作的同时，敏捷测试人员需要参与几乎所有的团队讨论、团队决策工作。

敏捷测试属于一种新的测试实践，其主要特点如下。

（1）更强的协作：敏捷开发人员和测试人员工作联系得更加紧密，沟通方式更直接，如面对面或者会议沟通。

（2）更短的周期：需求验证或测试的时间不再是按月来计算，而是按天甚至按小时计算。用户验收测试在每个迭代周期的结尾都会进行。

（3）更灵活的计划：敏捷测试过程也会有所变化，测试计划不应是一成不变的，而要根据测试过程进行灵活的调整。

（4）更高效的自动化：相比传统测试，自动化在敏捷测试中扮演了极其重要的角色。它是实现快速交付、确保质量的一种极其有效的手段。

自动化是敏捷测试非常重要的技术。敏捷开发交付周期极短，如果仅仅靠手工测试，则根本无法满足快速发布的要求。所以自动化测试是必不可少的一种手段。

另外这里谈到的自动化不仅指单纯的自动化测试，还包括将自动化测试集成在整个开发过程中，缩减整个交付周期，实现持续集成，最终给项目带来价值。

7.7 人工智能下的软件测试

随着人工智能（artificial intelligence）技术的迅猛发展与应用，其早已渗透到人们生产、生活的各个领域，软件测试也深受人工智能技术的影响。在传统软件测试过程中，若利用人工智能技术执行许多重复性任务，可加快测试过程并提升准确性。近年来，随着人工智能技术的普及，出现了很多的算法，如目标检测算法、智能推荐算法等，对算法的测试也逐渐融入软件测试行业之中。传统的测试策略对于算法测试而言难以满足对人工智能产品的质量要求，因此，对测试提出了更高的要求。传统的软件测试方法难以支撑现代软件的发展，软件测试技术面临新的巨大挑战。人工智能软件测试逐渐从本地化、小型化向复杂化、智能化转变，人工智能技术对软件测试的发展具有重大影响。从软件测试发展过程来看，其主要经历三个时代，分别是手工测试时代、自动化测试时代以及人工智能测试时代。

1. 手工测试时代

手工测试是指软件测试人员根据软件测试文档的要求，执行相应的测试用例，运行被测软件，观察软件输出结果与预期输出是否一致的过程。多数软件产品在正式发布之前，都要经历若干次重复的"编码—测试"过程，若某一软件系统有大量测试用例需要执行，手工测试工作量巨大且枯燥。手工测试十分依赖测试人员的经验与能力，但重复性的手工回归测试成本较高且易于出错。

2. 自动化测试时代

自动化测试是将人工操纵的测试行为转换为机器自动执行的过程，利用软件测试工具自动实现全部或部分测试。自动化测试的根本目的是利用一些工具、策略降低手工劳动的复杂性，让计算机代替人进行繁重、冗长、重复的测试工作。测试人员可以有更多的时间做一些有意义的事，虽然测试是要花费时间找到错误，但并不意味着因此要付出更高的代价。使用大量自动化测试框架，可使测试具备更高效率和速度，降低测试人员工作量。自动化测试不能取代手工测试，自动化测试与手工测试的有效结合是保证测试质量的关键。

3. 人工智能测试时代

人工智能是让机器来学习和模仿人类行为。客户在软件开发过程中期望看到产品的最终形态，因此测试需求不断提升，为了适应客户的新需求，需要不断进行测试以提升测试效率，人们逐渐尝试利用人工智能技术进行测试。如今已有很多可用人工智能驱动的测试工具，可帮助进行单元测试、API测试、UI测试等。现在，人工智能在软件测试领域的应用如下。

（1）自动化回归测试。

利用手工方式进行自动化测试需要测试人员耗费大量时间及精力，每当软件代码发生修改时，都必须对修改后的代码进行测试。利用人工智能技术可使此过程实现完全自动化，在代码修改完成后立即执行测试训练，若对人工智能程序进行正确的训练，其速度比手工测试更加高效、快速、准确。利用人工智能技术进行回归测试可以更快地获得测试结果，若有问题，可及时进行后续修复工作；若无问题，可更快地进入其他领域。

（2）早期故障检测。

软件测试的最终目的是寻找软件的缺陷和错误，并进行及时的修复。即使是经验丰富的软件开发人员也可能出现逻辑、语法等错误，尽管现代编程工具可辅助开发人员指出基本错误，但自然语言问题往往极易被忽视，直至运行时才被发现。利用人工智能中的自然语言处理技术和预编程扫描工具来定位潜在问题，加以标记，辅助检查，可尽早发现bug并及时修复bug。

章节习题

1. 等价分类法的基本思想是什么？（关联知识点7.4.2节）

2. 自顶向下增值与自底向上集成各有什么优缺点？（关联知识点7.3.2节）

3. 渐增式集成与非渐增式集成有何区别？为什么通常采用渐增式集成？（关联知识点7.3.2节）

4. 什么是 α 测试和 β 测试？（关联知识点7.3.5节）

5. 黑盒测试方法与白盒测试方法的区别是什么？各自运用在什么情况下？（关联知识点7.4.2节）

6. 软件测试与其他软件开发活动相比具有什么特点？（关联知识点7.1.3节）

7. 软件测试通常包含哪几个基本步骤？（关联知识点7.2节）

8. 软件调试有哪些方法？各自有什么特点？（关联知识点7.5节）

9. 面向对象的测试与传统的测试有什么相同和不同之处？（关联知识点7.3.1节、7.3.2节）

10. 面向对象的集成测试，与传统的集成测试有何区别？（关联知识点7.3.2节）

11. 什么是自动化测试？它有什么特点？自动化测试能否全部替代手工测试？为什么？（关联知识点7.6节）

12. 简述自动化测试过程。（关联知识点7.6节）

13. 下面的程序设计几组白盒测试用例，可分别满足语句覆盖、判定覆盖、条件覆盖的标准？（关联知识点7.4.2节）

```
Void grade(int x)
{
    If (x>100||x<0)  printf("无效数据");
    else if(x>=85&&x<=100)  printf("优秀\ n");
    if (x>60&&x<85)  printf("合格\ n");
    else if(x>-=0&&x<60)  printf("不合格\ n");
}
```

14. 某移动电子商务平台要求用户注册成为会员才能进行支付交易，用户密码要求为6～8位，且必须是字母和数字的组合。若正确，输出正确信息；否则，输出相应错误信息。结合黑盒测试的等价类划分法和边界值分析法，设计出相应测试用例。（关联知识点7.4.2节）

15. 测试面向对象软件时，单元测试、集成测试和确认测试各有哪些新特点？（关联知识点7.3.1节、7.3.2节、7.3.3节）

第 8 章

软件维护

本章主要探讨软件生存周期中软件维护的基本理论，包括软件维护的概念、特性、步骤、基本方法，以及维护文档、用户手册等相关文档的撰写。本章知识图谱如图8.1所示。

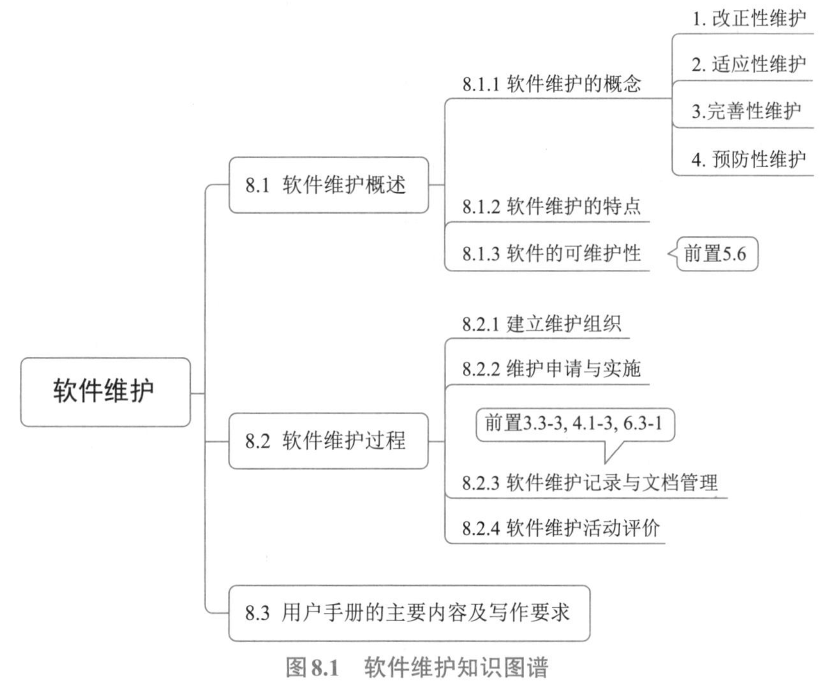

图8.1　软件维护知识图谱

8.1　软件维护概述

8.1.1　软件维护的概念

软件维护是指在软件运行或维护阶段对软件产品所进行的修改，这些修改可能是改正软件中的错误，也可能是增加新的功能以适应新的需求，但是一般不包括软件系统结构上的重大改变。根据软件维护的不同原因，软件维护可以分成以下4种类型。

1.改正性维护

在软件交付使用后，由于开发时测试得不彻底或不完全，在运行阶段会暴露一些开发时未能测试出来的错误。为了识别和纠正软件错误，改正软件性能上的缺陷，避免实施中的错误使用，应当进行的诊断和改正错误的过程，就是改正性维护。

2. 适应性维护

随着计算机技术的飞速发展和更新换代，软件系统所需的外部环境或数据环境可能会更新和升级，如操作系统或数据库系统的更换等。为了使软件系统适应这种变化，需要对软件进行相应的修改，这种维护活动称为适应性维护。

3. 完善性维护

在软件的使用过程中，用户往往会对软件提出新的功能与性能要求，为了满足这些要求，需要修改或再开发软件，以扩充软件功能，增强软件性能，提高软件的效率和可维护性。这种情况下进行的维护活动叫作完善性维护。完善性维护不一定是救火式的紧急维修，也可以是有计划的一种再开发活动。

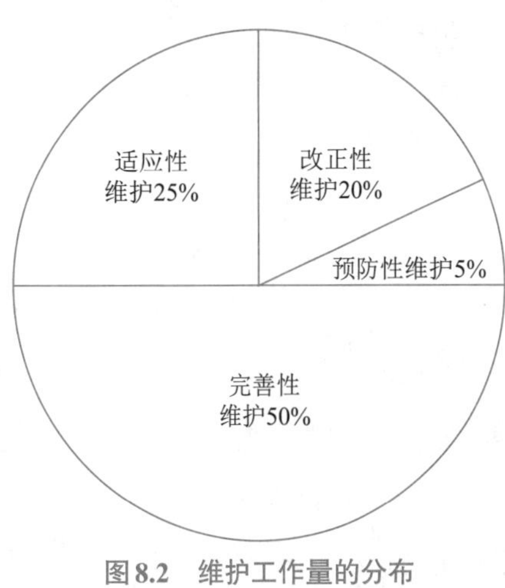

图8.2　维护工作量的分布

4. 预防性维护

这类维护是为了提高软件的可维护性、可靠性等，为以后进一步改进软件打下良好基础的维护活动。具体来讲，就是采用先进的软件工程方法对需要维护的软件或软件中的某一部分重新进行设计、编码和测试的活动。

国外的统计调查表明，在整个软件维护阶段所花费的全部工作量中，完善性维护约占50%，适应性维护约占25%，改正性维护约占20%，预防性维护约占5%，如图8.2所示。这说明大部分的维护工作是改变和加强软件，而不是纠错。

8.1.2　软件维护的特点

1. 软件维护受开发过程影响大

虽然软件维护发生在软件发布运行之后，但是软件开发过程却在很大程度上影响着软件维护的工作量。如果采用软件工程的方法进行软件开发，保证每个阶段都有完整且详细的文档，这样维护就会相对容易，通常被称为结构化维护；反之，如果不采用软件工程方法开发软件，软件只有程序而欠缺文档，则维护工作会变得十分困难，通常被称为非结构化维护。

在非结构化维护的过程中，开发人员只能通过阅读、理解和分析源程序来了解系统功能、软件结构、数据结构、系统接口和设计约束等，这样做是十分困难的，也容易产生误解。要弄清楚整个系统，势必要花费大量的人力和物力，对源程序修改产生的后果难以估计。在没有文档的情况下，也不可能进行回归测试，很难保证程序的正确性。

在结构化维护的过程中，所开发的软件具有各个阶段的文档，它对于理解和掌握软件的功能、性能、体系结构、数据结构、系统接口和设计约束等有很大的作用。维护时，开发人员从分析需求规格说明开始，明白软件功能和性能上的改变，对设计说明文档进行修改和复查，再根据设计修改进行程序变动，并用测试文档中的测试用例进行回归测试，最后将修改后的软件再次交付使用。这种维护有利于减少工作量和降低成本，能大幅提高软件的维护效率。

2. 软件维护困难多

软件维护是一件十分困难的工作，其主要是由软件需求分析和开发方法的缺陷造成的。软件开发过程中没有严格而又科学的管理和规划，便会引起软件运行时的维护困难。

软件维护的困难主要表现在以下几方面。

（1）读懂别人的程序是很困难的，而文档的不足更增加了这种难度。一般开发人员都有这样的体会，修改别人的程序还不如自己重新编写程序。

（2）文档的不一致性是软件维护困难的又一个因素，主要表现在各种文档之间的不一致性以及文档与程序之间的不一致性，从而导致维护人员不知所措，不知道怎样修改。这种不一致性是由开发过程中文档管理不严造成的，开发中经常会出现修改程序而忘了修改相关的文档，或者某一个文档修改了，却没有修改与之相关的其他文档等现象，解决文档不一致性的方法是加强开发工作中文档的版本管理。

（3）软件开发和软件维护在人员与时间上存在差异。如果软件维护工作由该软件的开发人员完成，则维护工作相对比较容易，因为这些人员熟悉软件的功能和结构等。但是，通常开发人员和维护人员是不同的，况且维护阶段持续时间很长，可能是5～10年的时间，原来的开发工具、方法和技术与当前有很大的差异，这也造成了维护的困难。

（4）软件维护不是一件吸引人的工作。由于维护工作的困难性，维护经常遭受挫折，而且很难出成果，因此高水平的程序员自然不愿主动去做，而公司也舍不得让高水平的程序员去做。

3. 软件维护成本高

随着软件规模和复杂性的不断增长，软件维护的成本呈现上升的趋势。除此之外，软件维护还有无形的代价，由于维护工作占据着软件开发的可用资源，因此有可能使新的软件开发因投入的资源不足而受到影响，甚至错失市场良机。况且，由于维护时对软件的修改，在软件中引入了潜在的故障，从而降低了软件的质量。

软件维护活动可分为生产性活动和非生产性活动。生产性活动包括分析评价、修改设计和编写程序代码等；非生产性活动包括理解程序代码功能、数据结构、接口特点和设计约束等。因此，维护活动的总工作量可以表示为

$$M=P+K\exp(c-d)$$

式中，M为维护工作的总工作量；P为生产性活动的工作量；K为经验常数；c为复杂性程度；d为维护人员对软件的熟悉程度。

这个公式表明，若c越大，d越小，则维护工作量将呈指数规律增加。c增加表示软件未采用软件工程方法开发；d减少表示维护人员不是原来的开发人员，对软件的熟悉程度低，重新理解软件花费的时间多。

8.1.3 软件的可维护性

软件的可维护性、维护步骤

软件的可维护性是软件产品的一个重要质量特性。对软件维护性进行度量，不仅有利于了解软件是否满足规定的维护性要求，而且有助于及时发现维护性设计缺陷，还可以将度量结果作为更改设计或维护安排的依据，指导软件维护性的分析和设计。可维护性是指导软件工程各个阶段工作的一条基本原则，也是软件工程追求的目标之一。

目前广泛使用7个特性来衡量软件的可维护性，而且对于不同类型的维护，这7种特性的侧重点也不相同。表8.1显示了在各类维护中的侧重点。

表8.1 在各类维护中的侧重点

特　　性	改正性维护	适应性维护	完善性维护
可理解性	√		
可测试性	√		
可修改性	√	√	
可靠性	√		
可移植性		√	
可使用性		√	√
执行效率			√

1. 可理解性

软件的可理解性表现在人们通过阅读源程序代码和相关文档，了解程序的结构、功能及使用的容易程度上。提高软件可理解性可以关注以下几方面。

（1）编程环境：根据开发对象的应用领域及开发要求选择适当的编程环境，以降低开发难度，保证开发质量，提高各干系人对开发内容的可理解性。

（2）模块化：模块结构良好、功能独立。

（3）编程风格：使用有意义的数据名和过程名，语句间层次关系清晰。

（4）文档说明：必要的注释，详细的设计文档和程序内部的文档。

2. 可测试性

软件的可测试性取决于验证程序正确性的难易程度。程序复杂度、结构组织情况，都直接影响对程序的全面理解，也影响着测试数据的选择，最终决定了测试工作的有效性和全面性。对于程序模块，可用程序复杂度来度量可测试性。程序的环路复杂度越高，程序的路径就越多，因此全面测试程序的难度就越大。

3. 可修改性

可修改性是指修改程序的难易程度。一个可理解性的程序也具有较好的可修改性，另外，采用的编程环境及程序的结构划分等都对可修改性有影响。在进行程序设计时，应该采用模块化设计方法，确保模块逻辑结构清晰，控制结构不过于复杂，嵌套结构的层次也不过深，模块低耦合、高内聚，这些都有助于对程序进行修改，且相对较少地引入新的错误。

4. 可靠性

可靠性是指一个程序在满足用户功能需求的基础上，在一定时间内正确执行的概率，可靠性的度量标准有平均失效间隔时间和平均修复时间。软件的平均失效间隔时间越长，平均修复时间越短，说明软件的可靠性越高，这样有助于减少由于修复软件而出现的错误，有利于维护工作的进行。

5. 可移植性

可移植性是指将程序从原来的环境移植到一个新的计算机环境的难易程度，它在很大程度上取决于编程环境、程序结构的设计和对硬件及其他外部设备等的依赖程度。一个可移植的程序应该结构良好，设计灵活，不依赖或较少依赖某一具体计算机或操作系统的性能，其进行局部修改就可运行于新的计算机环境中。

6. 可使用性

可使用性是指某一功能模块在软件实现过程中的重复使用频率。通常情况下，可使用的软件构件都是经过严格测试和多次使用的，这些构件的可靠性和可测试性都比重新设计的模块要好。因此，软件系统中使用的可使用构件越多，软件的可靠性越高，改正性维护的需求越少，完善性维护和适应性维护越容易。

7. 执行效率

执行效率是指软件在运行过程中对机器资源的浪费程度，即对存储容量、通道容量和执行时间的使用情况。编程时，不能一味地追求高效率，有时也要牺牲部分的执行效率而提高程序的其他特性。

8.2 软件维护过程

软件维护工作包括建立维护组织、维护申请与实施、软件维护记录与文档管理等步骤。软件维护组织一般是非正式的组织，但是明确参与维护工作的人员职责是十分必要的。

8.2.1 建立维护组织

在图8.3所示的软件维护组织形式中，维护管理员接收维护申请，并将其转交给维护负责人，他们分析和评价软件维护申请可能引起的软件变更，并由变更控制管理机构决定是否进行变更，最终由维护人员对软件进行修改。

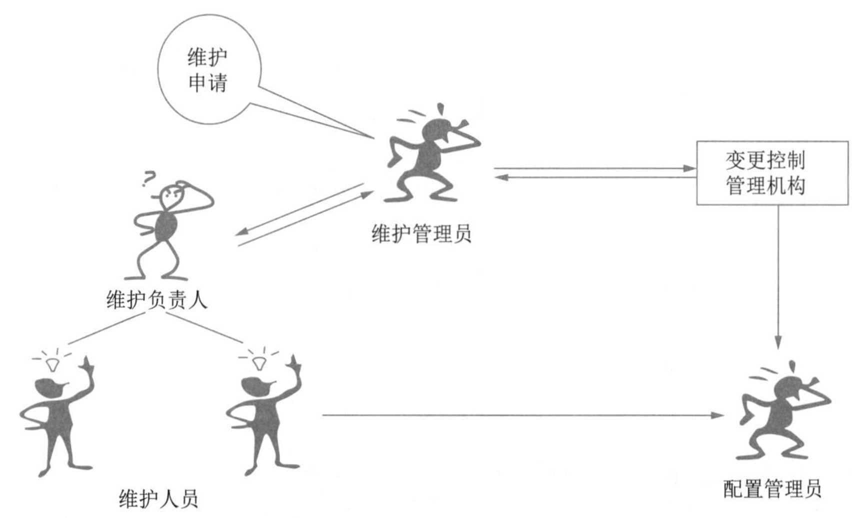

图8.3 软件维护组织形式

8.2.2 维护申请与实施

软件维护工作的整个过程如图8.4所示，包括维护申请、维护分类、影响分析、版本规划、变更实施和软件发布等步骤。当开发组织外部或内部提出维护申请后，维护人员首先应该判断维护的类型，并评价维护所带来的质量影响和成本开销，决定是否接受该维护申请，并确定维护的优先级；其次根据所有被接受维护的优先级，统一规划软件的版本，决定哪些变更在下一个版本完成，哪些变更在更晚推出的版本完成；最后维护人员实施维护任务并发布新的版本。

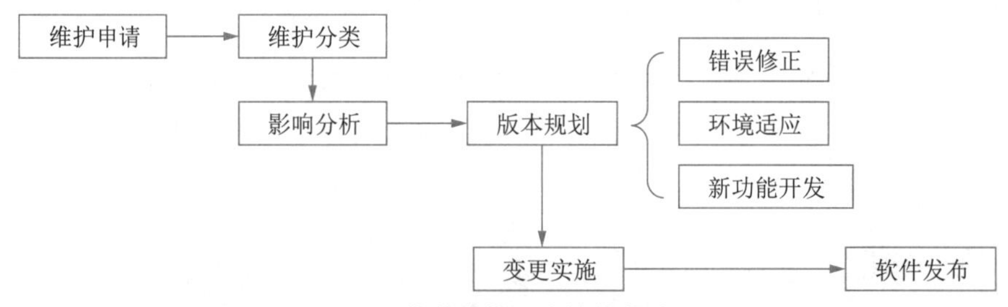

图8.4 软件维护工作的整个过程

在影响分析和版本规划的过程中，不同的维护类型需要采用不同的维护策略。

针对改正性维护，首先应该评价软件错误的严重程度，对于十分严重的错误，维护人员应该立即实施维护；对于一般性的错误，维护人员可以将有关的维护工作与其他开发任务一起进行规划。在有些情况下，有的错误非常严重，以致不得不临时放弃正常的维护控制工作程序，既不对修改可能带来的副作用做出评价，也不对文档做相应的更新，而是立即进行代码的修改。这是一种救火式的改正性维护，只有在非常紧急的情况下才使用，这种维护在全部维护中只占很小的比例。应当说明的是，救火式不是取消，只是推迟了维护所需要的控制和评价。一旦危机解除，这些控制和评价活动必须进行，以确保当前的修改不会增加更为严重的问题。

针对适应性维护，首先应该根据内、外部适应条件的变化，评估适应性维护的工作量、难度、具备的条件与风险等，确定软件维护的优先级和对应维护方案，与其他开发任务一起进行规划并组织维护实施。

针对完善性维护，考虑到商业上的需要和软件的发展趋势，有些完善性维护可能不会被接受。对于被接受的维护申请，应该确定其优先级并规划其开发工作。

在各种类型的软件维护中，实施的技术工作基本都是相同的，主要包括设计修改、设计评审、代码修改、单元测试、集成测试、确认测试和复审。在维护流程中，最后一项工作是复审，即重新验证和确认软件配置所有成分的有效性，并确保在实际上完全满足维护申请的要求。

8.2.3 软件维护记录与文档管理

维护的内容——过程文档

为了做好软件维护工作，包括估计维护的有效程度，确定软件产品的质量，确定维护的实际开销等，应该在维护的过程中做好完整的记录，建立维护档案。

维护档案应该全面详细地记录相关信息。Swanson提出维护档案的内容包括程序名称、源程序语句条数、机器代码指令条数、所用的程序设计语言、程序安装的日期、程序安装后的运行次数、程序安装后与运行次数有关的处理故障数、程序改变的层次及名称、修改程序所增加的源程序语句数、修改程序所减少的源程序语句数、每次修改所付出的“人时”数、修改程序的日期、软件维护人员的姓名、维护申请报告的名称、维护类型、维护开始时间和结束时间、花费在维护上的累计“人时”数、维护工作的净收益等。

对每项维护任务，都应该详细记录这些数据（见表8.2）。

表8.2 维护记录

序 号	维护申请日期	问题描述	提交日期	维护规模	维护人

为了保持软件产品的一致性，所有的维护工作应该完善并及时更新相关文档，主要包括：

1. 程序文档

程序员利用程序文档来解释和理解程序的内部结构，以及程序同系统内其他程序、操作系统和其他软件系统是如何相互作用的。程序文档包括源代码注释、设计文档、系统流程、程序流程图和交叉引用表等。

程序文档是对程序的总目标、程序的各组成部分之间的关系、程序设计策略、程序时间过程的历史数据等的说明和补充。程序文档能提高程序的可阅读性。为了维护程序，人们不得不阅读和理解程序文档。虽然大家对程序的看法不一，但大家普遍同意以下观点：好的文档能使程序更容易阅读，坏的文档比没有更糟糕；好的文档简明扼要，风格统一，容易修改；程序编码中加入必要的注释可提高程序的可理解性；程序越长、越复杂，越应该注重程序文档的编写。

2. 用户文档

用户文档提供用户怎样使用程序的命令和指示，通常是指用户手册。好的用户文档是指联机帮助信息，用户在使用它时在终端上就可获得必要的帮助和引导。

3. 操作文档

操作文档指导用户如何运行程序，它包括操作员手册、运行记录和备用文件目录等。

4. 数据文档

数据文档是程序数据部分的说明，由数据模型和数据词典组成。数据模型表示数据内部结构和数据各部分之间的功能依赖性。通常数据模型是用图形表示的。数据词典列出了程序使用的全部数据项，包括数据项的定义、使用及其应用场合。

5. 历史文档

历史文档用于记录程序开发和维护的历史，虽然不少人还未意识到它的重要性，但是其实它非常重要。历史文档包括三类，即系统开发日志、出错历史和系统维护日志。系统开发和维护日志对维护人员来说是非常有用的信息，因为系统开发者和维护者一般是分开的。利用历史文档可以简化维护工作，如理解设计意图，指导维护人员如何修改源代码而不破坏系统的完整性。

8.2.4 软件维护活动评价

完成维护活动后，可从多角度评价维护活动。

（1）每次程序运行平均失效的次数。

（2）用于每一类维护活动的总人时数。

（3）平均每个程序、每种语言、每种维护类型所做的程序变动数。

（4）维护过程中增加或删除一个源语句平均花费的人时数。

（5）维护每种语言平均花费的人时数。

（6）一张维护要求表的平均周转时间。

（7）不同维护类型所占的百分比。

8.3 用户手册的主要内容及写作要求

用户手册对于软件维护也有帮助，本节介绍用户手册的主要内容及写作要求。

用户手册的编写要使用非专门术语的语言，充分地描述该软件系统所具有的功能及基本的使用方法，使用户通过本手册能够了解该软件的用途，并且能够确定在什么情况下如何使用。

用户手册的主要内容及写作要求参见如下实例。

一、引言

（一）目的

说明编写本用户手册的目的。

（二）背景

列出本项目的任务提出者、项目负责人、系统分析员、系统设计员、程序设计员、程序员、资料员以及与本项目开展工作直接有关的人员和用户。

（三）参考资料

列出编写本用户手册时参考的文件、资料、技术标准以及它们的作者、标题、编号、发布日期和出版单位等。

（四）术语

列出本用户手册中专门术语的定义以及英文缩写词的原词组。

二、用途

逐项说明本软件具有的各项功能及性能。

三、运行环境

（一）硬件设备

列出为运行本软件所需要硬件设备的最小配置，如计算机型号、内存容量、数据处理机的型号等。

（二）支持软件

说明为运行本软件所需要的支持软件，如操作系统的名称和版本号、编程语言的编译、汇编系统的名称和版本号等。

四、使用规程

（一）安装与初始化

说明程序的存储形式、安装与初始化过程中的全部操作命令、系统对这些命令的反应和回答信息、表征安装工作完成的测试实例以及安装过程中使用的软件工具。

（二）输入

输入设备及用途；操作方式和命令；输入格式。

（三）输出

输出设备及用途（文件记录、绘图、打印、显示等）；操作方式和命令；输出格式。

（四）文件查询

对具有查询能力的软件，说明查询的能力、方式、所使用的命令和所要求的控制规定。

（五）输入参数、输出信息及使用实例

1. 输入参数的约定

描述输入参数的个数、位置、类型和默认值。

2. 输出信息

正常信息的格式及内容；错误信息的格式及内容。

3. 使用实例

给出使用实例。

五、出错处理和恢复

指出为了确保再启动和恢复的能力，必须遵循的处理过程。

六、终端操作

当软件是在多终端系统上工作时，应编写本项，以说明终端的配置安排、连接步骤、数据和参数输入步骤以及控制规定。说明通过终端进行查询、检索、修改数据文件的能力，包括使用的编程语言、执行这些操作的过程以及涉及的辅助性程序等。

章节习题

1. 为什么说软件维护是不可避免的？（关联知识点 8.1.1 节）
2. 软件维护分哪几种类型？（关联知识点 8.1.1 节）
3. 软件的可维护性与哪些因素有关？（关联知识点 8.1.3 节）
4. 软件维护的基本步骤包括哪些？（关联知识点 8.2 节）
5. 软件维护的相关文档有哪些？（关联知识点 8.2.3 节）

第 9 章

第9章
思政案例

软件项目管理

软件项目管理是对软件项目开发过程的管理。具体地说，就是对整个软件生存周期的一切活动进行管理，以达到提高生产率和产品质量的目的。

管理作为一门学科，是在大工业出现以后逐步形成的。在当今的信息化社会中，管理的重要性日益为人们所认识，尤其为决策人员所重视。对于任何项目来说，项目的成败都与管理的好坏有密切关系，软件项目更不例外。一个软件项目的成败在很大程度上取决于项目负责人的管理水平和管理艺术。现在，软件项目管理已开始引起软件开发人员的重视。

软件项目管理是软件产业发展的关键，软件项目的规模越大，所需要的管理支持工作量就越大。统计资料表明，在软件项目的规模达到一定程度时所需要的软件管理工作量将达到总工作量的一半。

软件项目管理在软件开发过程中协调人们共同劳动，通过管理，保证在给定资源与环境下能够在预期的时间内有效地组织人力、物力、财力完成预定的软件项目。本章的知识图谱如图9.1所示。

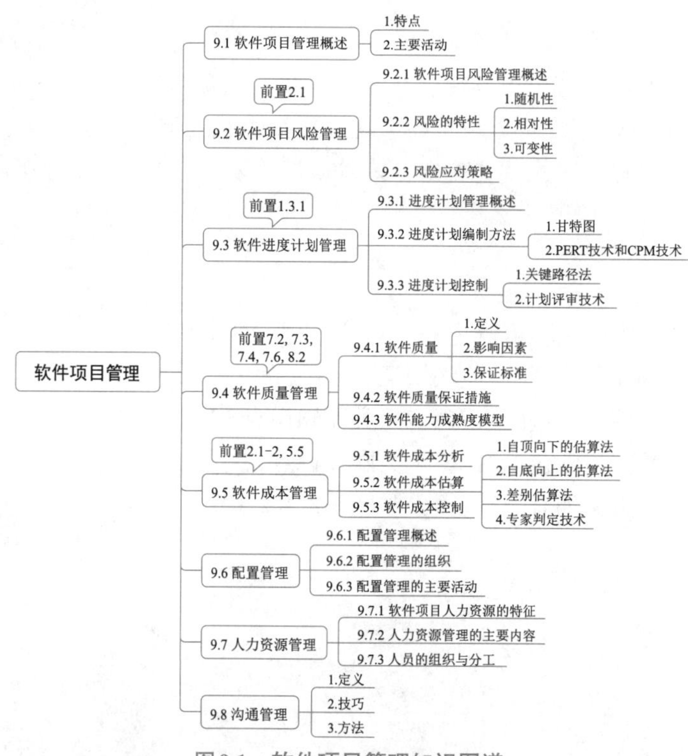

图9.1　软件项目管理知识图谱

9.1 软件项目管理概述

9.1.1 软件项目管理的特点

与其他任何产业的产品不同，软件产品是非物质性的产品，是知识密集型的逻辑思维产品，是将思想、概念、算法、流程、组织、效率和优化等因素综合在一起的难以理解和驾驭的产品。软件的这种独特性，使软件项目管理过程更加复杂和难以控制。

软件项目管理的主要特点如下。

（1）软件项目管理涉及的范围广，涉及软件开发进度计划、人员配置与组织、项目跟踪和控制等。

（2）应用到多方面的综合知识，特别是要涉及社会的因素、精神的因素、认知的因素，这比技术问题复杂得多。

（3）人员配备情况复杂多变，组织管理难度大。

（4）管理技术的基础是实践，为取得管理技术成果必须反复实践。

9.1.2 软件项目管理的主要活动

为使软件项目开发成功，必须对软件开发项目的工作范围、可能遇到的风险、需要的资源、要实现的任务、经历的里程碑、花费的工作量及进度的安排等做到心中有数，而软件项目管理可以提供这些信息。

软件项目管理的对象是软件项目，因此，软件项目管理涉及的范围覆盖了整个软件项目过程。软件项目管理的主要活动如下。

（1）软件可行性分析。软件可行性分析即从技术、经济和社会等方面对软件开发项目进行估算，避免盲目投资，减少损失。

（2）软件项目的成本估算。在开发前，从理论出发，利用具体的模型估算软件项目的成本，以避免盲目工作。

（3）软件生产率。对影响软件生产率的5种因素（人、问题、过程、产品和资源）进行分析，以便在软件开发时更好地进行软件资源配置。

（4）软件项目质量管理。软件项目质量管理也是软件项目开发的重要内容，影响软件质量的因素和质量的度量都是质量管理的基本内容。

（5）软件计划。开发软件项目的计划涉及实施项目的各个环节，带有全局的性质。计划的合理性和准确性往往关系着项目的成败。

（6）软件开发人员管理。软件开发的主体是软件开发人员，对软件开发人员的管理十分重要，它直接关系到如何最大化工作效率和软件项目能否开发成功。

其中，软件项目的成本估算重要的是对所需资源的估算。软件项目资源估算是指在软件项目开发前对软件项目所需的资源进行估算。软件开发所需的资源一般用金字塔形表示，如图9.2所示。

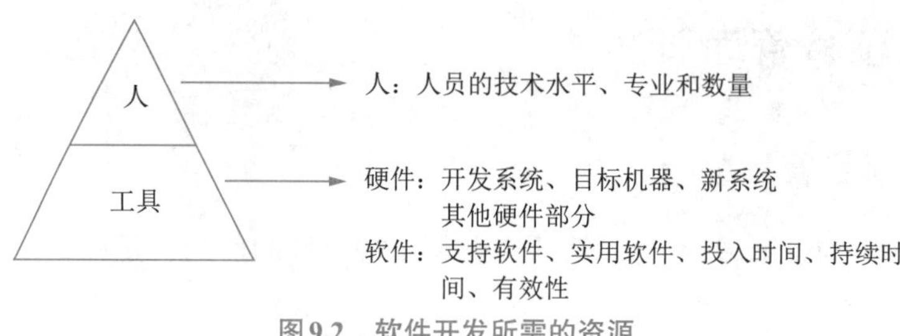

图9.2　软件开发所需的资源

9.2　软件项目风险管理

9.2.1　软件项目风险管理概述

项目风险是影响项目进度或质量的不利因素产生的可能性。项目风险是一种潜在的危险。由于其自身的不确定性、不可见性和人员流动性等特点，软件项目存在风险，甚至是灾难性的风险。

大量的研究数据统计揭示：

（1）30%～40%的IT项目在结束前就已经失败；

（2）50%的IT项目超出成本预算和时间预算200%或以上；

（3）即使改进技术和工具，仍然不能从根本上解决问题，问题和失败案例仍在不断出现。

研究发现很多IT项目的失败在于没有好的项目风险管理过程。全面风险管理作为项目管理的重要组成部分，能显著降低项目灾难的风险，有效规避其发生，由此说明项目风险管理的重要性。项目风险管理主要包括风险标识、风险分析、风险应对、风险监控等过程。

9.2.2　风险的特性

1. 风险的随机性

风险何时发生、是否发生以及发生后造成何种影响都是不确定的，称为风险的随机性。

2. 风险的相对性

不同的组织或个人对相同风险的承受能力是各不相同的，如拥有资源多的大型企业比拥有资源少的中小型企业抗风险能力强。影响风险承受能力的因素有很多，包括软件项目带来的收益大小、项目活动投入的多少以及项目主体拥有资源的多少等。

3. 风险的可变性

周围环境或项目相关条件的变化，也会影响风险的变化。风险的可变性包括风险性质以及风险带来后果的变化。

9.2.3　风险应对策略

针对不同的风险，应采取不同的应对策略。常见的风险应对策略包括规避、转移、减轻以及接受。

（1）规避。若软件项目会带来严重的负面影响，可采用规避措施。如软件在开发过程中存在技术风险，此时项目团队可采用成熟的技术以及经验丰富的人员进行项目开发来规避风险。

（2）转移。若软件项目带来的风险级别很高，企业组织内部无法采取相应措施进行应对，可通过合同约定、担保等形式由第三方对风险进行管理。软件项目通常可采用外包的形式以转移软件开发的风险。

（3）减轻。风险减轻是将不利的风险事件造成的后果降低至组织可接受的范围之内。如软件开发过程中多个项目组成员离职无法保证软件开发进度，此时可通过使用储备人员来减轻人员流失造成的影响。

（4）接受。采取手段以应对风险事件，既可以是积极制订应急计划，也可以是消极接受风险带来的后果。通常在风险转移和风险减轻不可行时使用。如组织内部发生火灾或其他不可抗力事件。

9.3 软件进度计划管理

9.3.1 进度计划管理概述

在软件开发过程中，软件项目开发处于十分重要的地位，涉及实施项目的各个环节，是有条不紊地开展软件项目活动的基础，是跟踪、监督、评审计划执行情况的依据。没有完善的工作计划常常会导致事倍功半，或者使项目在质量、进度和成本上达不到要求，甚至使软件项目失败。因此，制订周密、简洁和精确的软件项目计划是成功开发软件产品的关键。

软件项目计划的目标是提供一个能使项目管理人员对资源、成本和进度做出合理估算的框架。这些估算应当在软件项目开始的一个时间段内做出，并随着项目的进展定期更新。具体地讲，软件项目计划的主要内容包括确定软件范围、估算项目等。

1.确定软件范围

确定软件范围是软件项目计划的首要任务，是制订软件开发计划的依据，是整个软件生存周期中估算、计划、执行和跟踪软件项目活动的基础。因此，应该从管理角度和技术角度出发，对软件项目中分配给软件的功能和性能进行评价，确定明确的、可理解的软件范围。具体地讲，软件范围包括功能、性能、约束、接口和可靠性。

软件范围的确定首先需要说明项目的目标与要求，给出该软件的主要功能描述（只涉及高层和较高层的系统功能），指明总的性能特征及其约束条件。

在估算项目之前，应对软件的功能进行评价，并对其进行适当的细化，以便提供更详细的细节。由于成本和进度的估算都与功能相关，因此常常进行功能分解。软件性能考虑处理和响应时间的需求。约束条件则标识外部硬件、可用存储器或其他现行系统的限制，如主存、数据库、通信效率和负荷限制等。功能、性能和约束必须在一起进行评价，因为当性能不同时，为实现同样的功能，开发工作量可能相差一个数量级。

其次，描述系统接口，并阐明该软件与其他系统之间的关系。对于每个接口都要考虑其性质和复杂性，以确定对开发资源、成本和进度的影响。接口可以细分为运行软件的硬件（如处理机和外设）及由该软件控制的各种间接设备；必须与该软件连接的现有软件（如操作系统、数据库、共用应用软件等）；通过终端或输入/输出设备使用该软件的操作人员。

同时，软件范围还必须描述软件质量的某些因素，如可靠性、实时性、安全性等。

2. 估算项目

软件项目计划的第二个任务就是估算该软件项目的规模及完成该软件项目所需的资源、成本和进度。

项目规模的度量可以是软件的功能点、特征点、代码行的数目。规模估算涉及的产品和活动有运行软件和支持软件、可交付的和不可交付的产品、软件和非软件工作产品（如文档）、验证和确认工作产品的活动。为便于估算项目规模，需要将软件工作产品分解到满足估算对象所需要的粒度。

为了使开发项目能够在规定的时间内完成，而且不超过预算，工作量与成本的估算和管理控制是关键。但影响软件工作量和成本的因素众多，因此对项目的工作量、人员配置和成本的估算有一定难度，其方法目前还不太成熟。如果可能，应利用类似项目的经验导出各种活动的时间段，做出工作量、人员配置和成本估算在软件生存周期上的分布。

项目所需资源包括人力资源、硬件资源和软件资源。对于每种资源都应说明资源的描述、资源的有效性、资源的开始时间和持续时间，后两个特性又统称为时间窗口。

软件项目是智力密集、劳动密集型项目，受人力资源的影响很大。项目成员的结构、责任心、能力和稳定性对项目质量及项目能否成功有着决定性的影响。因此，在项目计划中必须认真考虑人员的技术水平、专业、人数及在开发过程各阶段中对各种人员的需要。对于具有一定规模的项目来说，在软件开发的前期和后期（即软件计划与需求分析阶段和软件检验、评价与验收阶段），管理人员和高级技术人员需要投入大量精力，而初级技术人员参与较少。在详细设计、编码和单元测试阶段，大量的工作由初级技术人员完成，高级人员主要进行技术把关。

在软件开发中，硬件也是一种软件开发工具。硬件资源包括宿主机（指软件开发阶段所使用的计算机和外围设备）、目标机（指运行所开发软件的计算机和外围设备）、其他硬件设备（指专用软件开发时所需要的特殊硬件资源）。

在软件开发过程中需要使用许多软件开发工具来帮助软件开发，这些软件工具就是软件资源，主要的软件工具有业务数据处理工具、项目管理工具、支持工具、分析和设计工具、编程工具、组装和测试工具、原型化和模拟工具、维护工具、框架工具等。

为了提高软件生产率和软件质量，应该建立可重用的软件标准件/部件库。当需要时，根据具体情况，对软件部件稍做加工、修改，就可以构成所需的软件。但有时在修改时可能出现新的问题，所以应特别小心。

3. 编制软件进度表

软件进度表与软件产品的规模估算、软件工作量和成本估算有关。在编制软件进度表时，若有可能，要利用类似项目的经验。应注意的是，软件进度表受规定的里程碑日期、关键的相关日期及其他限制，软件进度表中的活动要有合适的时间间隔，里程碑要以适当的时间长度分开。

4. 完成各个任务所需的物理资源和数据资源

对各个任务需要的相应的硬件相关的物理资源进行安装、配置，收集并完善所需的相应数据。

9.3.2 进度计划编制方法

进度计划是软件计划工作中最困难的一项工作。做计划的人员要把可用资源和项目工作量协调好；要考虑各项工作之间的相互依赖关系，并且尽可能地平行运行；要预见可能出现的问题和项目的“瓶颈”，并提出处理意见；要规定进度、评审标准和应交付的文档。图9.3给出了一个典型的由多人参加的软件项目的任务图。

在软件项目的各种活动中，首先是进行项目的需求分析和评审，此项工作是以后工作的基础。只要软件的需求分析通过评审，系统概要设计和测试计划制订工作就可以并行进行。如果系统模块结构已经建立，则对各个模块的详细设计、编码、单元测试等工作就可以并行进行。等到每一个模块都已经测试完成，就可以组装、测试，最后进行确认测试，以便软件交付。

从图9.3可以看出，在软件开发过程中设置了许多项目里程碑，项目里程碑为管理人员提供了指示项目进度的可靠数据。当一个软件项目任务成功地通过评审并产生了文档时，就完成了一个项目里程碑。

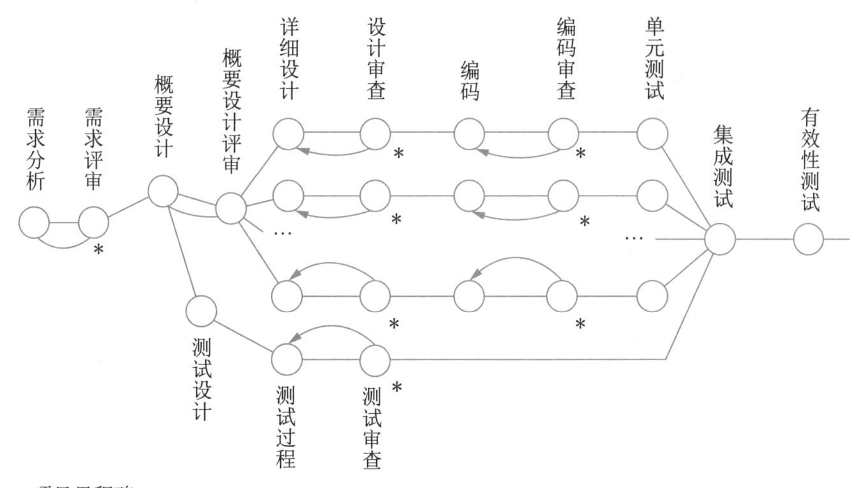

图9.3　软件项目的任务图

软件项目的并行性对进度提出了要求，要求进度计划必须决定任务之间的从属关系，确定各任务的先后次序和衔接、各任务完成的持续时间、构成关键路径的任务。

制订项目进度计划的第一步就是估算每个活动从开始到完成所需的时间，即估算工期。工期估算和预算分摊估算可以采用两种办法：一是自上而下法，即在项目建设总时间和总成本之内按照每一工作阶段的相关工作范围来考察，按项目总时间或总成本的一定比例分摊到各个工作阶段中；二是自下而上法，由每一工作阶段的具体负责人进行工期和预算估算，然后进行平衡和调整。

经验表明，行之有效的方法是由某项工作的具体负责人进行估算，因为这样做既可以得到该负责人的承诺，产生有效的参与激励，又可以减少由项目经理独自估算所有活动的工期所产生的偏差。在此估算的基础上，项目经理完成各工期的累计和分摊预算的累计，并与项目总建设时间和总成本进行比较，根据一定的规则进行调整。

在进度安排中，为了清楚地表达各项任务之间进度的相互依赖关系，通常采用图示方法，采用的图示方法有甘特图和网络图。在这些图示中，必须明确标明：各个任务计划的开始时间、结束时间；各个任务完成的标志；各个任务与参与工作的人数，各个任务与工作量之间的衔接情况。

1. 甘特图

甘特图又称为条形图，如图9.4所示。它用水平线段表示任务的工作阶段，线段的起点和终点分别对应任务的开始时间和结束时间，线段的长度表示完成任务所需的时间。甘特图的优点是标明了各任务的计划进度和当前进度，能动态地反映软件开发的进展情况，缺点是难以反映多个任务之间存在的复杂的逻辑关系。

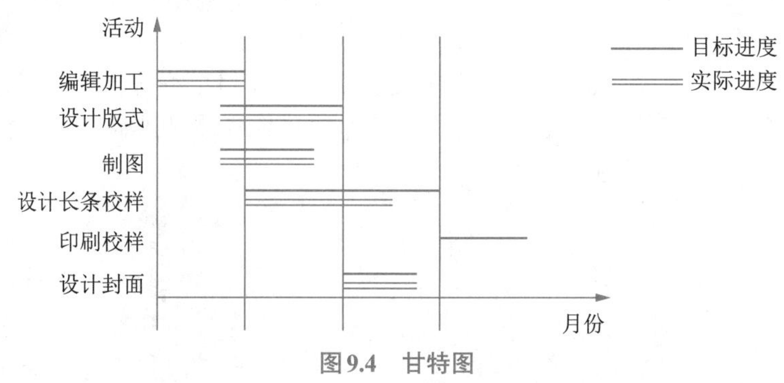

图9.4　甘特图

2. PERT和CPM技术

PERT（program evaluation&review technique，计划评审技术）或CPM（critical path method，关键路径法）都采用网络图来描述项目的进度安排，表明活动的顺序流程及它们之间的相互关系。网络图是一种在项目的计划、进度安排和控制工作中很有用的技术，它由许多相互关联的活动组成。通常用两张图来定义网络图：一张图绘出某一特定软件项目的所有任务，即任务分解结构；另一张图给出应该按照什么次序来完成这些任务，给出各个任务之间的衔接关系。

图9.5为旧木板房刷漆的工程网络图。在该图中，1～11为刷漆工程中分解得到的不同任务。

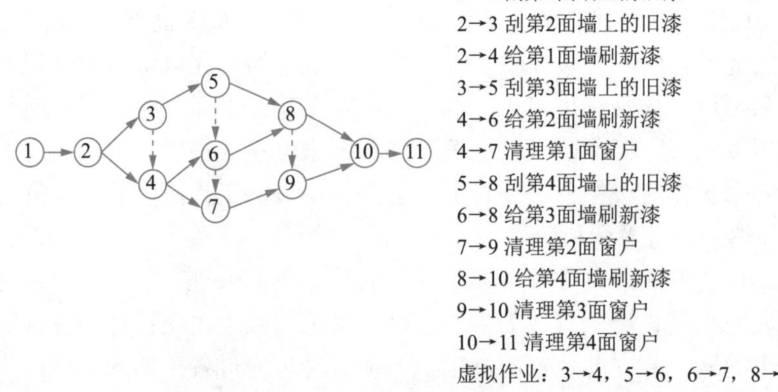

图9.5　旧木板房刷漆的工程网络图

9.3.3 进度计划控制

在进度计划编制完后，一般严格按照上面的要求控制项目的进度。控制进度计划的方法很多，这里介绍两种最通用的方法。

1.关键路径法

CPM是IT软件项目管理中最常用的一种数学分析技术，即根据指定的网络顺序、逻辑关系和单一的历时估算计算每一活动（任务）的单一、确定的最早开始时间和最迟完成时间。

CPM的核心是计算浮动时间，确定哪些活动的进度安排灵活性小。在使用CPM技术时必须注意，CPM是在不考虑资源约束的情况下计算所有项目活动的最早开始时间和最迟完成时间，计算出来的日期不是项目的进度计划，而仅仅是计划的重要依据之一。基本的CPM技术经常结合其他类型的数学分析方法一起应用。

在计算出作业时间、节点时间和活动时间后，结合考虑时差，可求出项目关键路径。时差为零的活动是关键活动，其周期决定了项目的总工期，如果项目的计划安排很紧，要使项目的总工期最短，那么就要有一系列时差为零的活动。这一系列关键活动组成的路径就是关键路径。求某个项目的关键路径的基本步骤如下。

（1）求出各活动的时间参数ES（最早开始时间）和EF（最早完成时间）。

（2）求出各活动的时间参数LF（最迟完成时间）和LS（最迟开始时间）。

（3）计算时差。

（4）确定关键路径。

2.计划评审技术

PERT是20世纪50年代末美国海军部开发“北极星”潜艇系统时为协调3000多个承包商和研究机构而开发的，其理论基础是假设项目持续时间及整个项目完成时间是随机的，且服从某种概率分布，PERT可以估算整个项目在某个时间内完成的概率。CPM和PERT在项目的进度规划中应用非常广。CPM主要应用于那些以往在类似项目中已取得一定经验的项目；PERT则更多应用于研究与开发项目，更注重对各项工作安排的评价和审查。

PERT对各个项目活动的完成时间按以下3种不同情况估算。

（1）乐观时间。任何事情都顺利的情况下完成某项工作的时间。

（2）最可能时间。正常情况下完成某项工作的时间。

（3）悲观时间。最不利情况下完成某项工作的时间。

假定3个估算服从β分布，由此可算出每个活动的期望t_i：

$$t_i = \frac{a_i + 4m_i + b_i}{6}$$

式中，a_i表示第i个活动的乐观时间；m_i表示第i个活动的最可能时间；b_i表示第i个活动的悲观时间。

根据β分布的方差计算方法，第i个活动的持续时间方差为

$$\sigma_i^2 = \frac{(b_i - a_i)^2}{36}$$

同时，PERT认为整个项目的完成时间是各个活动完成时间之和，且服从正态分布。

在实际的项目管理中，往往需要将CPM和PERT结合使用，用CPM求出关键路径，再对关键路径上的各个活动用PERT估算完成期望和方差，最后得出项目在某一时间段内完成的概率。

9.4　软件质量管理

9.4.1　软件质量

1. 软件质量的定义

在众多关于软件质量的定义中，较权威的ANSI/IEEE Std 729—1983定义软件质量为"与软件产品满足规定的和隐含的需求的能力有关的特征或特性的全体"，M.J.Fisher定义软件质量为"所有描述计算机软件优秀程度的特性的组合"。也就是说，为满足软件的各项精确定义的功能、性能需求，符合文档化的开发标准，需要相应地给出或设计一些质量特性及其组合作为在软件开发与维护中的重要考虑因素。如果这些质量特性及其组合都能在产品中得到满足，则这个软件产品质量就是高的。软件质量反映了以下3方面的问题。

（1）软件需求是度量软件质量的基础，不符合需求的软件就不具备质量。

（2）在各种标准中定义了一些开发准则，用来指导软件人员用工程化的方法来开发软件。如果不遵守这些开发准则，软件质量就得不到保证。

（3）往往会有一些隐含的需求没有明确地提出来。例如，软件应具备良好的可维护性。如果软件只满足那些精确定义了的需求而没有满足这些隐含的需求，软件质量也不能保证。

软件质量是各种特性的复杂组合，它随着应用的不同而不同，随着用户提出的质量要求的不同而不同，因此有必要讨论各种质量特性及评价质量的准则。

2. 软件质量的影响因素

目前，人们对软件开发项目提出的要求往往只强调系统必须完成的功能、应该遵循的进度计划，以及生产这个系统花费的成本，很少注意在整个生存周期中软件系统应该具备的质量标准。这种做法的后果是许多系统的维护费用非常昂贵，为了把系统移植到另外的环境中或者使系统和其他系统配合使用，必须付出很高的代价。

（1）影响软件质量的主要因素。

虽然软件质量是难以定量度量的属性，但是仍然能够提出许多重要的软件质量指标。从管理角度对软件质量进行度量，可以把影响软件质量的主要因素分成以下几类。

①正确性。系统满足规格说明和用户目标的程度，即在预定环境下能正确地完成预期功能的程度。

②健壮性。在硬件发生故障、输入的数据无效或操作错误等意外环境下，系统能做出适当响应的程度。

③效率。为了完成预定的功能，系统需要的计算资源的多少。

④完整性（安全性）。对未经授权的人使用软件或数据的企图，系统能够控制（禁止）的程度。

⑤可用性。系统在完成预定功能时令人满意的程度。

⑥风险。按预定的成本和进度把系统开发出来，并且用户满意的概率。

⑦可理解性。理解和使用该系统的容易程度。

⑧可维护性。诊断和改正在运行现场发现的错误所需要的工作量的多少。

⑨灵活性（适应性）。修改或改进正在运行的系统需要的工作量的多少。

⑩可测试性。软件容易测试的程度。

⑪可移植性。把程序从一种硬件配置和（或）软件系统环境转移到另一种配置和环境时需要的工作量的多少。有一种定量度量的方法是用原来程序设计和调试的成本除以移植时需用的费用。

⑫可再用性。在其他应用中该程序可以被再次使用的程度（或范围）。

⑬互运行性。把该系统和另一个系统结合起来的工作量的多少。

总之，软件产品的质量是软件项目开发工作的关键问题，也是软件项目生产中的核心问题。计算机软件质量是计算机软件内在属性的组合，包括计算机程序、数据、文件等多方面的可理解性、正确性、可用性、可移植性、可维护性、可修改性、可测试性、灵活性、可再用性、完整性、健壮性、可靠性、效率与风险等特性。

在软件项目的开发过程中往往强调软件必须完成的功能、进度计划、花费的成本，而忽略软件工程生存周期中各阶段的质量标准。对于软件质量与提高软件质量的途径，软件工程行业中存在着不同的看法与做法，其发展的趋势是从研究管理问题（资源调度与分配）、产品问题（正确性、可靠性）转向研究过程问题（开发模型、开发技术），从单纯的测试、检验、评价、验收深入到设计过程中。

（2）软件质量讨论评价应遵守的原则。

①应强调软件总体质量（低成本、高质量），而不应片面强调软件正确性，忽略其可维护性与可靠性、可用性与效率等。

②应在软件工程化生产的整个周期的各个阶段都注意软件的质量，而不能只在软件最终产品验收时注意质量。

③应制定软件质量标准，定量地评价软件质量，使软件产品评价走上评测结合、以测为主的科学轨道。

3.软件质量的保证标准

质量保证系统可以被定义成用于实现质量管理的组织结构、责任、规程、过程和资源。ISO 9000标准以一种能够适用于任何行业（无论提供的是何种产品或服务）的一般术语描述了质量保证的要素。

为了登记成为ISO 9000中包含质量保证系统模型中的一种，一个公司的质量体系和操作应该被第三方审计者仔细检查，以确保其与标准的符合性及操作的有效性。成功登记之后，该公司将收到由审计者所代表的登记实体颁发的证书，此后每半年进行一次的检查性审计将持续保证该公司的质量体系与标准是相符的。

（1）ISO质量保证模型。

ISO 9000质量保证模型将一个企业视为一个互联过程的网络。为了使质量体系符合ISO标准，这些过程必须与标准中给出的区域对应，并且必须按照描述文档化。实现对一个过程的文档化将有助于组织的理解、控制和改进。理解、控制和改进过程网络的机能为设计和实现符合ISO标准的质量体系的组织提供了最大的效益。

ISO 9000以一般术语描述了一个质量保证系统的要素。这些要素包括用于实现质量计划、质量控制、质量保证和质量改进所需的组织结构、规程、过程和资源。但是ISO 9000并不描述一个组织应该如何实现这些质量体系要素。因此，真正的挑战在于如何设计和实现一个能够满足标准并适用于公司的产品、服务和文化的质量保证系统。

（2）ISO 9001标准。

ISO 9001是应用于软件工程的质量保证标准。这一标准中包含了高效的质量保证系统必须体现的20条需求。因为ISO 9001标准适用于所有的工程行业，所以为了在软件使用的过程中帮助解释该标准，专门开发了一个ISO指南的子集（即ISO 9000-3）。

由ISO 9001描述的20条需求所面向的问题有：管理责任，质量系统，合同复审，设计控制，文档和数据控制，采购，对客户提供的产品的控制，产品标识和可跟踪性，过程控制，审查和测试，审查、度量和测试设备的控制，审查和测试状态，对不符合标准产品的控制，改正和预防行动，处理、存储、包装、保存和交付，质量记录的控制，内部质量审计，培训，服务，统计技术。

软件组织为了符合ISO 9001标准，必须针对上述每一条需求建立相关政策和过程，并且有能力显示组织活动的确是按照这些政策和过程进行的。

9.4.2 软件质量保证措施

为了在软件开发过程中保证软件的质量，主要采取下述措施。

1. 审查

审查就是在软件生存周期的每个阶段结束之前正式使用结束标准对该阶段生产出的软件配置成分进行严格的技术审查。

审查小组通常由4个人组成，即组长、作者和两名评审员。组长负责组织和领导技术审查，作者是开发文档或程序的人，两名评审员提出技术评论。建议评审员由和评审结果利害攸关的人担任。

审查过程可能有以下6个步骤。

（1）计划。组织审查组、分发材料、安排日程等。

（2）概貌介绍。当项目复杂、庞大时，可考虑由作者介绍概貌。

（3）准备。评审员阅读材料取得有关项目的知识。

（4）评审会。目的是发现和记录错误。

（5）返工。作者修正已经发现的问题。

（6）复查。判断返工是否真正解决了问题。

在生存周期的每个阶段结束之前，应该进行一次正式的审查，在某些阶段可能需要进行多次审查。

2. 复查和管理复审

复查即检查已有的材料，以断定某阶段的工作能否开始或继续。每个阶段开始的复查是为了肯定前一个阶段结束时确实进行了认真的审查，已经具备了开始当前阶段工作所必需的材料。管理复审通常指向开发组织或使用部门的管理人员，提供有关项目的总体状况、成本和进度等方面的情况，以便他们从管理角度对开发工作进行审查。

3. 测试

测试就是用已知的输入在已知环境中动态地执行系统或系统的部件。如果测试结果与预期结果不一致，则表明系统中可能出现了错误。在测试过程中将产生下述基本文档。

（1）测试计划。测试计划通常包括单元测试和集成测试。应确定测试范围、方法和需要的资源等。

（2）测试过程。详细描述与每个测试方案有关的测试步骤和数据（包括测试数据及预期的结果）。

（3）测试结果。把每次测试运行的结果归入文档，如果运行出错，则应产生问题报告，并且通过调试解决所发现的问题。

4. 评审

人的认识不可能100%符合客观实际，因此在软件生存周期每个阶段的工作中都可能引入人为的错误。在某一阶段中出现的错误如果得不到及时纠正，就会传播到开发后续阶段中，并在后续阶段中引出更多的错误。实践证明，提交给测试阶段的程序中包含的错误越多，经过同样时间的测试后，程序中仍然潜伏的错误也越多。所以，必须在开发时期的每个阶段（特别是设计阶段结束时）进行严格的技术评审，尽量不让错误传播到下一个阶段。

评审是以提高软件质量为目的的技术活动。为此，首先要明确什么是软件的质量。缺乏质量概念的技术评审只是一种拘于形式的为评审而评审的盲目工作。通常，把“质量”定义为“用户的满意程度”。为了使用户满意，有以下两个必要条件。

（1）设计的规格说明要符合用户的要求。

（2）程序要按照设计规格说明所规定的情况正确执行。

把上述第一个条件称为“设计质量”，把上述第二个条件称为“程序质量”。如图9.6所示，优秀的程序质量是构成好的软件质量的必要条件，但不是充分条件。

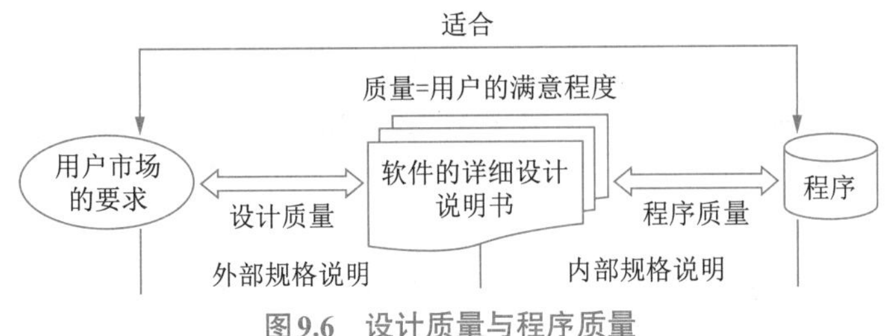

图9.6　设计质量与程序质量

9.4.3　软件能力成熟度模型

1. 软件能力成熟度模型简介

软件能力成熟度模型（capability maturity model for software，CMM）是对软件组织在定义、实施、度量、控制和改善其软件过程的实践中各个发展阶段的描述。它是在美国国防部的指导下，由软件开发团体和软件工程学院及卡内基·梅隆大学共同开发的。

CMM的核心是把软件开发视为一个过程，并根据这一原则对软件开发和维护进行过程监控和研究，以使其更加科学化、标准化，使企业能够更好地实现商业目标。

在信息时代，软件质量的重要性越来越为人们所认识。软件是产品，是装备，是工具，其质量使得顾客满意，是产品市场开拓、事业得以发展的关键。软件工程领域在1992—1997年取得了前所未有的进展，其成果超过软件工程领域过去15年来的成果总和。

软件管理工程引起广泛关注是在20世纪70年代中期。当时美国国防部曾立题专门研究软件项目做不好的原因，发现70%的项目做不好是因为管理不善，并不是因为技术实力不够。因此，他们得出一个结论，即管理是影响软件研发项目全局的因素，而技术只影响局部。到了20世纪90年代中期，软件管理工程不善的问题仍然存在，大约只有10%的项目能够在预定的费用和进度下交付。软件项目失败的主要原因：需求定义不明确；缺乏一个好的软件开发过程；没有一个统一领导的产品研发小组；子合同管理不严格；没有注意改善软件过程；对软件构架很不重视；软件界面定义不合理且缺乏合适的控制；软件升级暴露了硬件的缺点；关心创新而不关心费用和风险；军用标准太少且不够完善等。在关系到软件项目成功与否的众多因素中，软件度量、工作量估算、项目规划、进展控制、需求变化和风险管理等都是与工程管理直接相关的因素。由此可见，软件管理工程的意义重大。

1987年，美国卡内基·梅隆大学软件工程研究所受美国国防部的委托，率先在软件行业从软件过程能力的角度提出了CMM，并在全世界推广实施这一软件评估标准，该标准用于评价软件承包能力并帮助组织改善软件质量。它主要用于对软件开发过程和软件开发能力的评价和改进。它侧重于软件开发过程的管理及工程能力的提高与评估。CMM自1987年开始实施认证，现已成为软件行业最权威的评估认证体系。CMM包括5个等级，共计18个过程域、52个目标、300多个关键实践。

2. CMM的等级划分

CMM的基本思想是，因为问题是由管理软件过程的方法引起的，所以新软件技术的运用不会自动提高生产率和利润率。CMM有助于组织建立一个有规律的、成熟的软件过程。改进的过程将会生产出质量更好的软件，使更多的软件项目免受时间和费用超支的困扰。

软件过程包括各种活动、技术和用来生产软件的工具。因此，它实际上包括了软件生产的技术方面和管理方面。CMM策略力图改进软件过程的管理，而在技术上的改进是其必然的结果。

大家必须牢记，软件过程的改进不可能在一夜之间完成，CMM是以增量方式逐步引入变化的。CMM明确地定义了5个不同的“成熟度”等级，一个组织可按一系列小的改良性步骤向更高的成熟度等级前进。

（1）等级1：初始级。

处于这个最低级的组织，基本上没有健全的软件工程管理制度，每件事情都以特殊的方法来做。如果一个特定的工程碰巧由一个有能力的管理员和一个优秀的软件开发组来做，则这个工程可能是成功的。然而通常的情况是，由于缺乏健全的总体管理和详细计划，时间和费用经常超支。结果，大多数的行动只是应对危机，而非事先计划好的任务。处于成熟度等级1的组织，软件过程完全取决于当前的人员配备，因此具有不可预测性，人员变化了，过程也跟着变化。结果，要精确地预测产品的开发时间和费用之类的重要项目是不可能的。

（2）等级2：可重复级。

在这一级，有些基本的软件项目的管理行为、设计和管理技术是基于相似产品中的经验，故称为“可重复”。在这一级采取了一定的措施，这些措施是实现一个完备过程必不可少的一步。典型的措施包括仔细地跟踪费用和进度。不像在第1级那样，在危机状态下行动，管理人员在问题出现时便可发现，并立即采取修正行动，以防它们变成危机。关键的一点是，如果没有这些措施，要在问题变得无法收拾前发现它们是不可能的。在一个项目中采取的措施也可用来为未来的项目拟订实现的期限和费用计划。

（3）等级3：已定义级。

在第3级，已为软件生产的过程编制了完整的文档，对软件过程的管理方面和技术方面都明确地做了定义，并按需要不断地改进过程，而且采用评审的办法来保证软件的质量。在这一级，可引用CASE软件开发环境进一步提高质量和生产率。而在第1级过程中，“高技术”只会使这一危机驱动的过程更混乱。

（4）等级4：已定量管理级。

一个处于第4级的组织对每个项目都设定质量和生产目标。这两个量将被不断地测量，当偏离目标太多时，就采取行动来修正。利用统计质量控制，管理部门能区分出随机偏离和有深刻含义的质量或生产目标的偏离（统计质量控制措施的一个简单例子是每千行代码的错误率，相应的目标就是随时间推移减少这个量）。

（5）等级5：优化级。

第5级组织的目标是连续地改进软件过程，这样的组织使用统计质量和过程控制技术作为指导。从各方面获得的知识将被运用在以后的项目中，从而使软件过程融入了正反馈循环，使生产率和质量得到稳步改进。整个组织将会把重点放在对过程进行不断的优化，采取主动的措施找出过程的弱点与长处，以达到预防缺陷的目标。同时，分析各有关过程的有效性资料，做出对新技术的成本与效益的分析，并提出对过程进行修改的建议。达到该级的组织可自发地不断改进，防止同类缺陷二次出现。

CMM并不详细描述所有软件开发和维护有关的过程活动，但是，有一些过程是决定过程能力的关键因素，这就是CMM所称的关键过程域，如图9.7所示。

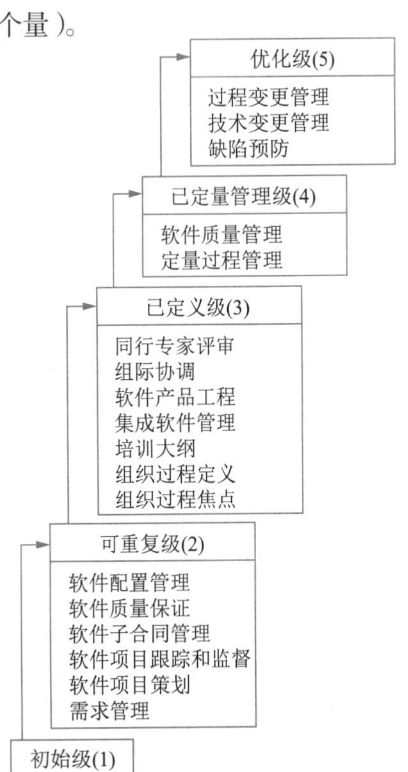

图9.7　CMM等级划分及关键过程域

3. CMM与ISO 9000的主要区别

（1）CMM是专门针对软件产品开发和服务的，而ISO 9000涉及的范围相当广。

（2）CMM强调软件开发过程的成熟度，即过程的不断改进和提高，而ISO 9000强调可接受的质量体系的最低标准。

4. 实施CMM的意义

软件开发的风险之所以大，是因为软件过程能力低，其中最关键的问题在于软件开发组织不能很好地管理其软件过程，从而使一些好的开发方法和技术起不到预期的作用。而且项目的成功也是通过工作组的杰出努力获得的，所以仅仅建立在可得到特定人员上的成功不能为全组织的生产和质量的长期提高打下基础，必须在建立有效的软件（如管理工程实践和管理实践的基础设施）方面坚持不懈地努力才能不断改进，才能持续地成功。

软件质量是一个模糊的、捉摸不定的概念。人们常常听说某某软件好用，某某软件不好用；某某软件功能全、结构合理，某某软件功能单一、操作困难……这些模模糊糊的语言不能算作软件质量评价，更不能算作软件质量科学的、定量的评价。软件质量，乃至任何产品质量，都是一个很复杂的事物性质和行为。产品质量包括软件质量，是人们实践产物的属性和行为，是可以认识的，可以科学地描述的，可以通过一些方法和人类活动来改进质量的。

实施CMM是改进软件质量的有效方法，可以控制软件生产过程、提高软件生产者组织性和软件生产者的个人能力，对软件公司和软件用户都有着不同寻常的作用。

（1）对软件公司。

①提高软件公司软件开发的管理能力，因为CMM可提供给软件公司自我评估的方法和自我提高的手段。

②提高软件生产率。

③提高软件质量。

④提高软件公司的国内和国际竞争力。

（2）对软件项目发包单位和软件用户。

提供了对软件开发商开发管理水平的评估手段，有助于软件开发项目的风险识别。

5. CMM的应用

CMM主要应用在两方面，即能力评估和过程改善。

（1）能力评估。

CMM是基于政府评估软件承包商的软件能力发展而来的，有两种通用的评估方法用于评估组织软件过程的成熟度，即软件过程评估和软件能力评价。

①软件过程评估。

软件过程评估用于确定一个组织当前的软件工程过程的状态及组织所面临的软件过程的优先改善问题，为组织领导层提供报告以获得组织对软件过程改善的支持。软件过程评估集中关注组织自身的软件过程，在一种合作的、开放的环境进行。评估的成功取决于管理者和专业人员对组织软件过程改善的支持。

②软件能力评价。

软件能力评价用于识别合格的软件承包商或者监控软件承包商开发软件的过程状态。软件能力评价集中关注在预算和进度要求范围内制造出高质量的软件产品的软件合同及相关风险。评价在一种审核的环境中进行，重点在于揭示组织实际执行软件过程的文档化的审核记录。软件能力评价是美国卡内基·梅隆大学软件工程研究所开发的一种基于CMM的面向软件能力评价的方法。

（2）过程改善。

软件过程改善是一个持续的、全员参与的过程。CMM建立了一组有效地描述成熟软件组织特征的准则。该准则清晰地描述了软件过程的关键元素，并包括软件工程和管理方面的优秀实践。

9.5 软件成本管理

9.5.1 软件成本分析

对一般的软件项目而言，项目的成本主要由项目直接成本、管理费用和期间费用等构成。项目直接成本主要是指与项目有直接关系的成本费用，是与项目直接对应的，包括直接人工费用、直接材料费用、其他直接费用等。

软件项目管理费用是指为了组织、管理和控制项目所发生的费用，项目管理费用一般是项目的间接费用，主要包括管理人员费用支出、差旅费用、固定资产和设备使用费用、办公费用、医疗保险费用，以及其他一些费用等。

期间费用是指与项目的完成没有直接关系，基本上不受项目业务量增减所影响的费用。这些费用包括公司的日常行政管理费用、销售费用、财务费用等，这些费用已经不再是项目费用的一部分，而是作为期间费用直接计入公司的当期损益。

IT软件项目由于项目本身的一些特点，对整个项目的预算和成本控制尤为困难。IT项目经理需要负责控制整个项目的预算支出，要做到这一点，必须能够正确估算软件开发或者部分软件开发的成本费用。

通常，IT项目的成本主要由以下4部分构成。

（1）硬件成本。硬件成本主要包括实施IT软件项目所需要的所有硬件设备、系统软件、数据资源的购置、运输、仓储、安装、测试等费用。对于进口设备，还包括国外运费、保险费、进口关税、增值税等费用。

（2）差旅及培训费用。培训费用包括了软件开发人员和用户的培训费用。

（3）软件开发成本。对于软件开发项目，软件开发成本是最主要的人工成本，付给软件工程师的人工费用占了开发成本的大部分。

（4）项目管理费用。项目管理费用用于项目组织、管理和控制的费用支出。

尽管硬件成本、差旅及培训费用可能在项目总成本中占较大的一部分，但最主要的成本还是在项目开发过程中所花费的工作量及相应的代价，它不包括原材料及能源的消耗，主要是人的劳动消耗。

最重要的一点是，IT项目的产品生产不是一个重复的制造过程，软件的开发成本是以“一次性”开发过程中所花费的代价来计算的。因此，IT项目开发成本的估算应该以项目识别、设计、实施、评估等整个项目开发全过程所花费的人工代价作为计算的依据，并且可以按阶段进行估算，这个估算的阶段恰好与软件的生存周期的主要活动相对应，如图9.8所示。

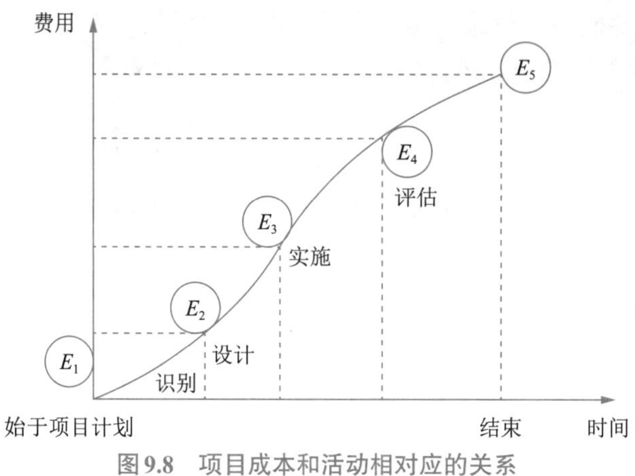

图 9.8　项目成本和活动相对应的关系

9.5.2　软件成本估算

对于一个大型的软件项目，由于项目的复杂性，开发成本的估算不是一件简单的事情，要进行一系列的估算处理，主要靠分解和类推的手段进行。基本估算方法如下。

1. 自顶向下的估算法

自顶向下的估算法是从项目的整体出发进行类推，即估算人员根据已完成项目所耗费的总成本（或总工作量）推算将要开发的软件的总成本（或总工作量），然后按比例将它分配到开发任务中，再检验它是否能满足要求。这种方法的优点是估算量小、速度快；缺点是对项目中的特殊困难估算不足，估算出来的成本盲目性大，有时会遗漏被开发软件的某些部分。

2. 自底向上的估算法

自底向上的估算法是把待开发的软件细分，直到每一个子任务都已经明确所需要的开发工作量，然后把它们加起来，得到软件开发的总工作量。这是一种常见的估算方法，它的优点是估算各个部分的准确性高；缺点是不仅缺少各项子任务之间相互联系所需要的工作量，还缺少许多与软件开发有关的系统级工作量（配置管理、质量管理、项目管理），所以往往估算值偏低，必须用其他方法进行校验和校正。

3. 差别估算法

差别估算法综合了上述两种方法的优点，是把待开发的软件项目与过去已完成的软件项目进行比较，对于不同的部分则采用相应的方法进行估算。这种方法的优点是可以提高估算的准确性，缺点是不容易明确“类似”的界限。

除基本的估算方法以外还有一种比较常用的估算方法，即专家判定技术。

4. 专家判定技术

专家判定技术即专家估算法，是指由多位专家进行成本估算。由于单独一位专家可能会有种种偏见，因此由多位专家进行估算，取得多个估算值。有多种方法把这些估算值合成一个估算值。例如，一种方法是简单地求各估算值的中值或平均值。其优点是简便，缺点是可能会受一两个极端估算值的影响而产生严重的偏差。另一种方法是召开小组会，使各位专家统一或至少同意某一个估算值。其优点是可以提供理想的估算值，缺点是一些组员可能会受权威的影响。为避免上述不足，Rand公司提出了Delphi技术作为统一专家意见的方法。用Delphi技术可得到极为准确的估算值，Delphi技术的步骤如下。

（1）组织者发给每位专家一份软件系统的规格说明书（略去名称和单位）和一张记录估算值的表格，请他们进行估算。

（2）专家详细研究软件规格说明书的内容，然后组织者召集小组会议，在会上，专家与组织者一起对估算问题进行讨论。

（3）各位专家对该软件提出3个规模的估算值。

①a_i：该软件可能的最小规模（最少源代码行数）。

②m_i：该软件最可能的规模（最可能的源代码行数）。

③b_i：该软件可能的最大规模（最多源代码行数）。

无记名地填写表格，并说明做此估算的理由。

（4）组织者对各位专家在表中填写的估算值进行综合和分类并做以下工作。

①计算各位专家（序号为i，i=1，2，…，n）的估算期望值E_i和估算值的期望中值E：

$$E_i = \frac{a_i + 4m_i + b_i}{6} \quad E = \frac{1}{n}\sum_{i=1}^{n} E_i \text{（}n\text{为专家数）}$$

②对专家的估算结果进行分类摘要。

（5）组织者召集会议，请专家对其估算值有很大变动之处进行讨论。专家对此估算值另做一次估算。

（6）在综合专家估算结果的基础上组织专家再次无记名地填写表格。

从步骤（4）～（6）适当重复几次类比，根据过去完成项目的规模和成本等信息推算出该软件每行源代码所需成本，然后再乘以该软件源代码行数的估算值，得到该软件的成本估算值。

9.5.3 软件成本控制

下面简单介绍几种著名的成本估算与控制模型，读者若需要详细了解它们，请参阅有关资料。

1. IBM模型

1977年，Walston和Felix总结了IBM联邦系统分部（federal system division，FSD）负责的60个项目的数据。其中，源代码从400～467 000行，工作量从12～11 758人月，共使用29种不同语言和66种计算机。用最小二乘法拟合，可以得到与$ED=rSc$相同形式的估算公式（又称为静态变量模型）：

$$E=5.2 \times L0.91$$

$$D=4.1 \times L0.36=2.47 \times E0.35$$

$$S=0.54 \times E0.6$$

$$\text{DOC}=49 \times L1.01$$

式中，E为工作量（单位为人月）；D为项目持续时间（单位为月）；文档页数DOC为所估算的源代码行数的函数建立的模型。另外，项目持续时间D和工作人员要求S可以根据工作量来估算。$E=5.2 \times L0.91$近似$M=L/P$的线性关系。L为指令数，P为一个常量，单位为指令数/人日，M为人力。考虑到这个最佳拟合偏差，模型使用了生产率指标I，它是由下述方程从29个成本因素中得到的。

$$I=\sum_{i=1}^{29}W_iX_i$$

式中，X_i的取值为-1、0或+1，取决于第i个因素对项目的影响情况。加权值W_i由下式给出：

$$W_i=0.5\times\log_{10}(\mathrm{PC}_i)$$

其中，PC_i是生产率的比值，它与第i项成本因素（由经验数据决定）从低到高成比例变化；每天可交付的代码行的实际生产率与I为线性关系。

2. COCOMO模型

TRW公司开发的结构性成本模型COCOMO是最精确、最易于使用的成本估算方法之一，1981年Boehm在他的著作中对其进行了详尽的描述。

Boehm定义了“基本的”“中间的”“详细的”3种形式的COCOMO模型，其核心是根据方程$ED=rSc$和$TD=a(ED)b$（开发时间）给定的幂定律关系定义，其中，经验常数r、c、a和b取决于项目总体类型（结构型、半独立型或嵌入型），如表9.1和表9.2所示。

表9.1　项目总体类型

特　　性	结构型	半独立型	嵌入型
对开发产品目标的了解	充分	很多	一般
与软件系统有关的工作经验	广泛	很多	中等
为软件一致性需要预先建立的需求	基本	很多	完全
为软件一致性需要的外部接口规格说明	基本	很多	完全
关联的新硬件和操作过程的并行开发	少量	中等	广泛
对改进数据处理体系结构、算法的要求	极少	少量	很多
早期实现费用	极少	中等	较高
产品规模（交付的源指令数）	少于5万行	少于30万行	任意
实例	批数据处理	大型的事务处理系统	大且复杂的事务处理系统
	科学模块 事务模块	新的操作系统 数据库管理系统	大型的操作系统
	熟练的操作系统、编译程序	大型的编目、生产控制	宇航控制系统
	简单的编目生产控制	简单的指挥系统	大型指挥系统

表9.2　工作量和进度的基本COCOMO方程

开发类型	工作量	进　　度
结构型	$ED=2.4S1.05$	$TD=2.5(ED)0.38$
半独立型	$ED=3.0S1.12$	$TD=2.5(ED)0.35$
嵌入型	$ED=3.6S1.20$	$TD=2.5(ED)0.32$

通过引入与15个成本因素有关的r作用系数将中间模型进一步细化，这15个成本因素列于表9.3中。根据各种成本因素将得到不同的系数，虽然中间COCOMO估算方程与基本COCOMO方程相同，但系数不同，由此得出中间COCOMO估算方程，如表9.4所示。对于基本模型和中间模型，根据经验数据和项目的类型及规模来安排项目各个阶段的工作量和进度。将这两种估算方程应用到整个系统，并以自顶向下的方式分配各种开发活动的工作量。

表9.3　影响r值的15个成本因素

类　型	成本因素
产品属性	要求的软件可靠性 数据库规模 产品复杂性
计算机属性	执行时间约束 主存限制 虚拟机变动性 计算机周转时间
人员属性	分析员能力 应用经验 程序设计人员能力 虚拟机经验 程序设计语言经验
工程属性	最新程序设计实践 软件工程的作用 开发进度限制

表9.4　中间COCOMO估算方程

开发类型	工作量方程
结构型	(ED)NOM=3.2S1.05
半独立型	(ED)NOM=3.0S1.12
嵌入型	(ED)NOM=2.8S1.20

详细的COCOMO模型应用自底向上的方式，首先把系统分为系统、子系统和模块多个层次，然后先在模块层应用估算方法得到它们的工作量，再估算子系统层的工作量，最后估算系统层的工作量。详细的COCOMO模型对生存周期的各个阶段使用不同的工作量系数。

COCOMO模型已经用63个TRW项目的数据库进行过标定，它们列于Boehm的著作中，从中可以了解使用数据库对该模型进行标定的详细方法。

3. Balley-Basili原模型

这种模型提供了最适用于给定开发环境中的工作量估算方程的开发方法，结果类似IBM和COCOMO模型。

4. Schneider模型

上述所有模型完全是经验性的，1978年Schneider根据1977年Halstead的软件科学理论推导出几种估算方程，其得到的工作量方程与幂定律算式相同。

9.6 配置管理

9.6.1 配置管理概述

软件生存周期各阶段的交付项包括各种文档和所有可执行代码（代码清单和磁盘），它们组成整个软件配置，配置管理就是讨论对这些交付项的管理问题。软件配置管理（software configuration management，SCM）是贯穿整个软件过程中的保护性活动。因为变化可能发生在任意时间，软件配置管理活动被设计来标记变化、控制变化、保证变化被适当地实现、向其他可能有兴趣的人员报告变化。

明确区分软件维护和软件配置管理是很重要的。维护是发生在软件已经被交付给用户，并投入运行后的一系列软件工程活动；软件配置管理则是随着软件项目的开始而开始，并且仅当软件退出后才终止的一组跟踪和控制活动。

软件配置管理的主要目标是使改进变化可以更容易适应，并减少当变化必须发生时所花费的工作量。

9.6.2 配置管理的组织

1. 基线

变化是软件开发中必然的事情。客户希望修改需求，开发者希望修改技术方法，管理者希望修改项目方法。这些修改是为什么？回答实际上相当简单，因为随着时间的流逝，所有相关人员也就知道更多信息（关于客户需要什么、什么方法最好及如何实施并赚钱），这些附加的知识是大多数变化发生的推动力，并导致这样一个对于很多软件工程实践者而言难以接受的事实：大多数变化是合理的。

基线是软件配置管理的概念，它帮助用户在不严重阻碍合理变化的情况下来控制变化。IEEE（IEEE Std.610.12—1990）定义基线如下：已经通过正式复审和批准的某规约或产品，它可以作为进一步的基础，并且只能通过正式的变化控制过程的改变。

一种描述基线的类比方式是：考虑某大饭店的厨房门，为了减少冲突，一个门被标记为“出”，其他门被标记为“进”，门上有机关，允许它们仅能朝适当的方向打开。如果某侍者从厨房里拿起一盘菜，将它放在托盘里，然后，他意识到拿错了盘子，他可以迅速而非正式地在他离开厨房前变成正确的盘子。然而，如果他已经离开了厨房，并将菜端给了顾客，然后被告知他犯了一个错误，那时他就必须遵循下面一组规程：①查看账单以确定错误是否已经发生；②向顾客道歉；③通过“进”门返回厨房；④解释该问题，等等。

基线类似饭店中从厨房里端出去的盘子，在软件配置项变成基线前变化可以迅速而非正式地进行，然而一旦基线已经建立，就得像通过一个单向开的门那样，变化可以进行，但必须应用特定的、正式的规程来评估和验证每一个变化。

在软件工程的范围内，基线是软件开发的里程碑，其标志是有一个或多个软件配置项（software configuration item，SCI）的交付，并且这些软件配置项已经经过正式技术复审获得认可。例如，某设计规约的要素已经形成文档并通过复审，错误已被发现并纠正，一旦规约的所有部分均通过复审、纠正、认可，则该设计规约就变成了一个基线。任何对程序体系结构（包括在设计规约中）进一步的变化只能在每个变化被评估和批准之后方可进行。虽然基线可以在任意的细节层次上定义，但最常见的软件基线如图9.9所示。

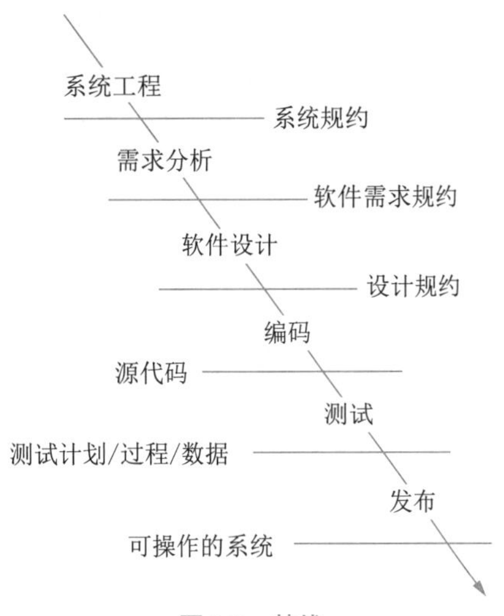

图9.9　基线

2. 软件配置项

软件配置项定义为部分软件过程中创建的信息，在极端情况下，一个软件配置项可被考虑为某个大的规约中的某个单独段落，或在某个大的测试用例集中的某种测试用例。更实际地，一个软件配置项是一个文档、一个全套的测试用例，或一个已命名的程序构件。

以下软件配置项成为配置管理技术的目标并成一组基线。

（1）系统规约。

（2）软件项目计划。

（3）软件需求规约。①图形分析模型；②处理规约；③原型；④数学规约。

（4）初步的用户手册。

（5）设计规约。①数据设计描述；②体系结构设计描述；③模块设计描述；④界面设计描述；⑤对象描述（如果使用面向对象技术）。

（6）源代码清单。

（7）测试规约。①测试计划和过程；②测试用例和结果记录。

（8）操作和安全手册。

（9）可执行程序。①模块的可执行代码；②链接的模块。

（10）数据库描述。①模块和文件结构；②初始内容。

（11）联机用户手册。

（12）维护文档。①软件问题报告；②维护申请；③工程变化命令。

（13）软件工程的标准和规程。

除了上面列出的软件配置项，很多软件工程组织也将软件工具列入配置之中，即特定版本的编辑器、编译器和其他CASE工具被“固定”作为软件配置的一部分。因为这些工具被用于生成文档、源代码和数据，所以当对软件配置进行改变时，必须要用到它们。虽然问题并不多见，但某些工具的新版（如编辑器）可能产生和原版本不同的结果。为此，工具就像它们辅助产生的软件一样，可以被基线化，并作为综合的配置管理过程的一部分。

实现软件配置管理时，把软件配置项组织成配置对象，在项目数据库中用一个单一的名称组织它们。一个配置对象有一个名称和一组属性，并通过某些联系“连接”到其他对象，如图9.10所示。

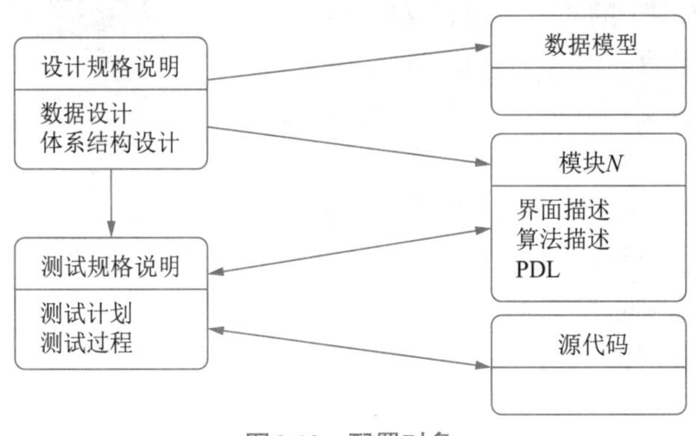

图9.10　配置对象

图9.10中分别对配置对象的“设计规格说明”“数据模型”“模块N”“源代码”“测试规格说明”进行了定义，每个对象与其他对象的联系用箭头表示。这些箭头指明了一种构造关系，即“数据模型”和“模块N”是“设计规格说明”的一部分。双向箭头则表明一种相互关系。如果对“源代码”对象做了一个变更，软件工程师就可以根据这种相互关系确定其他哪些对象可能受到影响。

9.6.3　配置管理的主要活动

软件配置管理除担负控制变化的责任之外，还要担负标识单个的软件配置项和软件的各种版本、审查软件配置（以保证开发得以正常进行）及报告所有加在配置上的变化等任务。

对于软件配置管理需要考虑以下问题。

（1）采用什么方式标识和管理许多已存在的程序的各种版本，使得变化能够有效地实现？

（2）在软件交付用户之前和之后如何控制变化？

（3）谁有权批准和对变化安排优先级？

（4）如何保证变化得以正确地实施？

（5）利用什么办法估计变化可能引起的其他问题？

这些问题归结到软件配置管理的5个任务，即标识配置对象、版本控制、修改控制、配置审计和配置状况报告。

1. 标识配置对象

为了控制和管理的方便，所有软件配置项都应按面向对象的方式命名并组织。此时，对象分为基本对象和组合对象，基本对象指在分析、设计、编码或测试阶段由开发人员创建的某个“单元正文描述”。例如，需求说明书中的某一节，某个模块的源代码，或按等价分类法制定的一套测试用例。组合对象指由若干基本对象和复合对象组合而成的对象，如图9.10中的“设计规格说明”即复合对象，它由“数据模型”和“模块N”等基本对象组合而成。

每个配置对象都拥有名称、描述、资源列表和实际存在体4部分。对象名称一般为字符串；对象描述包括若干数据项，它们指明对象的类型（如是文档、程序还是数据）、所属工程项目的标志及变动和版本的有关信息；资源列表给出该对象的要求、引用、处理和提供的所有实体，如数据类型、特殊函数等，有时变量也被看作资源；只有基本对象才有实际存在体，它是指向该对象“单元正文描述”的一个指针，复合对象此时取null值。

除标识配置对象外，还必须指明对象之间的关系，一个对象可标识为另一复合对象的一部分，即这两个对象之间存在一个<part-of>关系。若干<part-of>关系可定义出对象之间的分层结构。例如：

“E-R图 ×.×”<part-of>“数据模型”

“数据模型”<part-of>“设计规格说明”

可描述由3个对象组成的层次结构。多数情况下，因为一个配置对象可能与其他多个对象有关系，所以软件配置项的分层结构不一定是简单的树状结构，而是更一般的网状结构。

此外，在标识对象时还应考虑对象随着开发过程的深入不断演进的因素。为此，可为每个对象创建如图9.11所示的一个进化图，它概述某对象演化的历史，图中的每个节点都是软件配置项的一个版本。至于开发人员如何寻找与具体的软件配置项版本相协调的所有相关的软件配置项版本，市场部门又怎样得知哪些顾客有哪个版本，以及怎样通过选择合适的软件配置项版本配置出一个特定的软件系统等问题，都需要通过有效的标识和版本控制机制解决。

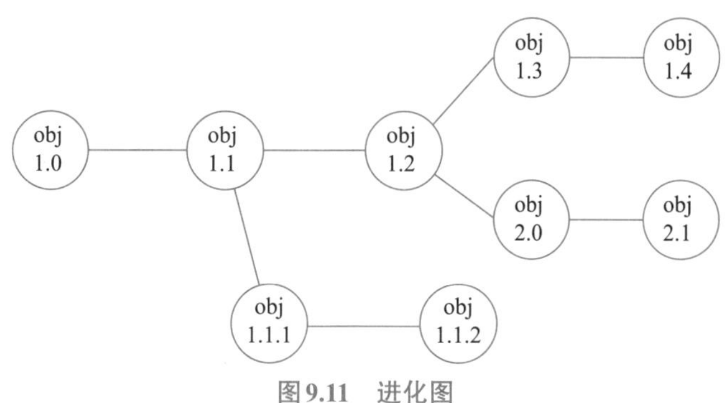

图9.11 进化图

2. 版本控制

在理想情况下，每个配置项只需保存一个版本。实际上，为了纠正和满足不同用户的需求，往往一个项目保存多个版本，并且随着系统开发的展开，版本数目明显增多。配置管理的版本控制主要解决下列问题。

（1）根据不同用户的需要配置不同的系统。

（2）保存系统旧版本，供以后调查问题使用。

（3）建立一个系统新版本，使它包括某些决策而抛弃另一些决策。

（4）支持两位以上的工程师同时在一个项目工作。

（5）高效存储项目的多个版本。

为此，一般版本控制系统都为配置对象的每个版本设置一组属性，这组属性既可以是简单的版本号，也可以是一串复杂的布尔变量，用于说明该版本功能上的变化。上面介绍的进化图也可用于描述一个软件系统的不同版本，此时，图中的每个节点都是软件的一个完整版本。软件的一个版本由所有协调一致的软件配置项组成（包括源代码、文档和数据）。此外，一个版本还允许有多种变形。例如，一个程序的某个版本由A、B、C、D、E 5个部件组成，部件D仅在系统配有彩显时使用，部件E则适用于单显，那么该版本就有两种变形，一种由A、B、C、D 4个部件组成，另一种由A、B、C、E 4个部件组成。

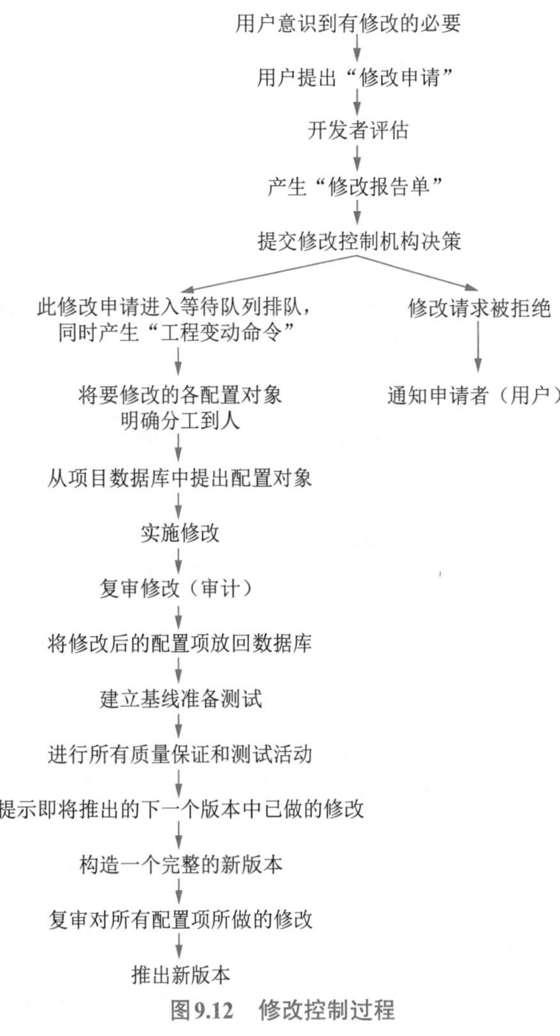

图9.12　修改控制过程

3. 修改控制

在一个大型软件开发过程中无控制地修改会迅速导致混乱。所谓修改控制，即把人的努力与自动工具结合起来建立一套机制，有意识地控制软件修改，其过程如图9.12所示。

4. 配置审计

确认修改是否已正确实施有两种措施，一种是通过正式的技术复审，另一种是通过软件配置审计。

正式的技术复审着重考虑所修改对象在技术上的正确性，复审人员应对该对象是否与其他软件配置项协调及在修改中可能产生的疏忽和副作用进行全面的评估。

软件配置审计作为一种补救措施，主要考虑下列在正式技术复审中未考虑的因素。

（1）工程变动命令（engineering change order，ECO）指出的修改是否都已完成？还另加了哪些修改？

（2）是否做过正式技术复审？

（3）是否严格遵守软件工程标准？

（4）修改过的软件配置项是否做了特别标记？修改的日期和执行修改的人员是否已经注册？该软件配置项的属性能否反映本次修改的结果？

（5）是否完成与本次修改有关的注释、记录和报告等事宜？

（6）所有相关的软件配置项是否已一并修改？

5. 配置状况报告

配置状况报告（configuration status reporting，CSR）作为软件配置管理的一项任务，主要概述下列问题：①发生了什么事情；②谁做的；③何时发生的；④有什么影响。

配置状况报告的时机与图9.12所示的过程紧密相关，当某个软件配置项被赋予新标记或更新标记时，或关键性评估（criticality assessment，CCA）批准一项修改申请（即产生一个工程变动命令）时，或配置审计完成时都将执行一次配置状况报告。配置状况报告的输出可放在联机数据库中，供开发人员随时按关键字查询，这样可以减少大型软件开发项目中由于人员缺乏而造成的盲目行为。

9.7 人力资源管理

9.7.1 软件项目人力资源的特征

项目人力资源管理是指根据项目的目标、项目活动的进展情况和外部环境的变化采取科学的方法对项目团队成员的行为、思想和心理进行有效的管理，充分发挥他们的主观能动性，实现项目的最终目标。

在考虑各种软件开发资源时，人是最重要的资源。在安排开发活动时必须考虑人员的技术水平、专业、人数及在开发过程各阶段中对各种人员的需要。计划人员首先估算范围并选择为完成功能开发工作所需要的技能，还要在组织状况和专业两方面做出安排。软件项目人力资源表现为以下几个特征。

（1）软件是一个劳动密集型和智力密集型产品，所以受人力因素影响极大。

（2）软件项目中的人既是成本又是资本。

（3）软件项目的成功取决于项目成员的结构、责任心和稳定性。

（4）尽量使人力资源投入最少。

（5）尽量发挥资本的价值，使人力资本产出最大。

9.7.2 人力资源管理的主要内容

人力资源管理在各个阶段都不相同。在软件的计划和需求分析阶段，主要工作是管理人员和高级技术人员对软件系统进行定义，初级技术人员参与较少。在对软件进行具体设计、编码及测试时，管理人员逐渐减少对开发工作的参与，高级技术人员主要在设计方面把关，对具体编码及调试参与较少，大量的工作将由初级技术人员去做。到了软件开发的后期，需要对软件进行检验、评价和验收，管理人员和高级技术人员都将投入很多的精力。人力资源管理各个阶段的主要内容如下。

1.启动阶段

（1）确定项目经理。

（2）获取人员，建立一个合适的团队。

2.计划阶段

（1）在项目范围和工作说明中考虑人力资源因素。

（2）在工作分解结构中考虑人力资源因素。

（3）编制项目的人力资源管理计划。

（4）在成本估算中考虑人力资源因素。

（5）在制订项目进度计划中考虑人力因素。

（6）在编制项目预算中考虑人力资源因素。

3.实施阶段

（1）团队建设与沟通。

（2）计划跟踪中的人力资源因素。

（3）质量管理中的人力资源因素。

（4）变更控制中的人力资源因素。

4.收尾阶段

项目总结和考核奖罚。

9.7.3 人员的组织与分工

如何将参加软件项目的人员组织起来发挥他们的最大作用，对于软件项目的开发能够顺利进行是非常重要的。人员组织的安排要针对软件项目的特点来决定，同时要参考每一个参加人员的技术水平。

在软件开发的各个阶段，合理地配备人员是保质、保量完成软件项目的重要保证，因为软件是由人来开发生产的。所谓合理地配备各阶段人员是指按各阶段不同的特征，根据人员自身的素质恰当掌握用人标准，组成项目开发组织。这里介绍一下各种软件开发团队组织的策略。

1.软件团队中的角色

一个富有工作效率的软件项目团队应当包括负责各种业务的人员。每位成员扮演一个或多个角色。例如，可能由一个人专门负责项目管理，其他人则积极地参与系统的设计与实现。常见的一些项目人员承担的岗位有分析师、策划师、数据库管理员、设计师、操作/支持工程师、程序员、项目经理、项目赞助者、质量保证工程师、需求分析师、主题专家（用户）、测试人员。

2.开发人员的组织

项目团队的组织可采用垂直方案、水平方案或是混合方案。按垂直方案组织的团队，其特点是成员由多面手组成，每个成员都充当多重角色。按水平方案组织的团队，其成员由各方面的专家组成，每个成员充当一到两个角色。以混合方案组织的团队既包括多面手，又包括专家。

通常，在进行方案选择时，着重考虑可供选择的人员的素质。如果大多数人员是多面手，则往往需要采用垂直方案。同样，如果大多数人员是专家，则采用水平方案。如果正引入一些新人，即使这些人员都是合同工，仍然需要优先考虑项目和组织。

（1）垂直团队方案。

所谓垂直团队方案，其组织形式是建立软件民主开发小组。这种组织结构是无核心的，每个人都充当开发的多面手。在开发过程中，用例分配给了个人或小组，然后由他们从头至尾实现用例。这一组织形式强调组内成员人人平等，组内问题均由集体讨论决定。

优点：①有利于集思广益，组内成员互相取长补短，开发人员能够掌握更广泛的技能；②以单个用例为基础实现平滑的端到端开发。

缺点：①多面手通常是一些要价很高并且很难找到的顾问；②多面手通常不具备快

速解决具体问题所需的特定技术专长；③主题专家可能不得不和若干开发人员小组一起工作，从而增加了他们的负担；④所有多面手水平各不相同。

方案成功的关键因素：①每个成员都按照一套共同的标准与准则工作；②开发人员之间需要进行良好的沟通，以避免公共功能由不同的组来实现；③公共和达成共识的体系结构需要尽早地在项目中确立。

（2）水平团队方案。

水平团队由专家组成。此类团队同时处理多个用例，每个成员都从事用例中有关其自身的方面。

优点：①能高质量地完成项目各方面（需求、设计等）的工作；②一些外部小组，如用户或操作人员，只需要与了解他们确切要求的一小部分专家进行交互。

缺点：①专家通常无法意识到其他专业的重要性，导致项目的各方面之间缺乏联系；②“后端”人员所需的信息可能无法由“前端”人员来收集；③由于专家的优先权、看法和需求互不相同，因此项目管理更加困难。

方案成功的关键因素：①团队成员之间需要有良好的沟通，这样他们才能彼此了解各自的职责；②需要制定专家必须遵循的工作流程和质量标准，从而提高移交给其他专家的效率。

一种较为极端的水平团队的组织形式是所谓的基于“主程序员”的开发方式。这种组织方式往往是在开发小组有且仅有一个技术核心，且其技术水平和管理水平较他人明显高出一大截的情况下实施的。这个核心就是主程序员。在这种组织方式中，主程序员负责规划、协调和审查小组的全部技术活动；其他人员，包括程序员、后备工程师等，都是主程序员的助手。其中，程序员负责软件的分析和开发；后备工程师的作用相当于副主程序员，其在必要时能代替主程序员领导小组的工作并保持工作的连续性。同时，还可以根据任务需要配备有关专业人员，如数据库设计人员、远程通信和协调人员，以提高工作效率。这一方式的成败主要取决于主程序员的技术和管理水平。

（3）混合团队方案。

混合团队由专家和多面手共同组成。多面手继续操作一个用例的整个开发过程，支持多个用例中各部分的专家一起工作。

优点：①外部小组只需要与一小部分专家进行交互；②专家可集中精力从事他们所擅长的工作；③各个用例的实现都保持一致。

缺点：①拥有前两种方案的缺点；②多面手仍然很难找到；③专家仍然不能认识到其他专家的工作的重要性并且无法很好地协作，尽管这应该由多面手来调节；④项目管理仍然很困难。

方案成功的关键因素：①项目团队成员需要进行良好的沟通；②需要确定公共体系结构；③必须适当地定义公共流程、标准和准则。

此外，多数项目成功只意味着项目按时完成、费用在预算内及满足用户的需要。但是，在如今得到好的软件专业人员较为困难的情况下，必须要将项目成功的定义扩展为包括项目团队的士气。一个软件项目开发完成后，开发组内的优秀的开发人员能够感到满意，并继续参加项目的工作，是一个项目管理成功的极为重要的条件。如果一个软件项目虽然顺利完成，但却因为待遇的不公而使组织失去了重要的开发人员，这就是所谓的“杀鸡取卵”。衡量项目成功与否的一个重要因素是项目结束后团队的士气。在项目结束之际，项目团队的各个成员是否觉得他们从自己的经历中学到了一些知识，是否喜欢这次项目工作，以及是否希望参与组织的下一个项目都是非常重要的指标。

3.服务保障人员配备

软件项目或软件开发小组可以配备若干秘书、软件工具员、测试员、编辑和律师等服务保障人员。其主要职责如下。

（1）负责维护和管理软件配置中的文档、源代码、数据及所依附的各种磁介质。

（2）规范并收集软件开发过程中的数据；规范并收集可重用软件，对它们分类并提供检索机制。

（3）协助软件开发小组准备文档，对项目中的各种参数（如代码行、成本、工作进度等）进行估算。

（4）参与小组的管理、协调和软件配置的评估。

大型软件项目需配备一个或几个管理人员，专门负责软件项目的程序、文档和数据的各种版本控制，保证软件系统的一致性与完整性。

4.各阶段人员需求

软件项目的开发实践表明，软件开发各个阶段所需要的技术人员类型、层次和数量是不同的。

（1）软件项目的计划与分析阶段。此时只需要少数人，主要是系统分析员、从事软件系统论证和概要设计的软件高级工程师和项目高级管理人员。

（2）项目概要设计。此时要增加一部分高级程序员。

（3）详细设计。此时要增加软件工程师和程序员。

（4）编码和测试阶段。此时要增加程序员、软件测试员。

可以看出，在上述过程中软件开发管理人员和各类专门人员逐渐增加，直到测试阶段结束时，软件项目开发人员的数量达到最多。

在软件运行初期，参加软件维护的人员比较多，过早解散软件开发人员会给软件维护带来意想不到的困难。软件运行一段时间以后，由于软件开发人员参与纠错性维护，软件出错率会很快降低，这时软件开发人员就可以逐步撤出。如果系统不做适应性或完善性维护，需要留守的维护人员就不多了。

由此可见，在软件开发过程中，人员的选择、分配和组织是涉及软件开发效率、软件开发进度、软件开发过程管理和软件产品质量的重大问题，必须引起项目负责人的高度重视。

9.8 沟通管理

1.沟通的定义

沟通是用各种可能的方式传递信息、情感及思想的过程。沟通的形式可以是正式的，也可以是非正式的，包括书面沟通、口头沟通以及手势动作沟通等各种形式。项目经理经常与组织内部的项目团队成员、外部的客户以及其他项目关系人沟通，由于所需沟通人员所处环境背景、知识水平各不相同，无效的沟通可能会对需求进行错误解读，进而使得开发成员做了很多无效工作，最终造成项目进度延后等后果，反之，有效的沟通能在他们之间架起一座桥梁，极大地提升项目工作效率。

2. 沟通技巧

有效的沟通能给他人带来好感。在沟通过程中，发自内心的微笑、神情反馈等都能活跃沟通氛围，带给对方好感，因此在沟通过程中需要善用沟通技巧。通常来说，有效的沟通要明确沟通目的，由于沟通双方可能存在个人及文化差异，因此需尽量了解沟通的接收方，满足其需求。最后在沟通的整个过程监督并度量沟通的效果。由于成员之间开展沟通的活动是多样性的，因此项目经理可采取一定的沟通技巧来提升沟通效率，常用的沟通技巧包括如下方面。

（1）使用书面沟通时遵循5C原则，包括使用正确的语法和拼写、内容具有清晰性、内容表述简练、内容思维连贯以及善用连接和控制语句。

（2）积极倾听。与对方保持积极互动，并及时进行信息反馈，保证信息的有效交换。

（3）理解个人和文化差异。提高团队成员对人员差异的认知，避免沟通误解降低沟通效率，并提升项目组成员的沟通能力。

（4）面带笑容，语气温和。

3. 沟通方法

项目组成员分享信息常用的沟通方式主要包括互动沟通、推式沟通以及拉式沟通。

（1）互动沟通。软件开发项目组成员之间进行实时沟通，如举行项目组会议，开发人员之间进行电话沟通等。

（2）推式沟通。向信息接收方传送特定的信息。使用该种方式虽然能保证信息已经发送，但无法确保接收方已经收到此消息，如发送电子邮件。

（3）拉式沟通。适用于存在大量复杂信息以及信息受众多的情况，接收方自行访问相关内容，如电子在线课程。

章节习题

1. 软件项目管理有哪些特点？（关联知识点9.1节）

2. 软件项目管理的功能是什么？（关联知识点9.1节）

3. 在确定了软件的工作范围后，为什么还要确定软件开发所需要的人力资源、硬件资源和软件资源？它们对软件开发有什么影响？（关联知识点9.7节）

4. 成本估算的方法有哪几种？（关联知识点9.5.2节）

5. 什么是IBM和COCOMO成本估算模型？它们之间有什么不同？（关联知识点9.5.3节）

6. 软件配置管理的作用是什么？（关联知识点9.6节）

7. 基线在软件配置管理中有什么作用？（关联知识点9.6.2节）

第 10 章

大学生在线学习系统案例

本章主要以大学生在线学习系统为案例，展示本书讲述的可行性分析、需求分析、概要设计、详细设计、编码规范说明、软件测试、软件维护等理论如何在实际的软件项目中实践并形成软件生存周期中每个阶段所需的文档说明书。

本章知识图谱如图10.1所示。

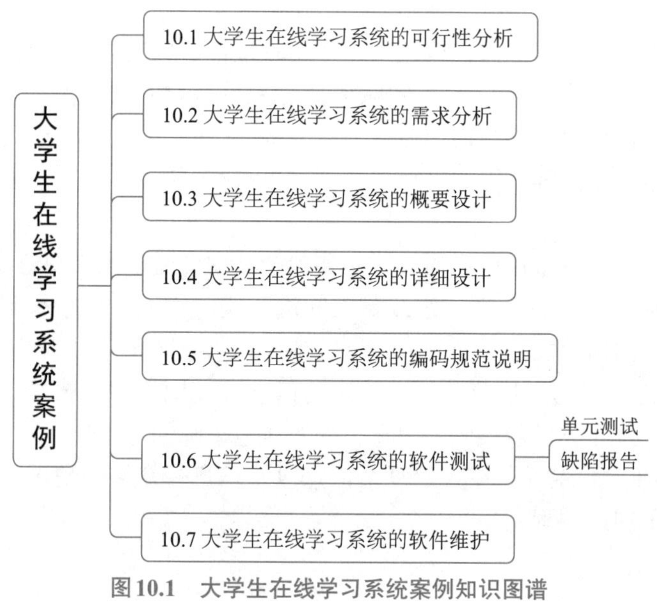

图10.1　大学生在线学习系统案例知识图谱

10.1　大学生在线学习系统的可行性分析

本章通过软件开发中的问题定义、遵循可行性研究的正确过程、利用合理的可行性研究工具和方法等，对大学生在线学习系统进行可行性分析，并撰写可行性分析报告。大学生在线学习系统可行性分析报告如下：

大学生在线学习系统可行性分析（研究）报告（摘录）

1. 引言

1.1　编写目的

随着互联网网络技术的日趋成熟，简单低成本化的在线学习方式已逐步流行，无须任课教师辅助，即可完成在线培训学习，对于学员而言，通过计算机或手机即可远程在线学习，弥补了缺课的不利影响，确保了学习质量。有一定挑战性的教学目标是专业课程平台建设的又一个关键点，系统平台通过把每个课程科学地分为若干小段，增加每段之间的教学的变化性和节奏感来提高学生注意力，进而提高学生专业学习能力。

系统可行性分析通过从技术、经济、社会等方面进行分析和研究，以避免投资失误，保证新系统的开发成功，其目标是用最小的代价在尽可能短的时间内确定问题能否解决。

1.2 项目背景

（1）系统名称：大学生在线学习系统。

（2）缩略词：i-growthing 学习平台。

（3）版本号：V1.0。

（4）系统开发的组织单位：××软件公司。

（5）项目任务提出者：××软件公司。

（6）项目开发者：××软件公司i-growthing项目组。

1.3 项目概述

本系统适用于线上线下教学相结合的教学场景，辅助教师和学生完成在线学习过程。任课教师可对学生的学习情况进行管理并依据其学习反馈对教学内容进行调整。系统用户主要面向四类角色，分别是系统管理员、院系管理员、任课教师以及学生。系统主要实现以下功能：在线授课、在线学习、在线考试、在线练习、成绩分析管理以及学生画像分析等。系统管理员可以对用户和系统的全部数据进行统一管理，具有明确的权限划分能力。学生可在系统中使用在线学习、在线考试、在线练习三大核心功能。在学生专业学习的过程中，系统可通过对学生学习数据的统计、处理、分析来生成学生画像，并通过学生画像分析，辅助学生进行后续学习决策以及学习优化。系统可辅助任课教师开展个性化教学工作；辅助院系管理员评估学生在专业学习方面的优劣，以及时调整课程设置、师资配置、教学环节设置等。

结合系统的开发内容，系统应在设计过程中保证高内聚、低耦合，使服务内部所实现的功能与结构保持高度逻辑相关性的同时，保证接口传输参数与内容的可扩展性以及服务间的相互独立性。系统在实现时应使用前后分离技术进行系统建设，使业务流程与业务组件分离、应用与展现分离。

1.4 参考文档

大学生在线学习系统计划任务书

《信息技术　软件工程术语》（GB/T 11457—2006）

《信息处理　数据流程图、程序流程图、系统流程图、程序网络图和系统资源图的文件编制符号及约定》（GB/T 1526—1989）

《信息处理系统　计算机系统配置图符号及约定》（GB/T 14085—1993）

《信息技术　软件维护》（GB/T 20157—2006）

《信息安全技术　信息系统通用安全技术要求》（GB/T 20271—2006）

2. 可行性分析的前提

2.1 项目的要求

2.1.1 主要功能

大学生在线学习系统后台开发建设主要实现以下七大功能：信息维护管理、权限管理、课程管理、在线考试、考试管理、成绩管理与统计以及学生画像管理。

2.1.2 性能要求

性能要求如表10.1所示。

表10.1 大学生在线学习系统性能要求

大学生在线学习系统性能要求
支持7×24 h的连续运行
平均年故障时间小于1 d
平均故障修复时间小于60 min
保证系统的吞吐量大于1500 r/s
在高访问的系统部分体现高I/O的设计理念
整个系统负载均衡，避免出现瓶颈
支持每秒5000条数据的处理
支持同时调度50个以上任务模型
满足最高800个并发用户，最少600个并发用户，正常400个并发用户的性能要求，根据实际使用情况，按照需要逐渐扩容
平均业务响应时间不超过1.5 s
支持集群处理
支持缓存优化

2.1.3 安全与保密要求

服务器的管理员享有对大学生在线学习系统课程信息、学习数据、人才画像、在线商城、用户权限的管理与修改权限，教学管理员只能对自己创建的课程资源等信息进行部分修改，所有的操作权限采用基于角色的访问控制策略，即根据用户的角色和资源实现访问控制，用户认证使用Spring Security实现。

MySQL在安全方面能够达到B1级安全标准，实现了安全可靠的用户管理、数据及数据库对象管理、网络安全管理和灵活的审计功能，支持跨库便携式接入。

2.1.4 完成期限

项目开发周期为6个月，即截止时间为××××年××月××日。

2.2 项目的目标

系统实现后，将专业课程线上学习与线下课堂教学相融合，丰富了教学形式，学生也获得了更好的批判性思维能力和分析评论技能。随着线上学习的不断深入，系统可形成学生的人才画像，使任课教师对学生有很好的了解。在学习过程中，学生对学习目标的设定、学习内容和学习方法的选择等能够体现个体的优势和特点，同时学生能够积极主动地进行学习，在学习过程中充分发挥自我学习的能力。

2.3 条件、假定和限制

（1）建议使用寿命：本系统安装之后可长期使用。

（2）经费来源：××大学。

（3）硬件条件。

云基础服务器4vCPU/16GB内存/20GB存储。

数据库1（RDS主机）4vCPU/16GB内存。

数据库1RDS存储，240GB。

云对象服务存储NOS，10TB。

（4）运行环境。

Java开发环境为JDK 1.8及以上版本，数据库采用MySQL 8.0，服务器采用Tomcat 8.0及以上版本；运行环境为Linux等常见操作系统，浏览器可使用IE等常见浏览器。

（5）投入运行最迟时间：××××年××月××日。

（6）现有系统存在的问题。

大学生在线学习系统主要分为三个建设周期。第一个周期专注学生专业建设，目前已经完成对系统的初步开发，完成了课程学习、在线考试、学生数据分析等功能的建设，后期将围绕工程教育理念为学生进行专业的职业规划以及学习方向的制定，使学生依托专业课程学习平台进行自我能力的提升。

3. 可选择的系统方案

可选择的系统方案1：基于目前流行的开源框架进行项目二次开发。

优势：

（1）项目前期开发难度较小，维护成本较低。

（2）项目开发周期较短。

缺点：

（1）增加系统升级难度。

（2）降低系统稳定性。

（3）增加项目的开发成本，后期维护成本较高。

（4）无法准确满足用户的需求，需求吻合度较低。

可选择的系统方案2：依据客户需求进行项目搭建，以及功能实现。

优势：

（1）项目基于用户需求进行定制化开发，需求满足度较高。

（2）项目前期开发周期以及开发成本较可控。

（3）后期维护成本较低。

（4）系统稳定性较好。

（5）系统升级难度较小。

缺点：

项目开发周期较长，前期资金投入较大。

4. 经济可行性

4.1 支出

（1）基础投资：

基础投资如表10.2所示。

表 10.2　大学生在线学习系统基础投资

序　　号	硬件名称	规格型号	配　　置	费　　用
1	应用1（云主机）	云基础服务器	4vCPU/16GB内存/20GB存储	18 000
2	数据库1（RDS主机）	云数据库RDS	4vCPU/16GB内存	3000
3	数据库1RDS存储	云硬盘	240GB	1000
4	公网带宽	云弹性公网IP	按流量计费0.79元/GB，预充方式	0
5	CDN	云CDN	0.23元/GB，预充方式	0
6	负载均衡	云负载均衡	按流量计费0.79元/GB，预充方式	0

基础投资金额共计：2.2万元/年。

（2）其他一次性投资：

操作员培训费：0.5万元；咨询费：1万元。

其他一次性投资共计：1.5万元。

（3）经常性投资：

人工费用：（6月）×（8人）×（1.2万元）= 57.6万元。

其他不可知额外支出：3万元。

共计：60.6万元。

支出总计：64.3万元。

4.2　效益

一次性收益：94万元，项目后期可进行二次销售，每销售一所学校费用收益65万元。

经常性收益：项目维护费用为系统价格的15%，每年维护费用为14.1万元。

不可定量收益：系统新功能开发，二次升级费用。

收益共计：108.1万元。

4.3　收益 / 投资比

收益/投资比 = 收益/支出 ×100%=108.1/64.3×100%=168.1%。

4.4　投资回收周期

项目在预期时间内完成，交付甲方使用，投资回收周期约为1年。

5. 技术可行性

5.1　业务应用服务器

业务应用服务器需要接收客户端的请求并进行业务逻辑的处理，因此该应用服务器的备份需要同时考虑远程客户端的接入切换与后台服务器的应用接管，提供资源库的备份机制，支持备份/恢复、数据导入/导出。在大学生在线学习系统项目的各子系统中，主要考虑以下在线业务的应用备份策略：IP映射技术，通过主机cluster集群软件进行；动态域名解析，利用应用服务器基础件本身的功能。

5.2　Web应用服务器

Web应用服务器的备份实现与业务应用服务器的备份实现具有较多的类似可参考之处。针对Web应用及相关J2EE平台的特点，可以考虑充分利用绝大部分J2EE应用服务器具有的软集群功能。同时在Web应用服务器前侧增加专用的HTTP接入proxy server来实现后端企业应用间的负载分担与灾难备份，在发生故障时，由HTTP proxy server负责将请求转发到备份Web应用服务器。

5.3 数据库服务器

运用数据库服务器在主从服务器间实现同步，即只把数据写到主服务器，而读数据时则根据负载选择一台从服务器或者主服务器来读取。可将数据按不同策略划分到不同的服务器（组）上，减轻数据库压力。

5.4 缓存

运用缓存能有效应对大负载，减轻数据库的压力，并显著提高多层应用程序的性能。

5.5 独立的图片服务器

对Web应用服务器来说，不管是Apache、IIS还是其他容器，图片是最消耗资源的，将图片与页面进行分离，分别存放在图片服务器和应用服务器上，可以进行不同的配置优化，保证更高的系统消耗和执行效率。

6. 社会因素方面的可行性

6.1 法律可行性

（1）系统中使用的软件、技术都选用正版及开源项目。

（2）所有技术资料都由提供方保管。

（3）合同制定确定违约责任。

6.2 用户使用可行性

本系统的使用对象是与教学相关的工作人员以及学生，他们掌握一般计算机的基本操作就可以利用该系统进行相关操作。

7. 其他与项目有关的问题

本项目采用客户/服务器原理，客户端程序是建立在Windows NT系统上以J2EE为开发软件的应用程序，服务器端采用以Linux为操作系统的工作站，以及以MySQL为开发软件的数据库服务程序。

8. 结论

由于收益/投资比远大于100%，在技术、经济、操作方面都有可行性，因此本项目可以进行开发。

10.2 大学生在线学习系统的需求分析

本节以大学生在线学习系统的需求分析为例展示本书第3章需求分析的过程与方法在实际项目中的应用。需求规格说明书中1.2项目范围涉及本书理论部分3.3节需求获取的方法中的背景资料调查、文档检查、用例和场景等知识点；3.1节对功能的规定涉及本书理论部分3.4节需求分析的方法中的结构化分析方法中的数据流图、数据字典等知识点；3.2节对性能的规定、3.4节故障处理要求、3.5节保密性要求、3.6节其他要求和4运行环

分析相关案例

境规定，涉及本书理论部分3.1节需求分析的任务中的确定对系统的综合要求等知识点；3.3节数据管理能力要求涉及本书理论部分3.1节需求分析的任务中的分析系统的数据要求等知识点；3.6节其他要求的技术标准和要求涉及本书理论部分3.3节需求获取的方法中的背景资料阅读、文档检查等知识点；3.6节其他要求的设计要求中的整体性、标准化、高可靠性、先进性、易维护性、安全性等涉及本书理论部分4.3节概要设计基本原理及5.6节详细设计的原则等知识点。大学生在线学习系统需求规格说明书的具体形式如下：

用例建模案例

面向对象案例初始分析设计

大学生在线学习系统需求规格说明书（摘录）

1. 引言

高等教育在我国发生了天翻地覆的变化，实现“以学生为中心”的理念转型是本科教学改革的主旨。从“以教为中心”转向“以学为中心”，对于高等教育而言不仅迫切而且意义重大。

随着互联网技术的飞速发展，各种信息化技术融入了人们的生活之中，发挥了不可替代的作用。其中，各种信息化技术在教育教学方面的应用尤为广泛。教育部在《教育信息化2.0行动计划》（教技〔2018〕6号）中强调教育信息化建设的重要性，在智慧教育普及的背景之下，传统的线下教学已无法满足学生的学习要求，使得在线学习发展迅猛。大学生在线学习系统打造混合式教学的教学模式，其核心是实现线上、线下教学有效对接与融合，打破时空限制，达到对传统教学的改造与提升，从而大幅提升教学质量，最终打造并建设具有高阶性、挑战性和创新性目标的有效教育模式。

1.1 编写目的

系统需求规格说明书的编写目的在于明确用户和软件开发人员达成的技术协议，为设计工作提供基础和依据，并在系统开发完成以后，为产品的验收提供验收标准。

本需求规格说明书对大学生在线学习系统1.0版本的接口规范、功能性需求及非功能性需求进行分析、定义，以此规范项目的开发过程。本需求规格说明书的预期读者是与大学生在线学习系统开发相关的决策人、开发组人员、辅助开发者、使用本系统的具体用户和系统体验者。

1.2 项目范围

项目名称：大学生在线学习系统。

项目开发者：大学生在线学习系统开发小组、测试小组、UI设计小组、产品部门。

项目用户：大学生、社会专业技术学习者、院系管理员、任课教师。

本系统由系统管理员进行数据维护，主要包括信息维护系统、用户权限管理系统、课程资源管理系统、在线考试系统、在线学习系统、成绩分析管理系统以及学生画像分析等子系统的建立及使用。任课教师对课程进行维护，将课程内容发布到平台。学生通过学习客户端完成对应课程的学习、考试、测验，并在个人中心维护课程学习资料。

1.3 参考文档

《计算机软件需求规格说明规范》（GB/T 9385—2008）

《信息技术　开放系统互连　网络层安全协议》（GB/T 17963—2000）

《软件工程术语》(GB/T 11457—1995)

《信息技术　软件工程术语》(GB/T 11457—2006)

《计算机软件开发规范》(GB 8566—1988)

《信息处理　数据流程图、程序流程图、系统流程图、程序网络图和系统资源图的文件编制符号及约定》(GB/T 1526—1989)

《信息处理系统　计算机系统配置图符号及约定》(GB/T 14085—1993)

《信息技术　软件维护》(GB/T 20157—2006)

《信息技术　软件生存周期过程》(GB/T 8566—2001)

《软件支持环境》(GB/T 15853—1995)

《软件维护指南》(GB/T 14079—1993)

《计算机过程控制软件开发规程》(SJ/T 10367—1993)

《信息技术　软件包　质量要求和测试》(GB/T 17544—1998)

《计算机软件测试规范》(GB/T 15532—2008)

2. 任务概述

2.1　产品概述

本系统适用于线上线下教学相结合的教学场景，辅助教师和学生完成在线学习过程。任课教师可对学生的学习情况进行管理并依据其学习反馈对教学内容进行调整。系统用户主要面向四类角色，分别是系统管理员、院系管理员、任课教师以及学生。系统主要实现以下功能：在线授课、在线学习、在线考试、在线练习、成绩分析管理以及学生画像分析等。系统管理员可以对用户和系统的全部数据进行统一管理，具有明确的权限划分能力。学生可在系统中使用在线学习、在线考试、在线练习三大核心功能。在学生专业学习的过程中，系统可通过对学生学习数据的统计、处理、分析来生成学生画像，并通过学生画像分析，辅助学生进行后续学习决策以及学习优化。系统可辅助任课教师开展个性化教学工作；辅助院系管理员评估学生在专业学习方面的优劣，以及时调整课程设置、师资配置、教学环节设置等。

结合系统的开发内容，系统应在设计过程中保证高内聚、低耦合，使服务内部所实现的功能与结构保持高度逻辑相关性的同时，保证接口传输参数与内容的可扩展性以及服务间的相互独立性。系统在实现时应使用前后分离技术进行系统建设，使业务流程与业务组件分离、应用与展现分离。

2.2　用户特点

本系统的使用对象是与教学相关的工作人员以及学生，他们掌握一般计算机的基本操作就可以利用该系统进行相关操作。

2.3　条件和约束

(1)项目的开发经费不超过94万元。

(2)项目的开发时间不超过6个月。

(3)系统搭建时使用JDK 1.8及以上版本，数据库采用MySQL 8.0，服务器采用Tomcat 8.0及以上版本。

2.4 预计不良后果

假设开发经费不到位，管理不完善，数据处理不规范，各部门需求分析调查不细致，本项目的开发会受到很大影响。对系统进行的任何配置、数据改动及其他可能对系统和业务造成不良影响的操作，必须经用户确认后方可进行。

3. 需求规定

3.1 对功能的规定

通过前期的需求调研和分析汇总，本系统开发建设需要满足以下三方面的功能使用要求。

（1）后台的系统管理员能够对用户和系统的全部数据进行统一管理，具有明确的权限划分能力。

（2）实现学生在系统中使用在线学习、在线考试、在线练习三大核心功能，利用学生的学习成绩、教师评价等学习过程记录以及专业能力等信息进行学生画像分析。

（3）实现课程建设者（包括“任课教师”和“院系管理员”）对系统课程资源进行管理、维护等的功能。

随着需求的不断完善，通过分析汇总，大学生在线学习系统后台开发建设主要实现以下七大功能：信息维护管理、权限管理、课程管理、在线学习、考试管理、成绩管理与统计以及学生画像管理。大学生在线学习系统的0层数据流图如图10.2所示。

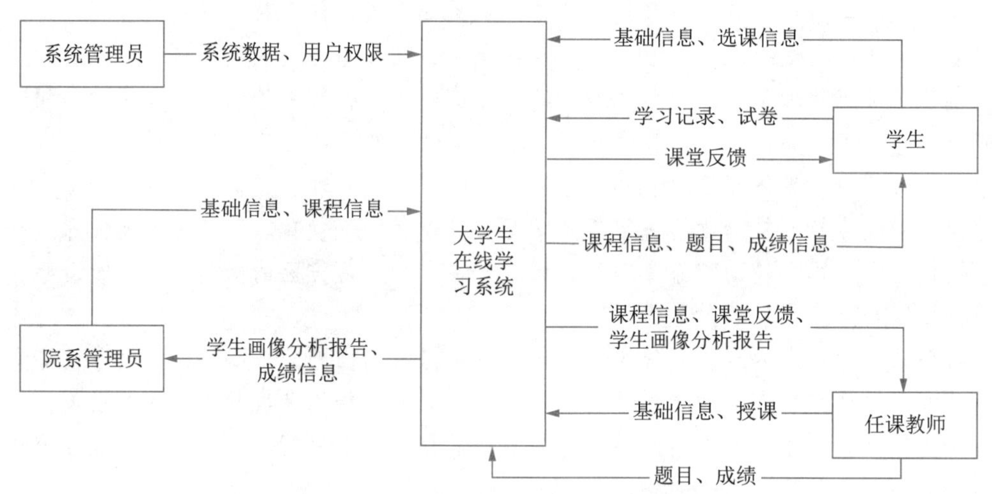

图10.2　大学生在线学习系统的0层数据流图

通过再次检查系统的边界，现对系统内部的数据流、加工和文件进行补充，依据0层数据流图画出1层数据流图，如图10.3所示。

下面对各功能模块进行详细功能阐述并根据需要进一步细化数据流图。

（1）信息维护管理：系统管理员能够对用户和系统的全部数据进行统一管理及维护，对学生、教师、院系管理员的基础信息进行汇总录入，具有明确的权限划分能力。

（2）权限管理：用户提供学号/工号、姓名等基础身份信息进行注册，用户角色不同所能获取系统的功能权限不同。权限管理功能1级数据流图如图10.4所示。

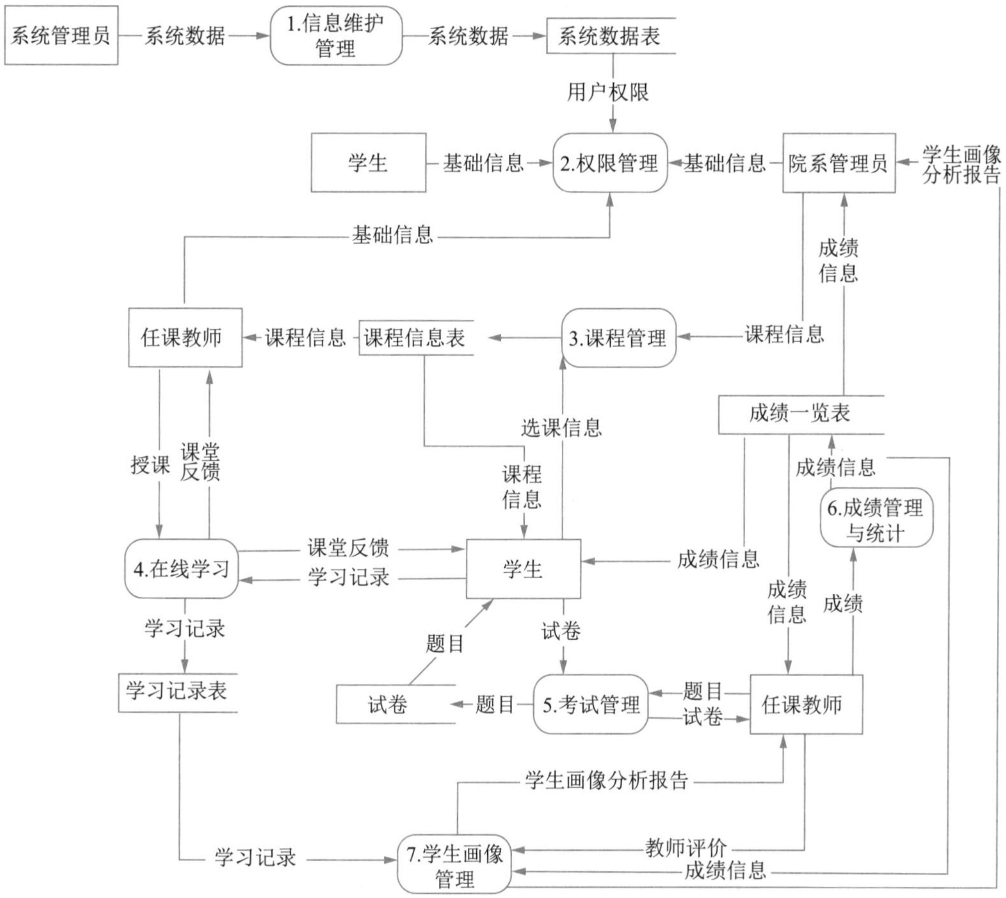

图10.3　大学生在线学习系统的1层数据流图

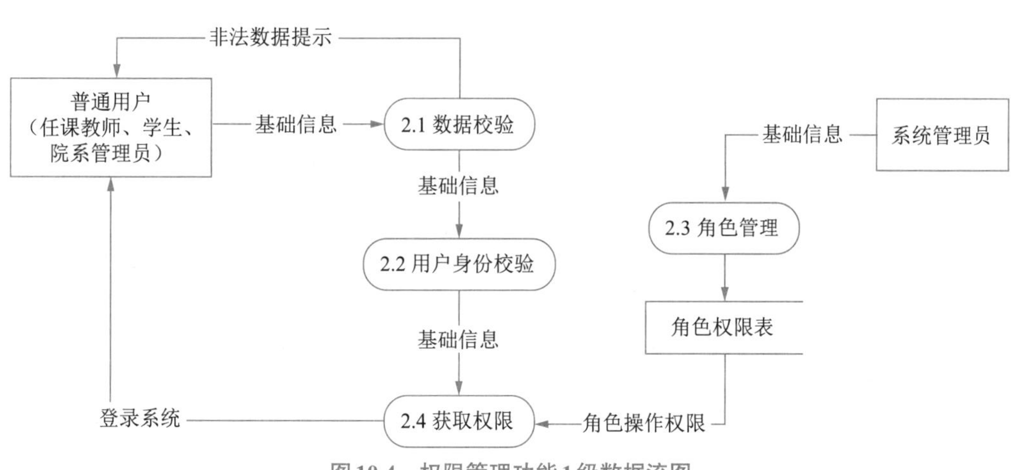

图10.4　权限管理功能1级数据流图

（3）课程管理：课程的有效管理是成功使用系统的关键，其主要包括课程信息管理、选课管理、排课管理及课程变更管理。院系管理员导入学生信息、教师信息及课程安排，并对课程涉及资源进行统一管理。学生选课后，系统根据课程安排及选课信息制订好计划，并将课程表反馈给任课教师及选课学生。课程管理功能数据流图如图10.5所示。

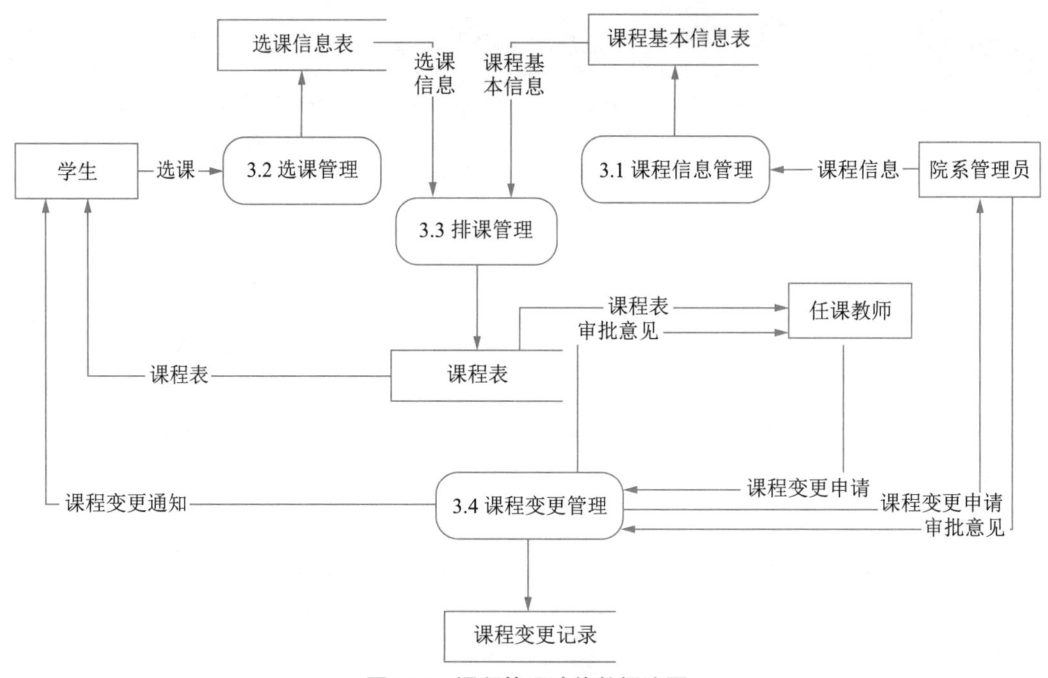

图10.5　课程管理功能数据流图

课程表数据字典定义如图10.6所示。

名字：课程表
别名：Course Schedule
描述：用于记录课程基本信息、教师姓名以及上课时间等
定义：课程表 = 课程编号 + 课程名称 + 课程时间 + 教师姓名

名字：课程编号
别名：Course Code
描述：唯一的课程的关键域
定义：课程编号=1{数字}11

名字：课程名称
别名：Course Name
描述：唯一的课程的课程名称
定义：课程名称=1{字符}255

名字：课程时间
别名：Course Time
描述：课程授课时间
定义：课程时间=教学周数+星期+课节

名字：教师姓名
别名：Teacher Name
描述：任课教师姓名
定义：课程名称=1{字符}255

图10.6　课程表数据字典定义

进行课程管理的前提是课程的合理安排，排课功能活动图如图10.7所示。

（4）在线学习：在线学习为大学生在线学习系统核心业务，学生根据课程安排进行在线学习，主要包含5部分，分别为签到管理、课堂内容、课堂互动、作业管理及题库管理。在线学习功能数据流图如图10.8所示。

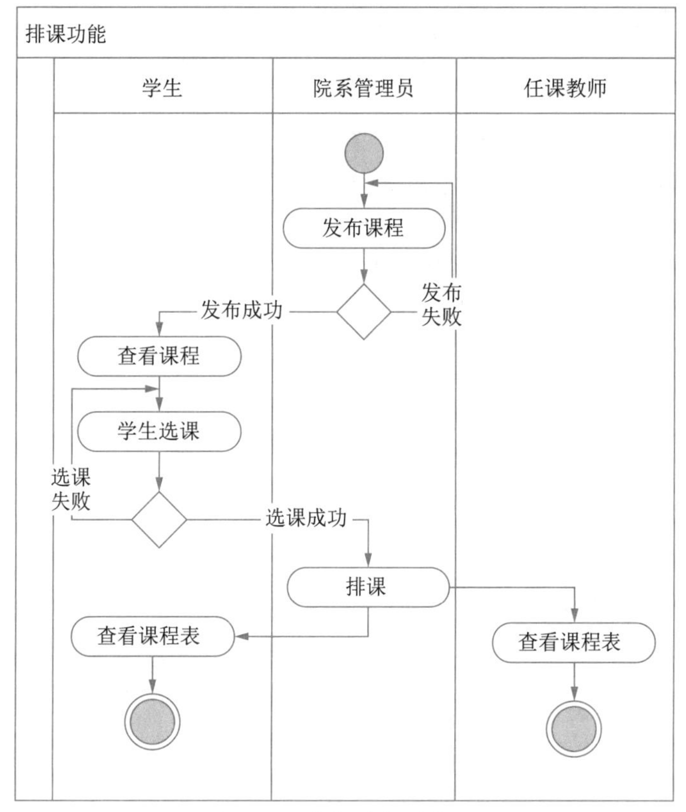

图 10.7 排课功能活动图

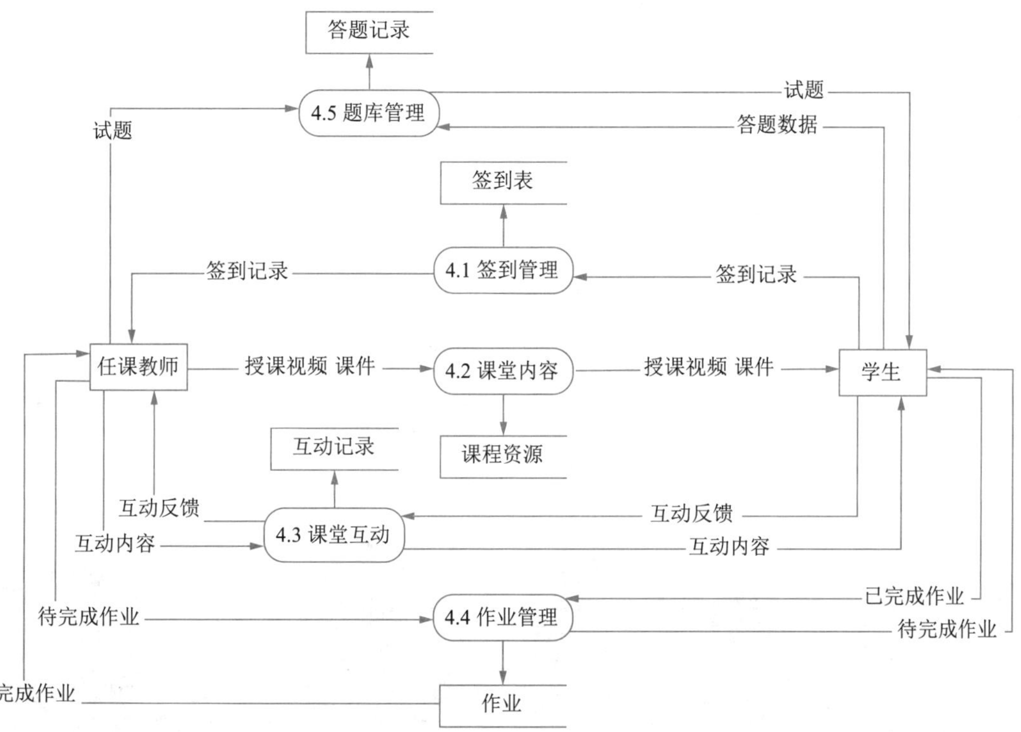

图 10.8 在线学习功能数据流图

学生在线学习功能活动图如图10.9所示。

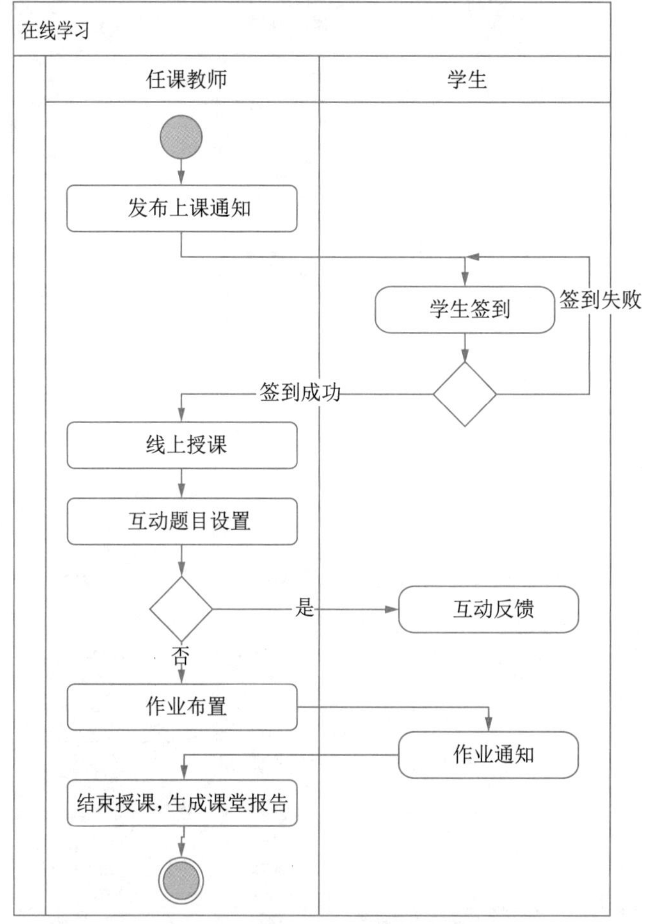

图10.9　学生在线学习功能活动图

（5）考试管理：线上考试为线上教学效果验收的有效途径，课程结束后，教师负责新建试卷，学生在线考试后由任课教师负责批阅并录入期末成绩。其主要包括试题库管理、组卷管理、考试监控管理、评分管理等功能。考试管理功能数据流图如图10.10所示。

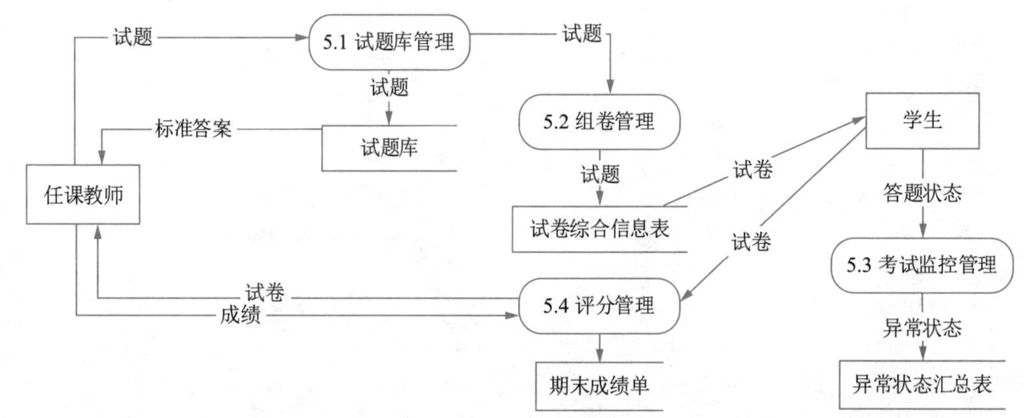

图10.10　考试管理功能数据流图

试卷综合信息表数据字典定义如图10.11所示。

名字：试卷综合信息表
别名：试卷综合状态表
描述：用于记录试卷信息和描述试卷的当前状态
定义：考试信息表 = 试卷id + 试卷标题 + 试卷状态 + 试卷描述 + 考试时长 + 试卷发布状态

名字：试卷id
别名：exam_id
描述：唯一地标识试卷清单中特定试卷的关键域
定义：试卷编号 = 1{数字}10

名字：试卷标题
别名：exam_title
描述：用于标识试卷的名称
定义：试卷标题 = 1{字符}255

名字：试卷状态
别名：exam_status
描述：用户标识试卷状态
定义：试卷状态 = 1 .. 9

名字：试卷描述
别名：exam_desc
描述：用于标识试卷介绍
定义：试卷描述 = 1{字符}9999

名字：考试时长
别名：exam_time
描述：用户解答试卷的最长时间
定义：答题时间 = 1{数字}10

名字：试卷发布状态
别名：exam_open_status
描述：用于标识试卷是否已发布
定义：试卷发布状态 = 1 .. 2

图10.11 试卷综合信息表数据字典定义

考试管理是大学生在线学习系统的关键业务，是对学生阶段性学习效果验收的有效方式。其中考试的成功发布至关重要，发布考试功能活动图如图10.12所示。

（6）成绩管理与统计：学生成绩是专业学习内容考核结果的重要依据，主要用于形成各门课程期末成绩单（期末成绩由考试成绩与平时成绩两部分构成）。应将成绩单反馈至学生、教师及院系管理员。随后进行课程数据分析统计导出对应的学情分析报告（包括学习记录、学习掌握情况曲线图、能力分布雷达图等），并将结果反馈给任课教师及院系管理员。成绩管理与统计功能数据流图如图10.13所示。

（7）学生画像管理：此功能为系统特色功能，主要包含两部分，分别为学生画像预测以及学生画像分析。应用大数据技术对学生的专业技能、学习数据等学习记录以及教师评价等信息进行处理以实现学生画像预测，为学生后续的学习提供参考依据。通过对学生画像的分析，可以多角度、全方位地描述学生的学习特征，使得教学管理者能够对学生整体水平有深入的了解，并结合就业市场需求以及发展趋势，及时调整培养目标。利用该技术，院系管理员能够清晰评估学生在专业学习方面的优劣，及时调整课程设置、师资配置、教学环节设置等。任课教师可根据学生画像开展个性化教学工作。学生画像管理功能数据流图如图10.14所示。

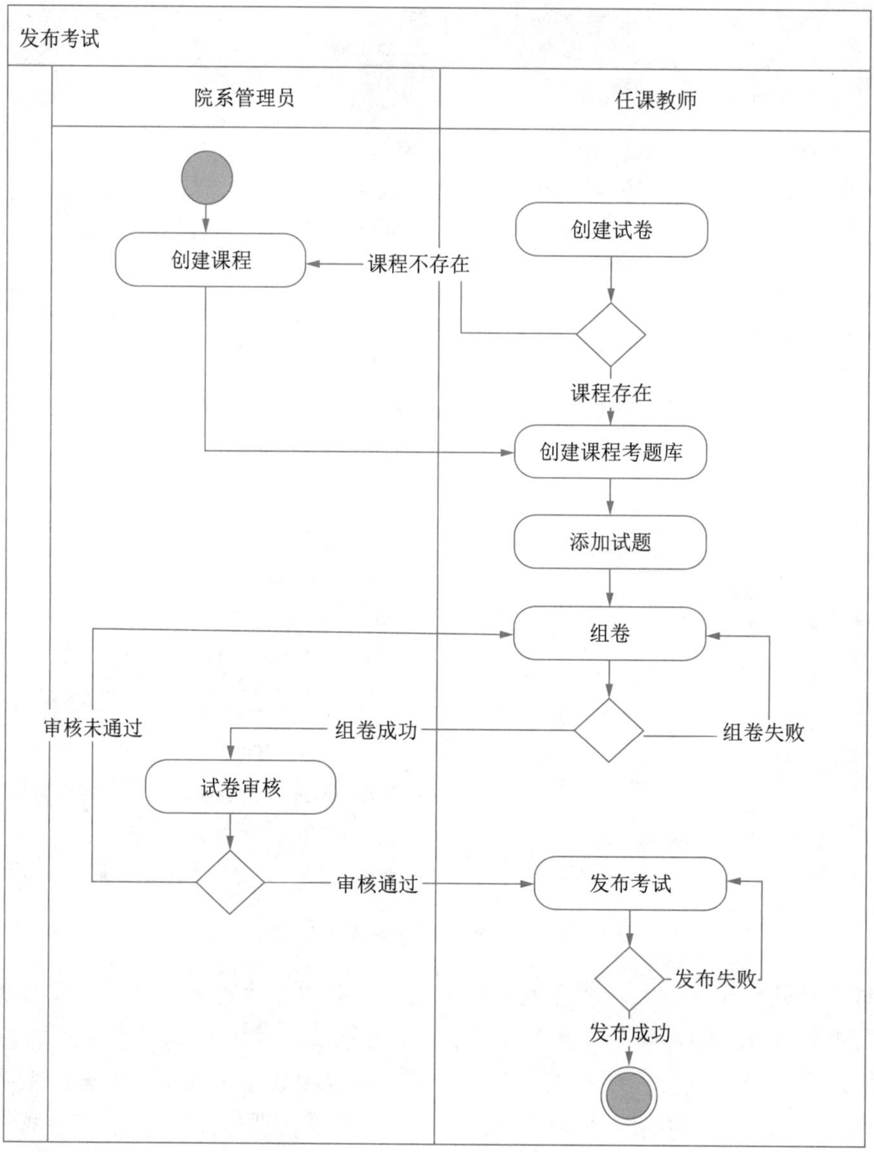

发布考试
院系管理员
任课教师
创建试卷
创建课程
课程不存在
课程存在
创建课程考题库
添加试题
组卷
审核未通过
组卷成功
组卷失败
试卷审核
审核通过
发布考试
发布失败
发布成功

图 10.12　发布考试功能活动图

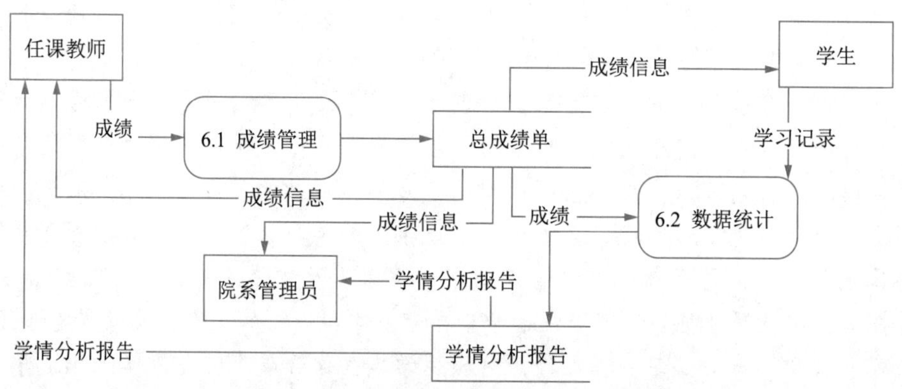

图 10.13　成绩管理与统计功能数据流图

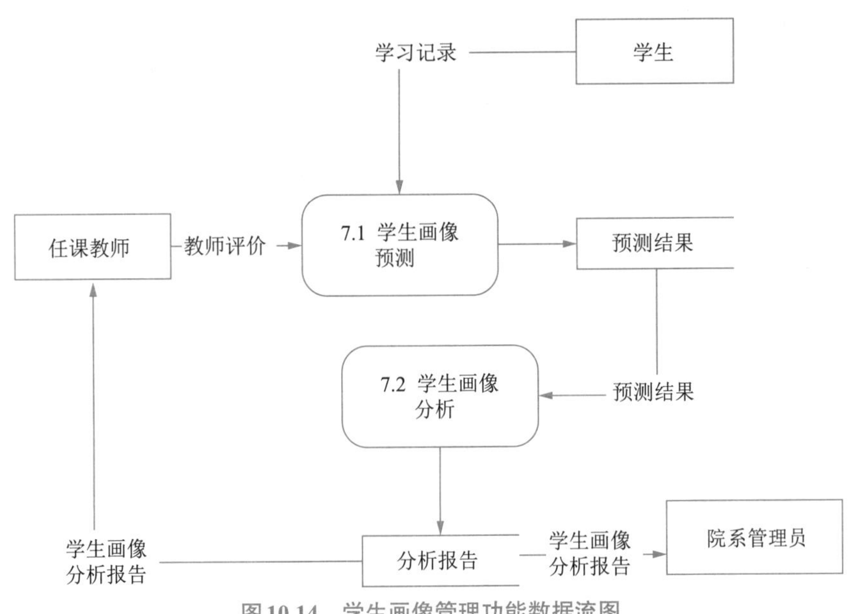

图10.14　学生画像管理功能数据流图

3.2　对性能的规定

（1）系统支持的用户数量满足客户要求。

（2）系统无故障运行时间大于5000 h。

（3）系统恢复时间小于2 h。

（4）产品必须支持BPMN 1.0技术以上的符合行业通用标准的动态工作流引擎，如BPMN 2.0和XPDL标准。

（5）批量PDF转换、OCR识别、水印添加等均支持大批量数据一次性实施。

（6）因特殊原因导致的性能问题，最后性能的验收以用户的可接受度为标准。

（7）产品需具备完整的权限管理功能，包括对各级管理员的角色管理和权限分配。平台提供的访问方式为基于PC的响应式的Web访问。

3.3　数据管理能力要求

资源库元数据管理系统是数据交互管控系统的重要组成部分。资源库元数据管理系统采用元数据技术，实现服务不同部门、不同系统中数据信息资源的元数据采集抽取、存储、管理等功能。通过资源库元数据管理系统建设，可以实现大学生在线学习系统建设项目中各类数据库数据、文件数据等数据资源元数据的统一管理。资源库元数据可提供平台各系统的全局数据字典和关系描述，提供对整个平台体系中全部数据的规格描述、数据间的映射关系、关联查询，以最大限度发挥系统海量数据的价值。

本系统数据库管理，包含常用增删改查的操作、数据资源灾备（自动备份，异常情况下，保证数据资源安全）、数据库信息标识、日志信息查看、索引自动创建查看、授权信息、执行计划、服务性能、SQL审核、故障错误信息、系统升级、系统调用及部署等。资源库元数据管理系统功能架构如图10.15所示，系统提供元数据采集入库、元数据存储维护、元数据查询等元数据管理功能。

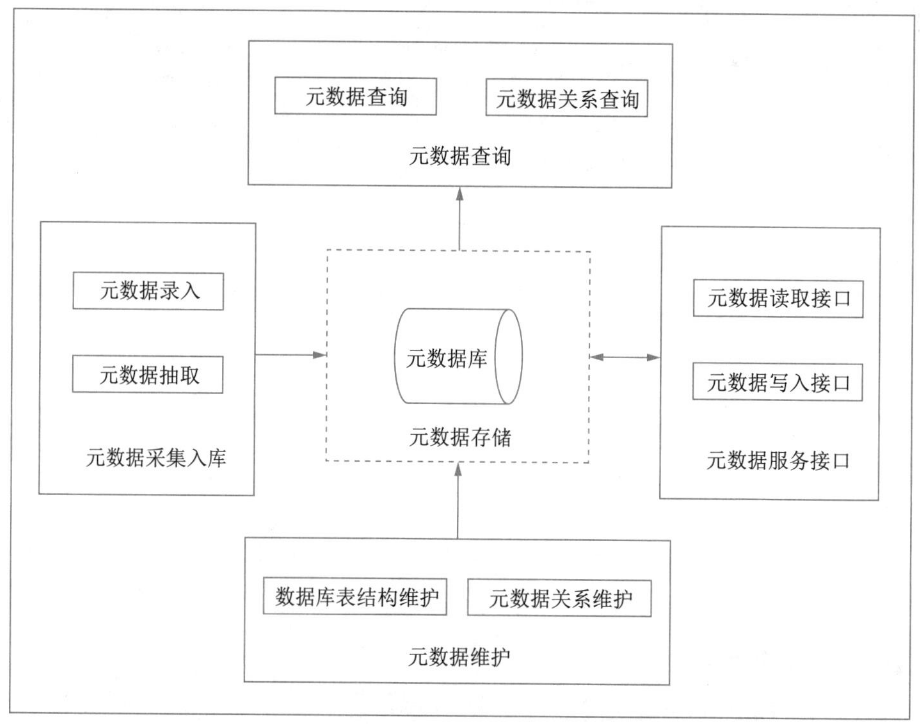

图10.15 资源库元数据管理系统功能架构

3.4 故障处理要求

产品提供7×24 h的实时故障响应，承诺在出现系统软件及应用软件等系统故障的30 min内必须给予响应，当现场维护工程师无法排除故障时，1 h内技术支持中心工程师进行远程调试，在4 h内排除普通故障，8 h内排除较大故障，16 h内排除重大故障，24 h内排除特大故障。

3.5 保密性要求

（1）大学生在线学习系统中试卷及成绩未经任课教师发布之前属保密文件，应采取严格的保密措施防止泄密。系统其余用户不得将未公布的试卷抄送、复制、打印给任何人。

（2）若发现试卷已经或可能泄露，相关人员应及时向任课教师或院系管理员报告，并立即采取措施防止继续扩散。查实已经泄露的试卷应停考，经院系管理员批准后，任课教师采用备用试卷。

（3）系统通过验证码、锁定账户等手段防止系统登录入口的暴力破解。

（4）使用增强的密码保存手段降低用户密码泄露风险。

3.6 其他要求

1）技术标准和要求

（1）保证所提供的产品符合客户要求及国家相关要求，具有完善的技术支持及售后服务，所提供的软件必须是有知识产权保障、最新质量标准的产品。要提供使用时所必需的各类相关使用操作、系统管理、培训等资料。

（2）产品软件包含系统分析、架构开发、安装调试、运行维护等内容。此外，为软件提供相关的技术支持与软件的修改、定制服务。

（3）应充分考虑软件的先进性、成熟性、可靠性、安全性、开放性、实用性、易扩展性和良好的性价比，确保软件使用的稳定性、安全性、后续升级架构可行性与扩展能力。

2）设计要求

系统建设坚持着眼全局、统筹考虑、整体规划、立足现实、逐步整合的原则。具体为以下设计原则。

（1）整体性

在系统的规划上坚持整体规划、重点突出的原则，在对系统做统一设计的基础上，按照轻重缓急依次实现，同时又兼顾不同部分之间的一致性和可协调性。

（2）标准化

系统的总体设计充分参照国际上的规范、标准，遵守ISO标准设计，严格遵循各种网络接入协议和管理规范，支持国内外目前所流行的主流网络体系结构和网络运行系统，采用国际上成熟的模式。

（3）高可靠性

从系统结构、网络结构、技术措施、设备选型等方面综合考虑，确保系统稳定可用，实现7×24 h的不间断服务。系统应具备电信级的网管、告警、巡检机制，充分确保对潜在问题的预防和自我诊断。

（4）先进性

系统具有良好的可扩展性和灵活性，以适应信息化的迅猛发展趋势，满足当前及未来应用的需求。

（5）易维护性

为了确保所有用户均能够熟练地、快速地操作本系统，要求系统建设的功能设计、软件操作等均以用户为中心。系统应为各级别的系统管理员提供完善的系统管理权限与工具，以安全方便地进行日常管理和系统维护。

（6）安全性

系统要求提供云平台级、系统级、应用级等不同层次的、灵活的安全措施。采取操作权限控制、密码控制、数据加密、系统日志监督等多种手段确保系统安全，尤其要保证核心网络的安全。

4. 运行环境规定

4.1 设备

系统上线运行设备要求如表10.3所示。

表10.3 系统上线运行设备要求

序号	硬件名称	规格型号	最低配置	建议配置
1	应用1（云主机）	云基础服务器	4vCPU/8GB内存/20GB存储	4vCPU/16GB内存/20GB存储
2	数据库1（RDS主机）	云数据库RDS	4vCPU/8GB内存	4vCPU/16GB内存

续表

序号	硬件名称	规格型号	最低配置	建议配置
3	数据库1RDS存储	云硬盘	200GB	240GB
4	对象存储1	云对象服务存储NOS	10TB	10TB
5	公网带宽	云弹性公网IP	建议初期按流量计费0.79元/GB，预充方式	按流量计费0.79元/GB，预充方式
6	CDN	云CDN	0.23元/GB，预充方式	0.23元/GB，预充方式
7	负载均衡	云负载均衡	建议初期按流量计费0.79元/GB，预充方式	按流量计费0.79元/GB，预充方式
8	负载均衡实例	云负载均衡实例	实例费用关联带宽，随带宽调整，实例价格相应变化>20Mb/s	实例费用关联带宽，随带宽调整，实例价格相应变化>20Mb/s

4.2 软件架构要求

系统主体要求采用浏览器/服务器（browser/server，B/S）方式来进行软件部署，开发语言使用Java，设计基于SpringBoot + MyBatis + Hadoop架构的MVC模式进行，数据库使用MySQL。

软件架构要求具备开放性，提供完整规范的开发接口，能够满足主流平台和跨平台快速应用开发的需求。

4.3 软件平台要求

要求能够支持目前通用的各类操作系统环境，包括Windows NT、Windows 2000 Server、Windows Server 2003、Linux、Solaris、HP-UX、SCO UNIX等主流操作系统。

Web应用服务器支持主流中间件产品，如IBM Websphere、BEA Weblogic等。

Web服务器支持MS IIS、Nginx、Apache Tomcat等。

数据库管理系统要求具备良好的数据和索引的压缩技术，以及较低的空间膨胀率；数据库规模仅受硬件资源的限制。

语言支持：简体（GBK）、繁体（BIG5）、西文（ASCII）、国际统一码（Unicode）。支持中西文混合检索。

4.4 接口要求

大学生在线学习系统的接口主要包含以下部分。

数据库接口：系统拟采用MySQL数据库作为数据存储软件。本系统与数据库接口采用JDBC方式完成数据库连接。

文件存储子系统：相关资料使用HDFS进行文件存储，并使用HDFS提供的Java API接口进行文件操作，用户可以使用DFSShell接口和HDFS中的数据进行交互。

身份证校验：学生实名认证的身份证校验是通过公安部提供的身份证校验API来完成的，在运行时调用外部接口，实现身份证即时校验。

4.5 控制

本系统通过浏览器访问网址的形式进行系统访问，根据用户的角色和资源实现访问控制，用户认证使用Spring Security实现。

10.3 大学生在线学习系统的概要设计

本节以大学生在线学习系统的概要设计为例展示本书第4章系统概要设计的过程与方法在实际项目中的应用。概要设计说明书中2.3节基本设计概念和处理流程涉及本书理论部分4.2节概要设计基本方法等知识点；2.4节系统用例分析涉及本书理论部分4.2.2节面向对象设计方法等知识点；4系统数据库设计涉及本书理论部分4.1节概要设计的任务中的数据结构及数据库设计等知识点。大学生在线学习系统概要设计说明书具体形式如下：

大学生在线学习系统概要设计说明书（摘录）

1. 引言

1.1 编写目的

概要设计说明书又称系统设计说明书，其编制的主要目的是说明系统的设计方案，为详细设计奠定基础。大学生在线学习系统的概要设计主要用于明确系统各个功能的实现方式，为后续系统开发人员进行系统开发提供指导。

在需求分析阶段，已将系统用户对本系统的需求做出详细阐述。本阶段是在需求分析的基础上，对大学生在线学习系统做出概要设计。本阶段主要解决如何实现该系统需求的程序模块设计的问题，包括如何把系统分成若干模块，决定各个模块之间的接口、模块之间传递的信息，以及数据结构、模块结构的设计等。下面将对本阶段所有的概要设计做详细的说明。

概要设计说明书的预期读者是与大学生在线学习系统开发相关的决策人、开发组人员、辅助开发者，使用本系统的具体用户和系统体验者。

1.2 项目背景

（1）系统名称：大学生在线学习系统。

（2）缩略词：i-growthing 学习平台。

（3）版本号：V1.0。

（4）系统开发的组织单位：××软件公司。

（5）项目任务提出者：××软件公司。

（6）项目开发者：××软件公司i-growthing项目组。

1.3 项目概述

目前市场上的在线学习系统大多专注于学生在线学习，没有对学生的专业技能、学习数据、过程记录进行数据统计分析，无法对学生后续学习进行有效规划。现根据系统的实现目标以及现行系统存在的问题，构建大学生在线学习系统，打造混合式教学模式，实现线上、线下教学的有效对接与融合，打破时空限制，实现在线学习、在线考试、在线练习等功能。同时，在学生专业学习的过程中，通过对学生学习数据的统计、处理、分析，生成学生画像，并基于学生画像进行分析，根据分析结果辅助学生进行后续学习的决策以及学习优化。可通过此种方式达到对传统教学的改造与提升，进而提升教学质量。

本系统适用于线上线下教学相结合的高校，可根据系统用户即高校学生的使用情况，依托于大数据技术，统计、分析学生在平台的学习状况、各地域及各院校的学生特点。

可利用数据挖掘技术来发现平台课程支撑能力所存在的问题，以及学生在平台学习过程中存在的学习周期和学习习惯差异所导致的诸多问题。基于这些发现，可使用人工智能+教育的方式来助力并完善大学生在线学习系统。

1.4 参考文档

大学生在线学习系统计划任务书

大学生在线学习系统可行性分析（研究）报告

大学生在线学习系统需求规格说明书

《信息技术 软件工程术语》（GB/T 11457—2006）

《信息处理 数据流程图、程序流程图、系统流程图、程序网络图和系统资源图的文件编制符号及约定》（GB/T 1526—1989）

《信息处理系统 计算机系统配置图符号及约定》（GB/T 14085—1993）

《信息技术 软件维护》（GB/T 20157—2006）

2. 总体设计

2.1 需求规定

2.1.1 功能描述

在本系统的APP端，用户主要使用以下功能：登录、注册、首页管理、每日一练、课程学习以及个人中心。后台开发建设主要包含七部分：信息维护管理、权限管理、课程管理、考试管理、在线学习、成绩管理与统计以及学生画像管理。系统功能结构图如图10.16所示。

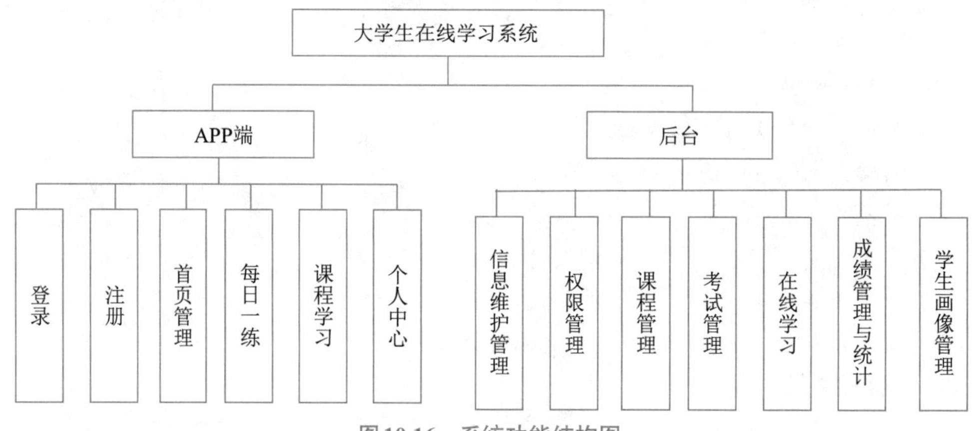

图10.16 系统功能结构图

现对系统各个功能模块进行描述，如表10.4所示。

表10.4 系统功能模块描述

功能模块名称		描 述
APP端	登录	如果是已注册大学生在线学习系统的用户，学习课程前需要输入学号或工号，密码登录APP端。登录成功后即可使用
	注册	用户（包括学生、教师、院系管理员）通过输入手机号、邮箱、密码、用户名、学号/工号等信息进行用户注册

续表

功能模块名称		描 述
APP端	首页管理	主要展示学生正在学习的课程、课程的学习进度、所在学院发布的学习课程信息等
	每日一练	对每天所学的内容进行练习，根据实际学习的章节进度进行练习
	课程学习	课程学习主要是对课程按章节进行学习，包括视频学习、测验、富文本预览、学习资源下载、考试
	个人中心	个人中心主要包括个人信息、考试记录、学习记录等
后台	信息维护管理	系统管理员对系统数据进行维护，对用户基础信息进行管理。系统管理员具有全部资源的管理权限
	权限管理	系统管理员可以对每个系统用户分配不同的系统使用权限。院系管理员具有该部门资源的管理权限
	课程管理	对课程涉及的相关信息及资源进行管理
	考试管理	教师创建考试试卷，进行考试发布以及后续评分
	在线学习	对学生线上学习状态进行记录
	成绩管理与统计	对学生成绩进行汇总计算，并对其学习记录进行分析、展示
	学生画像管理	通过学生记录预测学生画像，进而生成学生画像分析报告

2.1.2 性能要求

（1）可用性

系统可用性说明如表10.5所示。

表10.5 系统可用性说明

用户界面美观，使用友好
APP运行过程中没有闪退现象，后台管理所有页面在 Internet Explore 5.0及以上版本和Netscape Navigator 7.0及以上版本中可以正常显示。不同浏览器下的页面外观应该相同，且操作便捷
使用MyBatis来实现数据的持久化，保证后台数据的独立性以及系统的可移植性

（2）性能需求

系统性能需求说明如表10.6所示。

表10.6 系统性能需求说明

支持7×24 h的连续运行
平均年故障时间小于1 d
平均故障修复时间小于60 min
保证系统的吞吐量大于1500 r/s
在高访问的系统部分体现高I/O的设计理念
整个系统负载均衡，避免出现瓶颈
支持每秒5000条数据的处理
支持同时调度50个以上任务模型
满足最高800个并发用户，最少400个并发用户，正常600个并发用户的性能要求，根据实际使用情况，按照需要逐渐扩容

续表

平均业务响应时间不超过1.5 s
支持集群处理
支持缓存优化

2.2 运行环境

系统运行环境说明如表10.7所示。

表10.7 系统运行环境说明

项 目	说 明
操作系统	Linux centos 5.7及以上
服务器	云基础服务器4vCPU/16GB内存/20GB存储
数据库服务器	数据库1（RDS主机）4vCPU/16GB内存
数据库数据存储	数据库1RDS存储，240GB
对象数据存储	云对象服务存储NOS，10TB
Web服务器	Java开发环境为JDK 1.8及以上版本，数据库采用MySQL 8.0，服务器采用Tomcat 8.0及以上版本；运行环境为Linux等常见操作系统，浏览器可使用IE等常见浏览器

2.3 基本设计概念和处理流程

2.3.1 业务结构图

系统业务结构图如图10.17所示。

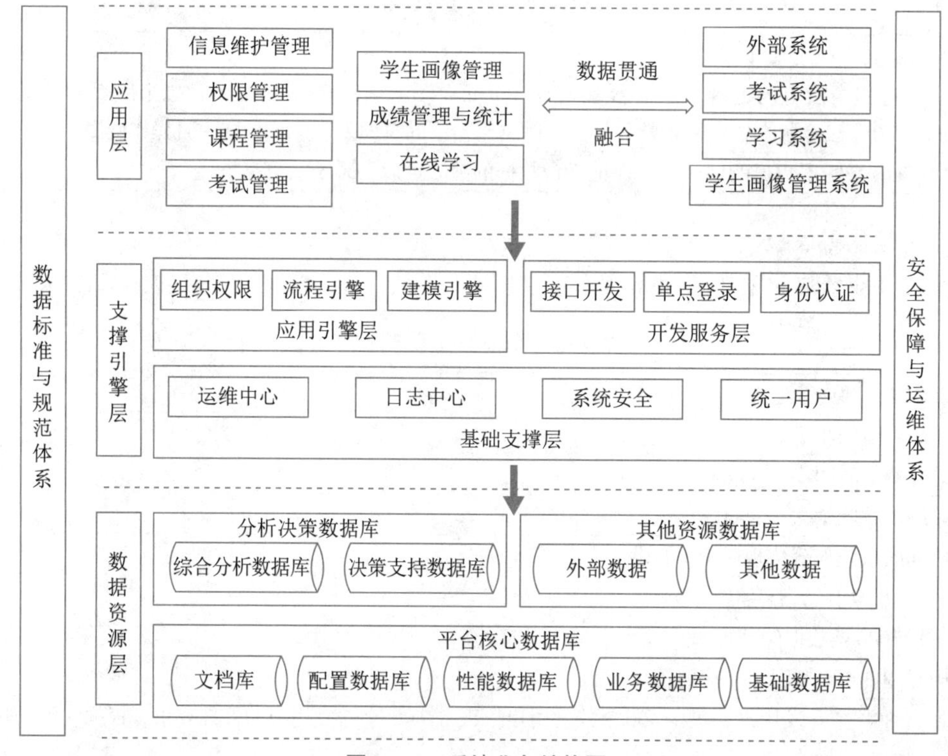

图10.17 系统业务结构图

2.3.2 整体流程 IPO 图

系统整体流程IPO图如图10.18所示。

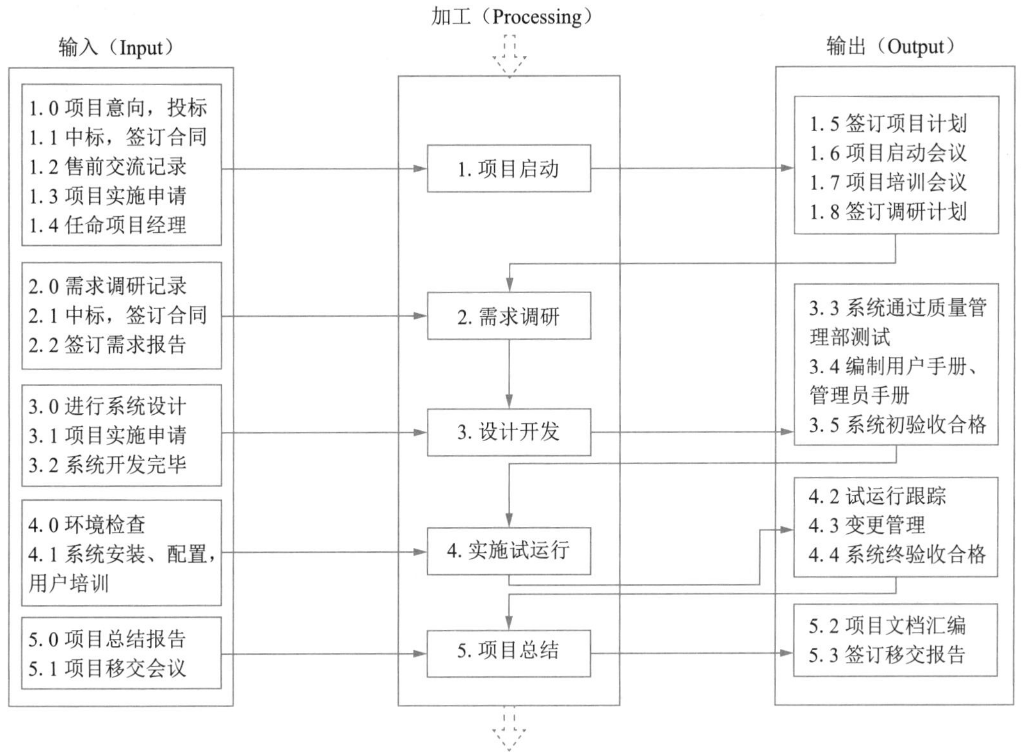

图10.18 系统整体流程IPO图

2.3.3 架构设计图

系统主要包括后台应用服务器、Web服务器、设备终端以及网络。系统架构设计图如图10.19所示。

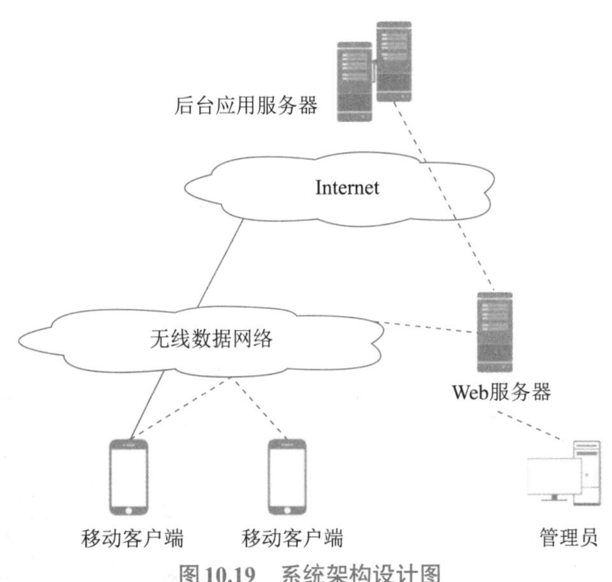

图10.19 系统架构设计图

2.4 系统用例分析

用例图是指由系统参与者、用例、边界及三者之间的关系构成的用于描述系统功能的图，其从用户的角度来分析系统需求、功能及相关行为。大学生在线学习系统共包含四类角色，分别是系统管理员、院系管理员、任课教师和学生。不同角色所能够使用的功能模块存在差异，现站在系统角色的角度描述大学生在线学习系统的功能。系统用例图如图10.20所示。

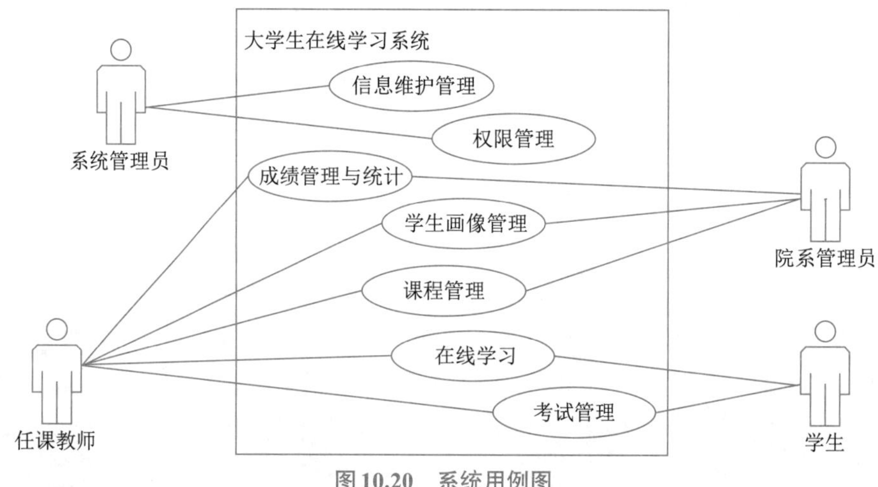

图10.20 系统用例图

系统用例描述如表10.8～表10.14所示。

表10.8 信息维护管理用例描述

用例	用例描述	参与者	前置条件	后置条件	基本流程	可选流程
信息维护管理	对系统数据进行统一管理及维护	系统管理员	系统管理员登录系统	系统数据更新	1.系统管理员登录系统 2.点击信息维护 3.数据录入成功，系统将变更数据录入数据库	无

表10.9 权限管理用例描述

用例	用例描述	参与者	前置条件	后置条件	基本流程	可选流程
权限管理	对系统用户赋予权限	系统管理员	系统管理员登录系统	不同角色获取系统不同功能权限	1.系统管理员登录系统 2.进入权限设置界面 3.给不同用户角色赋予不同系统权限，设置成功后，系统将数据录入数据库	无

表10.10 课程管理用例描述

用例	用例描述	参与者	前置条件	后置条件	基本流程	可选流程
课程管理	对课程相关数据进行统一管理及维护	院系管理员、任课教师	参与者登录系统	课程数据更新	1. 参与者登录系统 2. 点击课程管理界面 3. 对课程数据进行管理，将更新后的数据录入数据库	无

表10.11 在线学习用例描述

用例	用例描述	参与者	前置条件	后置条件	基本流程	可选流程
在线学习	任课教师进行在线授课，学生进行课程学习	任课教师、学生	参与者登录系统	学习数据更新	1. 参与者登录系统 2. 进入课程学习界面 3. 进行在线授课或在线学习	无

表10.12 考试管理用例描述

用例	用例描述	参与者	前置条件	后置条件	基本流程	可选流程
考试管理	对考试数据进行统一管理	任课教师、学生	参与者登录系统	考试数据更新	1. 参与者登录系统 2. 进入考试管理界面 3. 任课教师进行组卷、发布考试 4. 学生在线考试 5. 任课教师在线阅卷	无

表10.13 成绩管理与统计用例描述

用例	用例描述	参与者	前置条件	后置条件	基本流程	可选流程
成绩管理与统计	对学生成绩信息进行统一管理，进行课程数据分析统计，形成学情分析报告	系统管理员、任课教师、学生	参与者登录系统	成绩单、学情分析报告存储至数据库	1. 参与者登录系统 2. 进入成绩管理与统计界面 3. 任课教师录入成绩 4. 成绩单反馈至所有参与者 5. 学情分析报告反馈至任课教师及院系管理员	无

表 10.14　学生画像管理用例描述

用　例	用例描述	参与者	前置条件	后置条件	基本流程	可选流程
学生画像管理	用于学生画像预测及学生画像分析	系统管理员、任课教师	参与者登录系统	生成学生画像分析报告	1. 参与者登录系统 2. 进入学生画像管理界面 3. 查看学生画像分析报告	无

2.5　功能需求与程序的关系

本部分通过表 10.15 说明各项功能需求的实现是在哪个功能模块中。

表 10.15　系统功能与模块对应关系

功　能	模　块						
	信息维护管理	权限管理	课程管理	考试管理	在线学习	成绩管理与统计	学生画像管理
系统数据维护	√						
用户权限设置	√						
用户身份验证		√					
用户个人信息维护		√					
用户注册		√					
课程信息管理			√				
选课管理			√				
排课管理			√				
课程变更管理			√			√	
试卷创建				√		√	
试卷控制管理				√		√	
考试监控				√		√	
试卷评分				√			
学生签到					√		
互动设置					√		
课程资源管理					√		
作业管理					√		
题库管理					√		
成绩管理						√	
考情分析						√	
学生画像分析							√
其他功能							

3. 接口设计

大学生在线学习系统所使用的接口主要包含以下部分。

（1）数据库接口：系统拟采用MySQL数据库作为数据存储软件。本系统与数据库接口采用JDBC方式完成数据库连接。

（2）文件存储子系统：相关资料使用HDFS进行文件存储，并使用HDFS提供的Java API接口进行文件操作，用户可以使用DFSShell接口和HDFS中的数据进行交互。

（3）身份证校验：学生实名认证的身份证校验是通过公安部提供的身份证校验API来完成的，在运行时调用外部接口，实现身份证即时校验。

4. 系统数据库设计

E-R图提供了表示实体、属性和联系的方法，主要用于描述现实世界的关系概念模型。大学生在线学习系统共包含7个实体（系统管理员、院系管理员、学生、任课教师、课程、试卷及考试），以及4个联系。系统整体E-R图如图10.21所示。

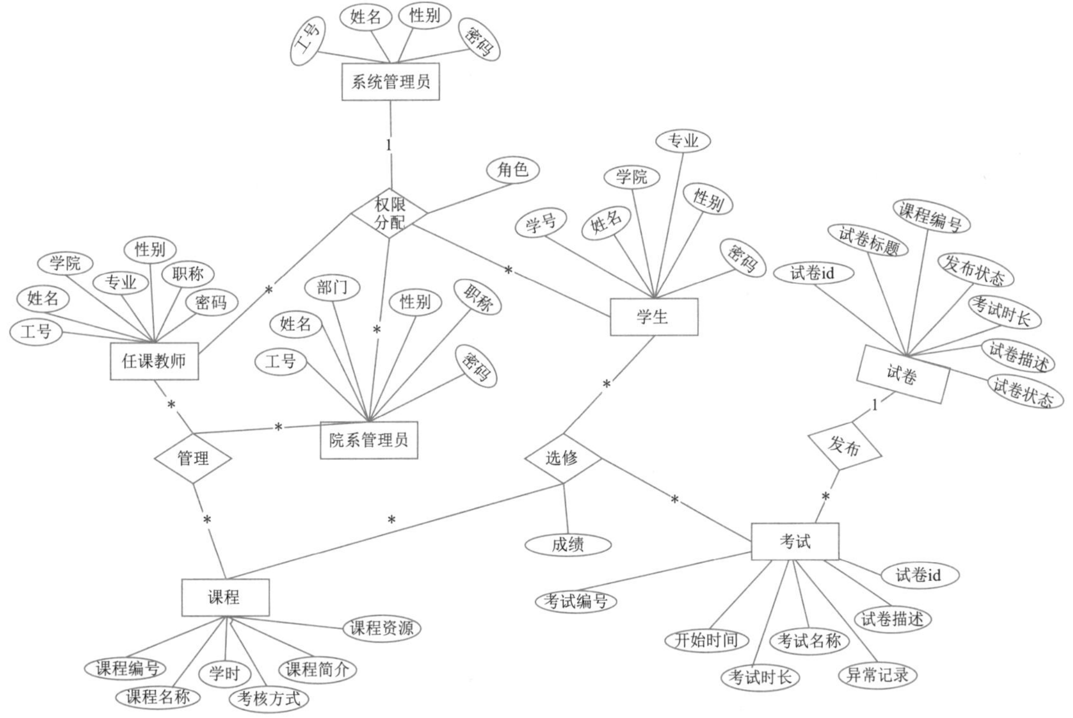

图10.21　系统整体E-R图

系统管理员对应的数据表如表10.16所示。

表10.16　系统管理员对应的数据表

字段名	类型	长度	功能说明	备注
s_id	int	11	工号	PK
s_name	varchar	255	姓名	
s_sex	varchar	10	性别	
s_password	varchar	20	密码	

院系管理员对应的数据表如表10.17所示。

表10.17　院系管理员对应的数据表

字段名	类　型	长　度	功能说明	备　注
p_id	int	11	工号	PK
p_name	varchar	255	姓名	
p_sex	varchar	10	性别	
p_department	varchar	255	部门	
title	varchar	20	职称	
password	varchar	20	密码	

任课教师对应的数据表如表10.18所示。

表10.18　任课教师对应的数据表

字段名	类　型	长　度	功能说明	备　注
t_id	int	11	工号	PK
t_name	varchar	255	姓名	
t_sex	varchar	10	性别	
t_college	varchar	255	学院	
t_professional	varchar	255	专业	
title	varchar	20	职称	
password	varchar	20	密码	

学生对应的数据表如表10.19所示。

表10.19　学生对应的数据表

字段名	类　型	长　度	功能说明	备　注
s_id	int	11	学号	PK
s_name	varchar	255	姓名	
s_sex	varchar	10	性别	
s_college	varchar	255	学院	
s_professional	varchar	255	专业	
password	varchar	20	密码	

课程对应的数据表如表10.20所示。

表10.20　课程对应的数据表

字段名	类　型	长　度	功能说明	备　注
c_id	int	11	课程编号	PK
c_name	varchar	255	课程名称	
c_hours	int	10	学时	
c_method	varchar	255	考核方式	

续表

字段名	类型	长度	功能说明	备注
c_introduction	varchar	255	课程简介	
c_resources	blob	65535	课程资源	

考试对应的数据表如表10.21所示。

表10.21 考试对应的数据表

字段名	类型	长度	功能说明	备注
e_id	int	11	考试编号	PK
e_starttime	datetime	255	开始时间	
e_time	int	5	考试时长	
e_name	varchar	255	考试名称	
e_exceptional	varchar	1000	异常记录	
e_description	varchar	20	试卷描述	
ex_id	varchar	20	试卷id	FK

试卷对应的数据表如表10.22所示。

表10.22 试卷对应的数据表

字段名	类型	长度	功能说明	备注
ex_id	int	10	试卷id	PK
ep_title	varchar	100	试卷标题	
status	varchar	255	试卷状态	
e_description	text	0	试卷描述	
ep_subject	int	1	发布状态	
e_time	int	5	考试时长	
c_id	int	11	课程编号	FK

5. 系统出错处理设计

系统出错最常见的原因就是系统没有保证用户的用户名、密码的安全性，为了从根本上解决这个问题，在编写代码时就需格外注意编写的严密性，同时采取手段防止系统被入侵，导致用户的信息被盗用、毁坏，从而造成用户的损失。

5.1 出错信息

常见的错误包括如下类型。

（1）软件错误：输入信息不符合规范（如试卷在组卷过程中，总分大于100分）。

（2）硬错误：硬件方面的错误（如网络传输超时、硬件出错等）。

（3）对一些关键的操作（如删除操作），未进行操作确认。

（4）对数据、测试文档等未提供相应的保密措施设置。

故障信息一览表如表10.23所示。

表10.23 故障信息一览表

故障名称	产生的后果	处理要求
用户名输入错误	无法进入服务界面且系统会给出提醒：用户名错误，请重新输入	进入登录页面
密码错误达到次数限制	无法进入服务页面且系统会给出提醒：密码错误，请于3 min后重试	锁定登录，3 min后解除登录限制
数据格式不符合要求	系统提示输入格式不正确，或必填项不能为空	“提交”按钮不能进行数据提交
系统执行错误	系统提示操作失败信息	屏蔽错误信息
系统故障	系统提示系统维护中	待系统修复完成后，业务功能正常使用

5.2 补救措施

当故障出现后需要采取一定的补救措施以保证系统正常运行，主要包括以下方面。

（1）对于软错误，需要在添加/修改操作中及时对输入数据进行验证，分析错误类型，并给出相应的错误提示语句，上传到客户端的浏览器，通过日志进行错误定位，及时完成系统修复。

（2）对于硬错误，错误类型较少而且比较明确，可以在可能出错的地方输出相应的出错语句，并将程序重置，最后返回输入阶段。

（3）采用后备技术，当原始数据丢失时，立即启用副本。例如，周期性地把磁盘信息记录在案。

（4）使用恢复及再启动技术。

5.3 系统维护设计

系统维护设计主要是对服务器上的数据库以及相关文件进行维护。

（1）数据库维护：定期备份数据库，定期检测数据库的一致性，定期查看操作日志等。

（2）文件方面：对于超出保留期的资源文件、日志文件等，定期删除，减少数据量，减轻服务器的负担。

（3）其他方面。

①保证系统的可用性，从运维角度在灰度发布及故障演练两方面考虑以提升系统的可用性。

②设置超时时间，默认为30 s，当遇到较大流量时，RPC会出现一定数量的慢请求，导致RPC调用时间超出30 s，造成RPC宕机。若设置超时，当出现慢请求时，触发超时，不会导致系统崩溃。

③从系统设计角度，让系统更稳定；从运维角度，让系统恢复更快。采用的主要方法包括failover（故障转移）、超时控制、限流及降级等。

10.4 大学生在线学习系统的详细设计

面向对象设计案例

本节以大学生在线学习系统的详细设计为例展示本书第5章详细设计的过程与方法在实际项目中的应用。详细设计说明书中2程序系统的架构涉及本书理论部分5.1节详细设计的内容等知识点；4模块时序分析涉及本书理论部分5.2.2节面向对象的详细设计及工具中的动态建模等知识点；5页面设计涉及本书理论部分5.4节人机界面设计等知识点；6.4.1节数据集成技术涉及本书理论部分5.3节数据库设计等知识点。大学生在线学习系统详细设计说明书具体形式如下。

大学生在线学习系统详细设计说明书（摘录）

1. 引言

1.1 编写目的

本说明书详细完成对大学生在线学习系统的整体设计，以达到指导开发的目的，并为开发者编写实际代码提供依据，同时实现和测试人员及用户的沟通。说明书面向详细设计人员、开发人员、测试人员及最终用户而编写，是了解大学生在线学习系统的导航。

1.2 项目背景

（1）系统名称：大学生在线学习系统。

（2）缩略词：i-growthing 学习平台。

（3）版本号：V1.0。

（4）系统开发的组织单位：××软件公司。

（5）项目任务提出者：××软件公司。

（6）项目开发者：××软件公司i-growthing项目组。

1.3 定义

系统缩略语定义如表10.24所示。

表10.24 系统缩略语定义

缩略语	英文全名	中文解释
APN	access point network	接入点网络
WLAN	wireless local area network	无线局域网
SSO	single sign on	单点登录
SI	service integration	业务集成商
CP	content provider	内容提供商
SP	service provider	业务提供商
OA	office automation	办公自动化
ADC	application data center	应用数据中心

1.4 参考文档

大学生在线学习系统计划任务书

大学生在线学习系统可行性分析（研究）报告

大学生在线学习系统需求规格说明书

大学生在线学习系统数据库设计报告

大学生在线学习系统概要设计说明书

大学生在线学习系统项目计划

2. 程序系统的架构

2.1 总体架构设计

总体架构设计沿袭了分层设计的思想，将系统平台所需提供的服务按照功能划分成不同的模块层次，每一模块层次只与上层或下层的模块层次进行交互（通过层次边界的接口），避免跨层的交互，这种设计的好处是能够保证各功能模块内部是高内聚的，模块与模块之间是低耦合的。这种架构有利于实现系统平台的高可靠性、高扩展性以及易维护性。系统平台建设将以国家各类技术规范和业务要求为依据，采用B/S模式，建立软件系统，建设统一的业务处理体系。

系统学生APP端开发建设主要包含六部分：登录、注册、首页管理、每日一练、课程学习以及个人中心。后台建设主要包含七部分：信息维护管理、权限管理、课程管理、考试管理、在线学习、成绩管理与统计以及学生画像管理。系统总体架构如图10.16所示。

2.2 总体架构结构图

系统总体架构结构图如图10.22所示。

大学生在线学习系统移动端使用uni-app技术进行搭建，包括Android、iOS、HTML5的客户端应用开发。系统移动端技术结构图如图10.23所示。

系统后台使用Java开发语言，利用SpringBoot + MyBatis框架，完成传统的日常业务处理工作。系统整体采用Java分层结构分为以下4层。

（1）视图层：采用VUE前端开发框架。

（2）控制层：采用SpringBoot的Controller控制器、Spring框架。

（3）模型层：采用JavaBean技术。

（4）数据访问层：采用MyBatis Plus框架。

系统包图如图10.24所示。

3. 模块业务流程设计

业务流程图用于描述系统内部的作业顺序、业务关系和管理信息流向，是一个物理模型。它描述的是具体的业务走向、完整的业务流程，并用规定的符号和连线来表示某个具体业务的处理过程。

大学生在线学习系统各功能模块是在系统开发总体任务的基础上完成的。院系管理员主要负责对课程进行维护，包括录入课程、修改课程基本信息、删除课程以及查看课程信息等。任课教师主要负责线上授课、创建考试试卷、发布考试、考试监控、试卷批阅等。学生登录移动端进行课程学习，课程结束后可参加相应考试，考试结束后待教师批阅试卷后可进行成绩查询。现从大学生在线学习系统功能的角度对该系统的主要业务流程进行分析。

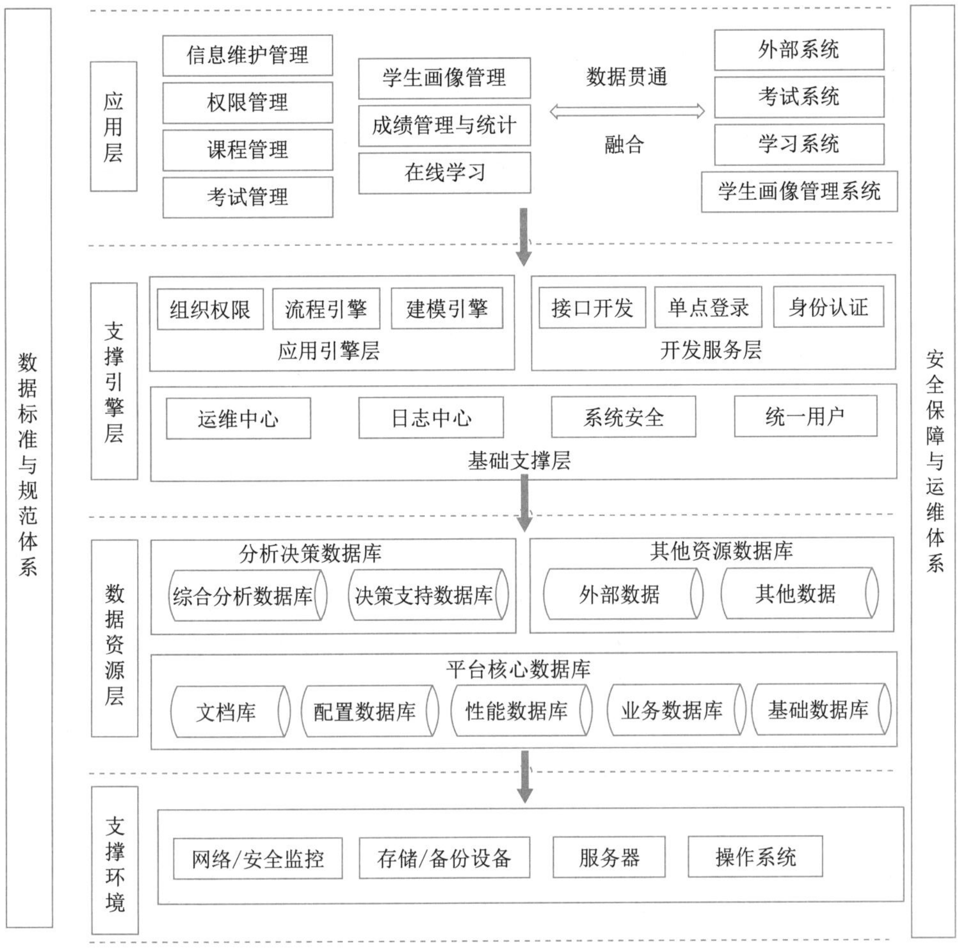

数据标准与规范体系

应用层
信息维护管理
权限管理
课程管理
考试管理
学生画像管理
成绩管理与统计
在线学习
数据贯通
融合
外部系统
考试系统
学习系统
学生画像管理系统

支撑引擎层
组织权限
流程引擎
建模引擎
应用引擎层
接口开发
单点登录
身份认证
开发服务层
运维中心
日志中心
系统安全
统一用户
基础支撑层

数据资源层
分析决策数据库
综合分析数据库
决策支持数据库
其他资源数据库
外部数据
其他数据
平台核心数据库
文档库
配置数据库
性能数据库
业务数据库
基础数据库

支撑环境
网络/安全监控
存储/备份设备
服务器
操作系统

安全保障与运维体系

图 10.22　系统总体架构结构图

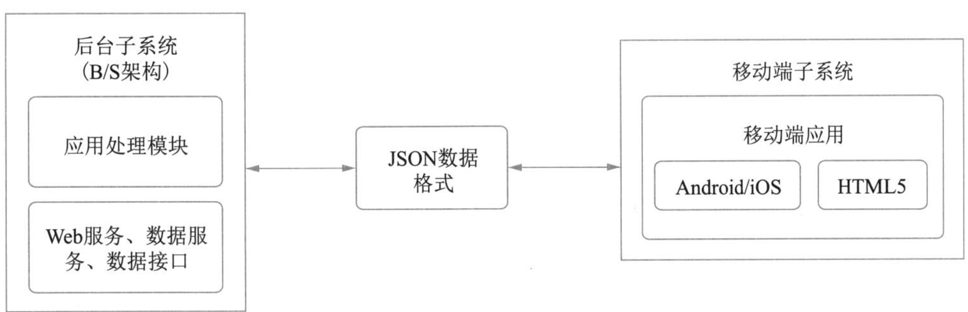

图 10.23　系统移动端技术结构图

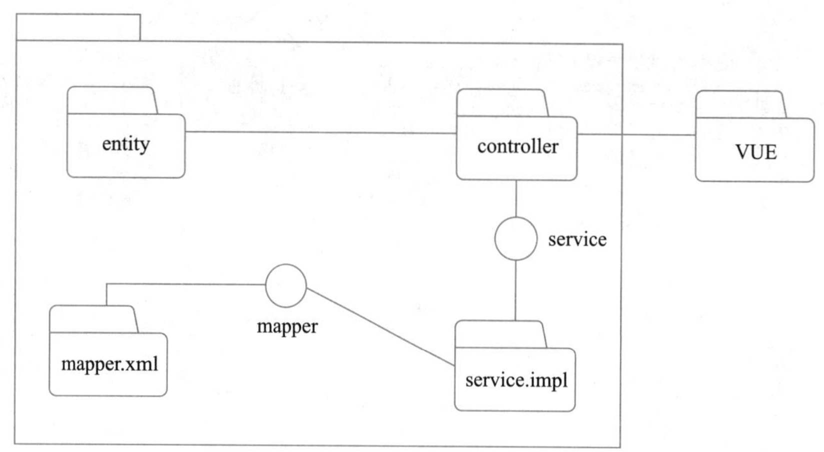

图 10.24 系统包图

3.1 在线选课

学生登录系统后的首要任务是进行选课，明确本学期所需学习的课程内容。学生根据用户名及密码成功登录系统后，进入选课界面浏览课程库。学生可根据所处年级、课程名、课程编号等信息进行课程选择。学生在线选课流程图如图 10.25 所示。

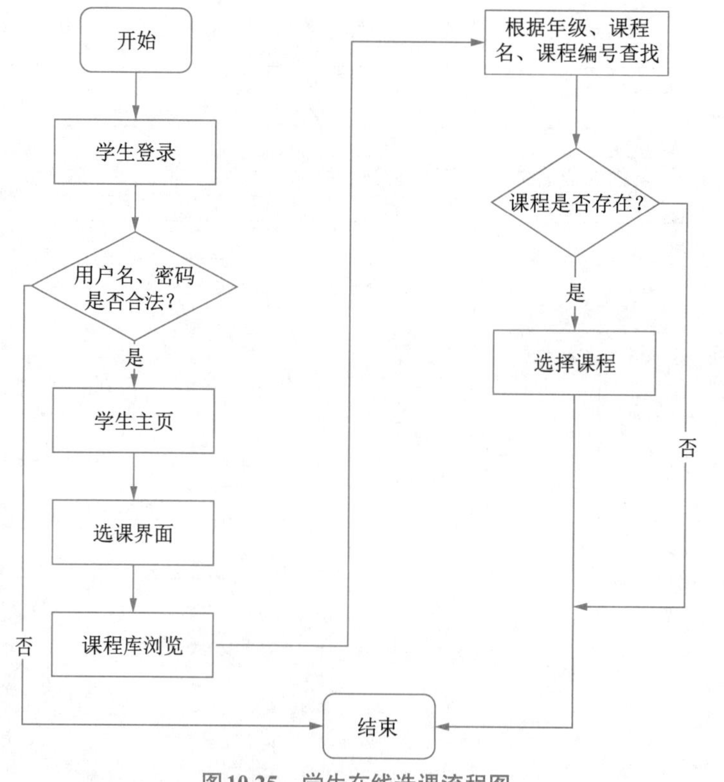

图 10.25 学生在线选课流程图

3.2 在线学习流程

学生选课完成后，若该门课程任课教师进行线上授课，学生即可登录系统进行相应的课程学习。学生在线学习流程图如图 10.26 所示。

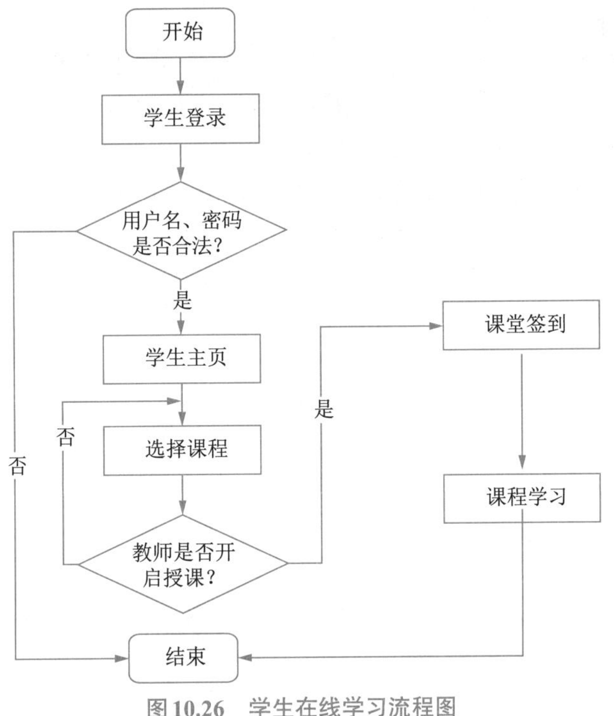

图10.26　学生在线学习流程图

3.3　考试发布

该门课程全部讲授结束后，任课教师需要对所授课程的学习效果进行验收，考试成绩是对学生课程学习效果进行评判的依据。考试的成功发布是学生正常考试的前提条件。考试发布流程图如图10.27所示。

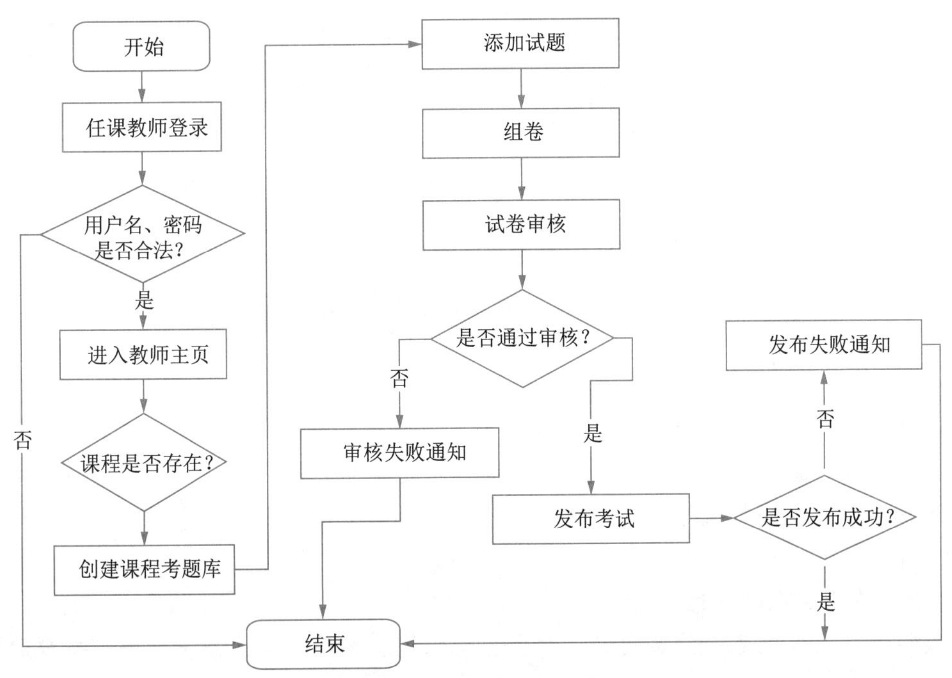

图10.27　考试发布流程图

3.4 在线考试

在线考试是大学生在线学习系统中的重要内容，伴随考试方式、考试内容及考试题型的不断变化，极大地增加了教师的工作量。在线考试在一定程度上对传统考试方法进行改革，不仅改变了考试方式，还通过对考试结果的分析计算，减少了教师的工作量，提升了教师的工作效率。学生在线考试流程图如图10.28所示。

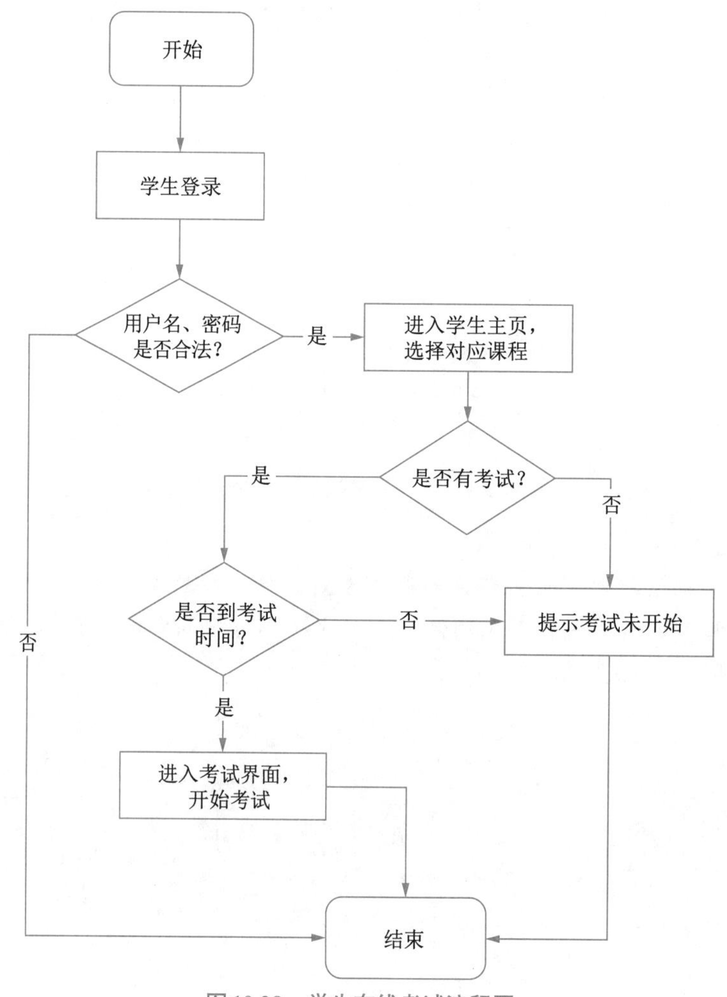

图10.28　学生在线考试流程图

4. 模块时序分析

时序图是一种UML交互图，通过描述对象之间发送消息的时间顺序显示多个对象之间的动态协作，通过此图可以表示用例之间的行为顺序，每当执行一个用例行为时，该图中的每条消息对应的操作会引起转换的触发事件。下面对大学生在线学习系统部分功能进行时序分析。

4.1 微信授权时序图

大学生在线考试系统的实现包括后台管理系统、移动端考试系统。微信授权时序图如图10.29所示。

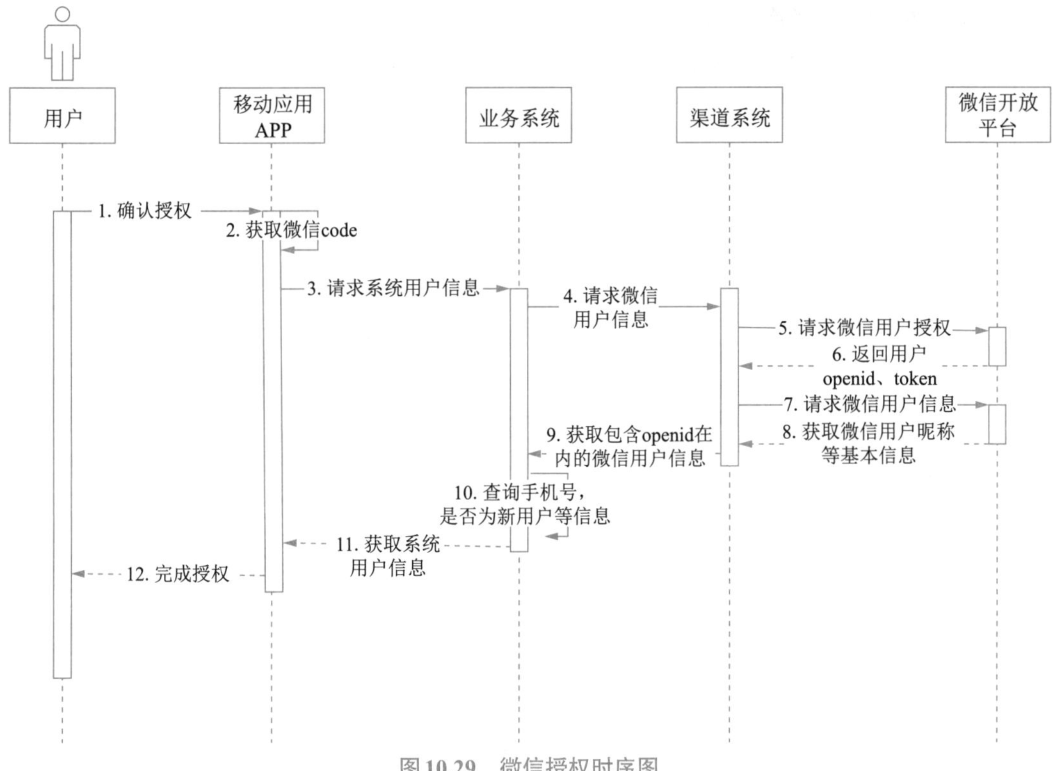

图10.29 微信授权时序图

4.2 在线选课时序分析

学生在线选课时序图如图10.30所示。

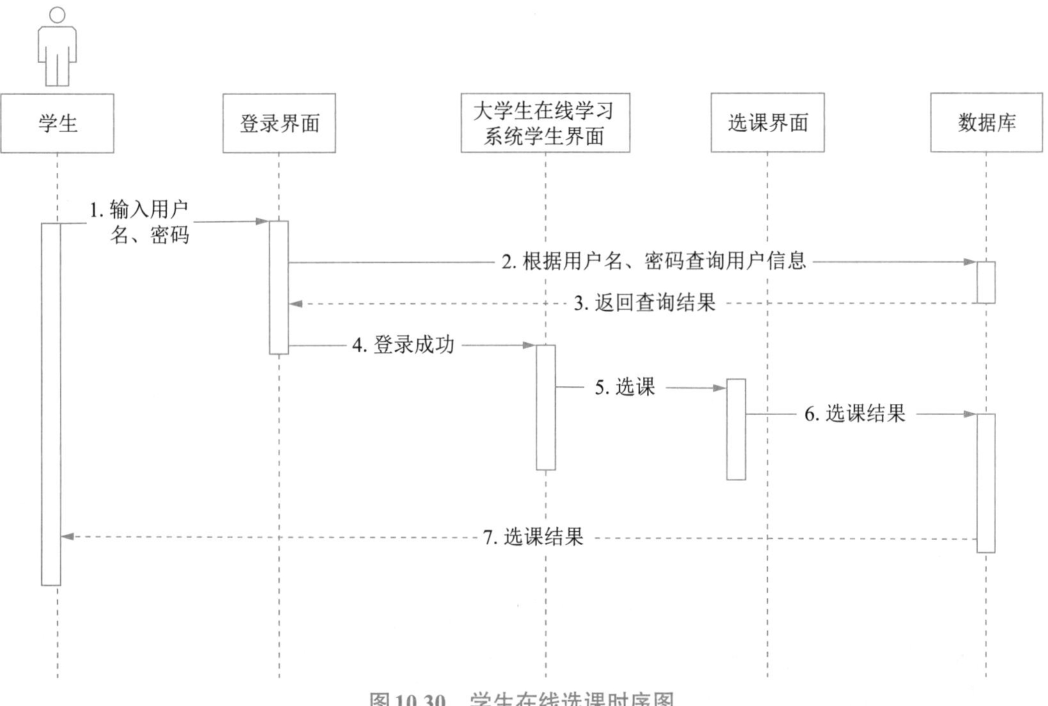

图10.30 学生在线选课时序图

4.3 在线学习时序分析

学生在线学习时序图如图10.31所示。

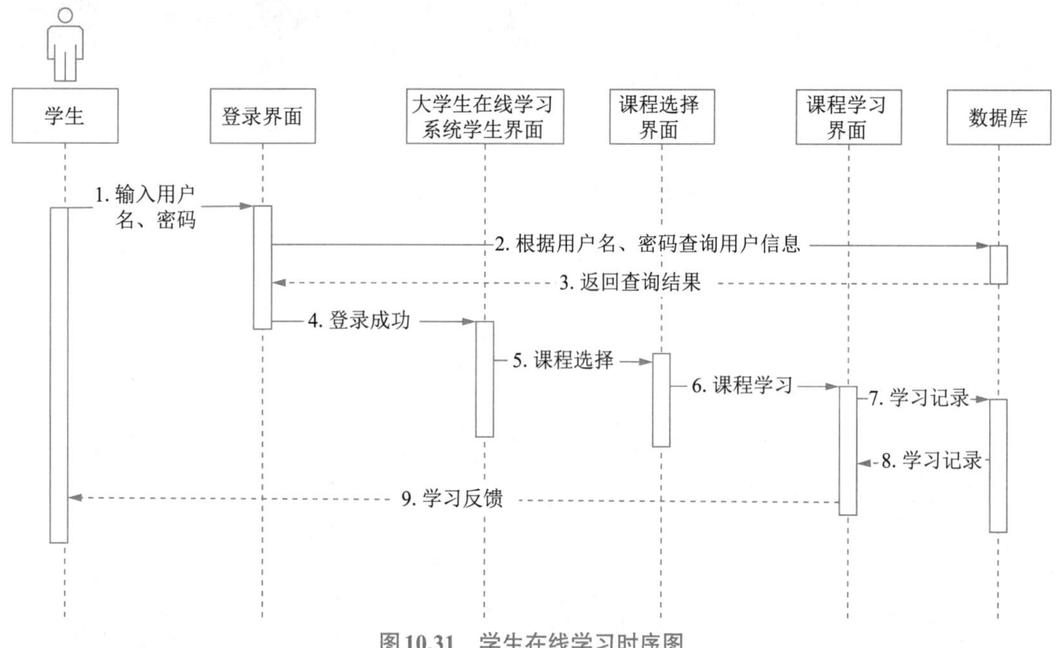

图10.31 学生在线学习时序图

4.4 考试发布时序分析

任课教师考试发布时序图如图10.32所示。

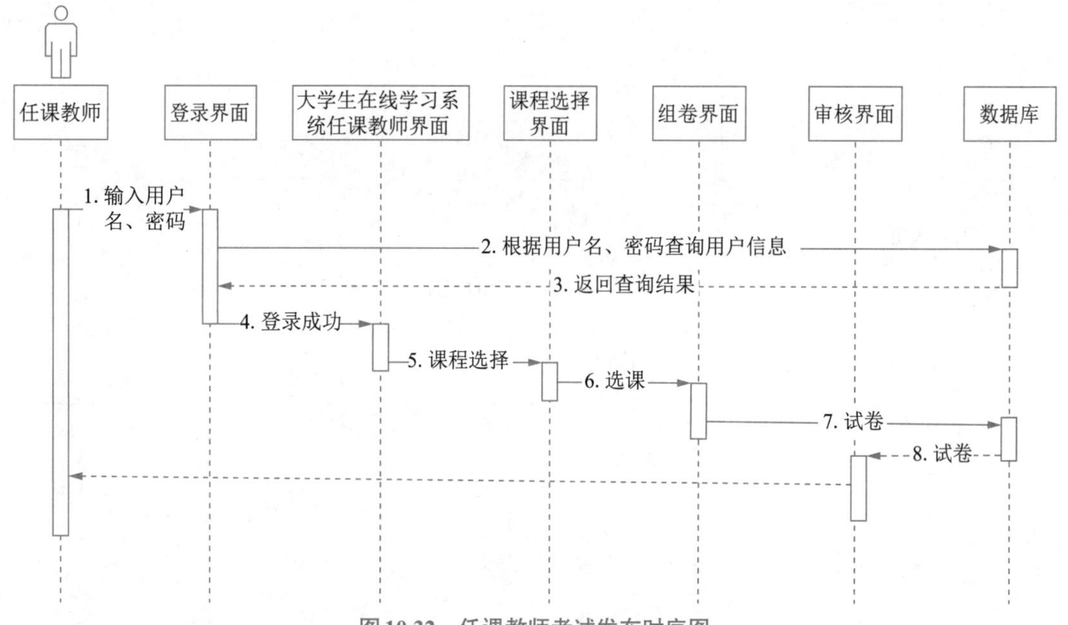

图10.32 任课教师考试发布时序图

4.5 在线考试时序分析

学生在线考试时序图如图10.33所示。

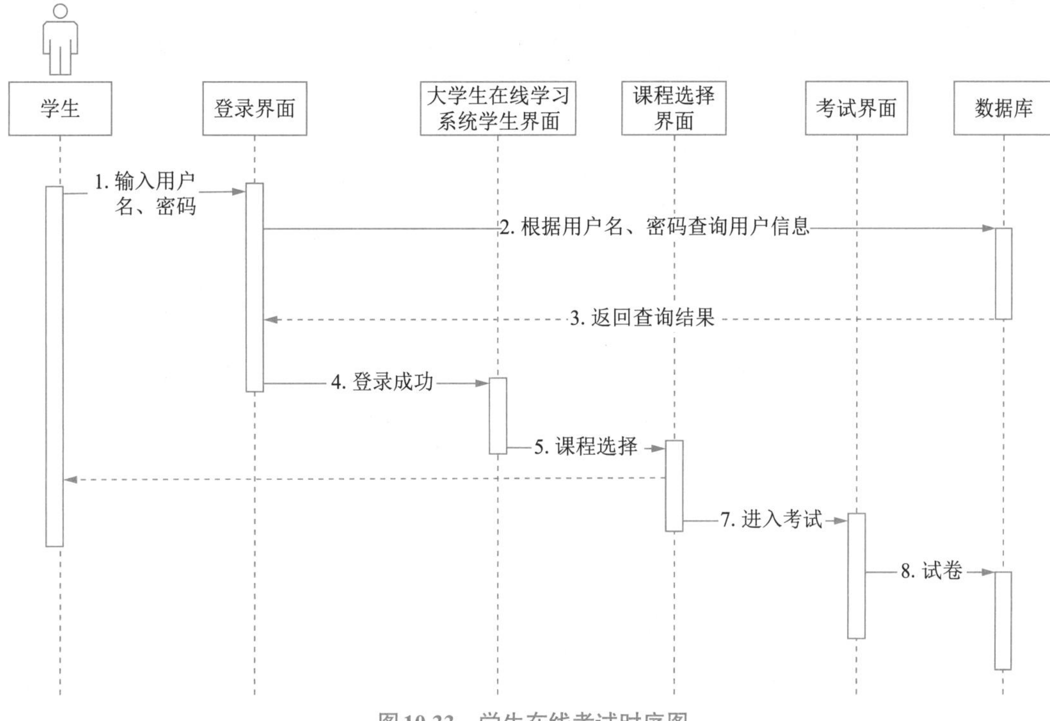

图 10.33　学生在线考试时序图

5. 页面设计

大学生在线学习系统后台管理端完全基于浏览器访问操作全部功能，支持Chrome、360、搜狗及IE等主流浏览器，移动端兼容Android及iOS移动应用。部分系统实现页面如下。

（1）后台管理端页面设计。

试卷列表页面如图10.34所示。

图 10.34　试卷列表页面

添加试卷页面如图10.35所示。

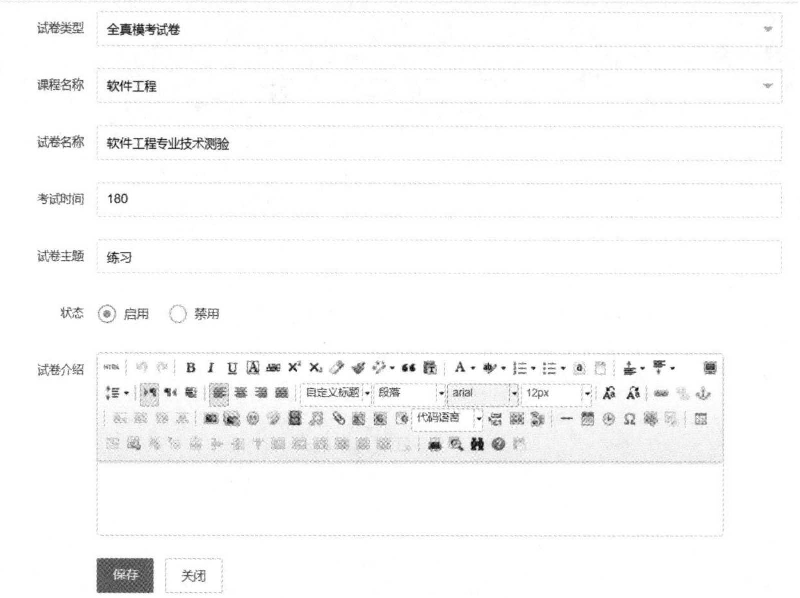

试卷类型 全真模考试卷
课程名称 软件工程
试卷名称 软件工程专业技术测验
考试时间 180
试卷主题 练习
状态 启用 禁用
试卷介绍
保存 关闭

图10.35 添加试卷页面

（2）移动端页面设计。

移动端页面如图10.36所示。

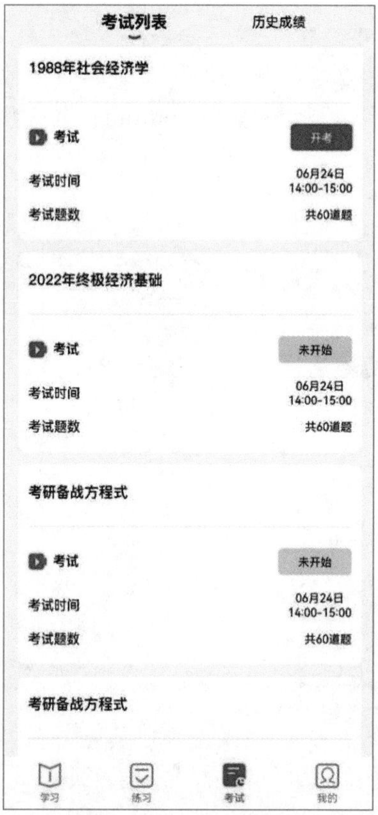

考试列表 历史成绩
1988年社会经济学
考试 开考
考试时间 06月24日 14:00-15:00
考试题数 共60道题
2022年终极经济基础
考试 未开始
考试时间 06月24日 14:00-15:00
考试题数 共60道题
考研备战方程式
考试 未开始
考试时间 06月24日 14:00-15:00
考试题数 共60道题
考研备战方程式
学习 练习 考试 我的

图10.36 移动端页面

6. 相关说明

6.1 性能

支持最高800个并发用户，最少400个并发用户，平均业务响应时间不超过1.5 s。

6.2 输入项

登录模块：对输入数据进行检测，要求输入者提供正确的用户名和密码。

学生模块：用户登录系统后可查看选修课程以及考试信息。

教师模块：用户登录系统后可对所教授课程进行组卷，查看已有试卷，进行考试发布，考试结束后进行阅卷。

院系管理员模块：可对本院系的基本信息进行操作和管理。

6.3 输出项

登录模块：正确输入用户名及密码登录成功后进入登录者信息页面。

学生模块：登录后进入学生操作页面。

教师模块：登录后进入教师操作页面。

院系管理员模块：登录后进入管理员操作页面。

6.4 算法说明

在线考试系统在建设时，使用到了数据集成技术、身份认证技术，下面对这两个技术进行详细说明。

6.4.1 数据集成技术

数据集成是把不同来源、格式和特点的数据在逻辑上或物理上有机地集中，从而提供全面的数据共享服务，是企业商务智能、数据仓库系统的重要组成部分。ETL是企业数据集成的主要解决方案。

在本项目中，学生在学习过程中通过ETL方案，抽取学习数据，将从数据源获取的数据按照业务需求，转换成目的数据源要求的形式，并对错误、不一致的数据进行清洗和加工，将转换后的数据装载到目的数据源，最终生成学生画像。

ETL作为构建数据仓库的一个环节，负责将分布的、异构数据源中的数据如关系数据、平面数据文件等抽取到临时中间层后进行清洗、转换、集成，最后加载到数据仓库或数据集中，成为联机分析处理、数据挖掘的基础。现在越来越多地将ETL应用于一般信息系统数据的迁移、交换和同步。一个简单ETL流程如图10.37所示。

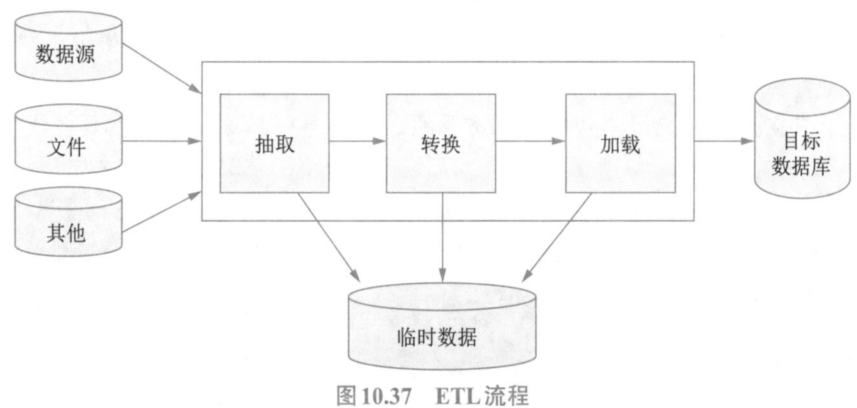

图10.37 ETL流程

6.4.2　身份认证技术

身份认证体系是平台安全保障体系中的重要一环。它通过对用户的鉴别，确定了用户访问网络资源和信息资源的访问控制级别与访问控制方式。

绝大多数的用户名或口令认证机制在身份认证协议中交换的认证消息为明文方式，未进行数据加密算法或者哈希算法的处理，这样导致的直接结果是用户名和口令这些敏感数据容易被截获和泄露。为解决上述问题，系统设计了动态口令，依据动态口令机制实现动态身份认证，彻底解决了网络环境中的用户身份认证问题。在用户进行登录的过程中，使用Apache Shiro认证过程进行安全设置，保证用户登录过程中数据的安全。Apache Shiro认证过程如图10.38所示。

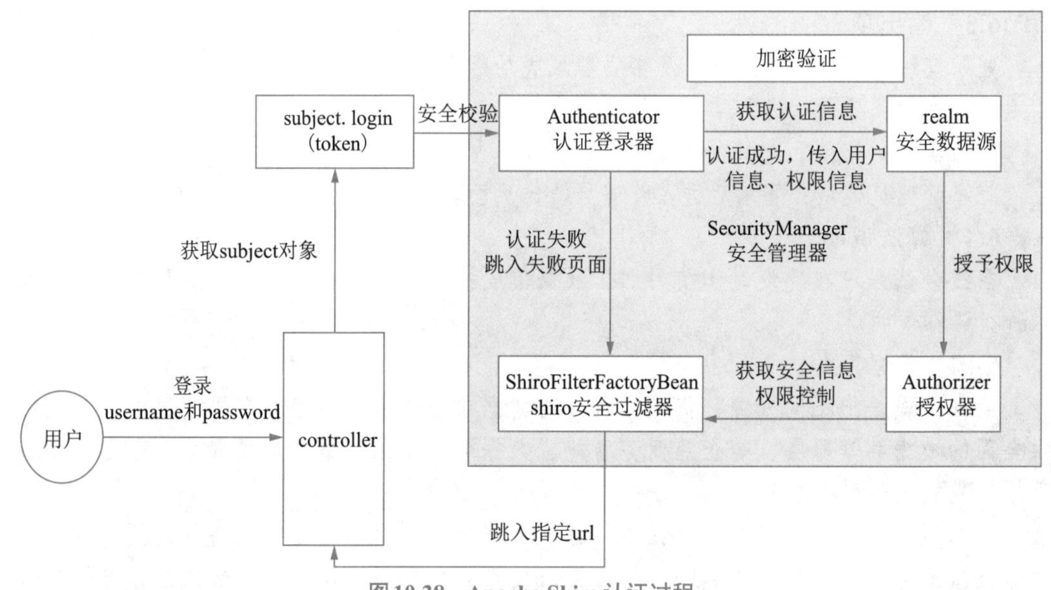

图10.38　Apache Shiro认证过程

6.5　接口设计

（1）数据接口

系统提供一种统计的数据接口，使各个子系统之间能够进行数据的交互及共享。系统之间采用WebServer进行数据交互，使用json格式进行数据传输。其中，WebServer首先需要完成各模块的初始化，创建网络编程，开启epoll监听，然后调用相应功能完成主线程的逻辑功能，循环实现形成事件回环。WebServer接口流程图如图10.39所示。

（2）微信登录接口

如果用户在微信客户端中访问第三方网页，公众号可以通过微信网页授权机制，来获取用户基本信息，进而实现业务逻辑。用户同意授权，获取code。在确保微信公众号拥有授权作用域（scope参数）的权限（已认证服务号，默认拥有scope参数中的snsapi_base和snsapi_userinfo权限）的前提下，微信授权包括appid、redirect-uri等相关参数，具体参数说明如表10.25所示。

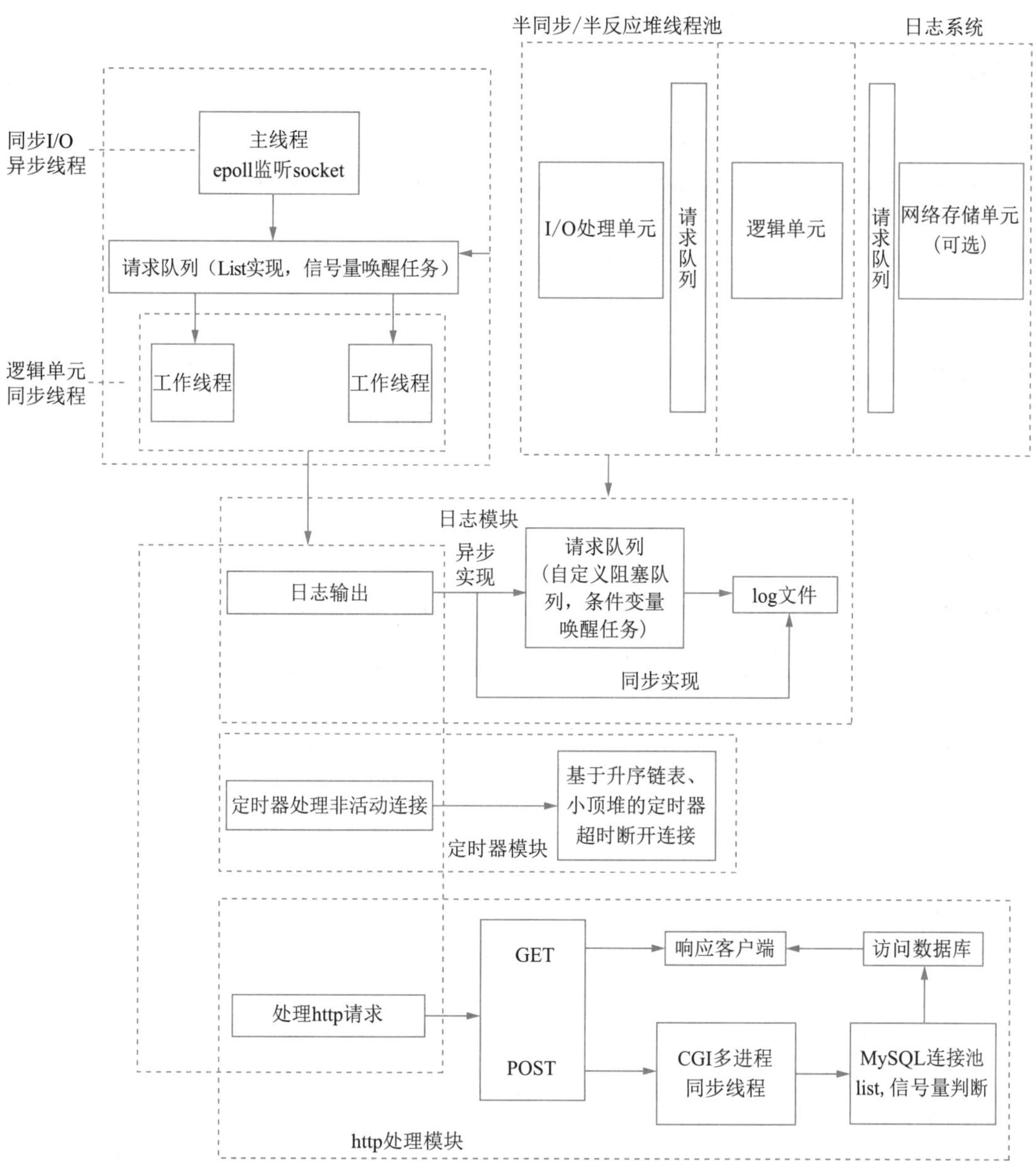

图10.39　WebServer接口流程图

表10.25　微信授权参数说明

参　　数	是否必需	说　　明
appid	是	公众号的唯一标识
redirect_uri	是	授权后重定向的回调链接地址，请使用 urlEncode 对链接进行处理
response_type	是	返回类型，请填写 code
scope	是	应用授权作用域，snsapi_base（不弹出授权页面，直接跳转，只能获取用户 openid），snsapi_userinfo（弹出授权页面，可通过 openid 拿到昵称、性别、所在地。并且，即使在未关注的情况下，只要用户授权，也能获取其信息）

续表

参　数	是否必需	说　明
state	否	重定向后会带上 state 参数，开发者可以填写a-zA-Z0-9的参数值，最多128字节
#wechat_redirect	是	无论直接打开还是做页面302重定向时，必须带此参数
forcePopup	否	强制此次授权需要用户弹窗确认；默认为false；需要注意的是，若用户命中了特殊场景下的静默授权逻辑，则此参数不生效

通过 code 换取网页授权access_token。如果网页授权作用域为snsapi_userinfo，则此时开发者可以通过access_token和 openid 拉取用户信息。请求方法为GET（请使用HTTPS协议）：access_token=ACCESS_TOKEN&openid=OPENID&lang=zh_CN。

微信授权拉取用户信息参数说明如表10.26所示。

表10.26　微信授权拉取用户信息参数说明

参　数	说　明
access_token	网页授权接口调用凭证，注意：此access_token与基础支持的access_token不同
openid	用户的唯一标识
lang	返回国家地区语言版本，zh_CN为简体、zh_TW为繁体、en为英语

6.6　限制条件

（1）登录模块只允许系统管理员和注册过的教师和学生登录。

（2）教师模块，院系管理员只能添加和查询课程，学生不得访问。

（3）管理模块仅限管理员操作。

（4）学生模块的考试操作仅限学生操作，在参加考试的过程中，该学生必须被添加到对应的课程中，并且在考试发布后才能进行相应的考试。

6.7　测试计划

6.7.1　测试的主要功能点

对于在线考试功能主要测试内容包括学生角色测试、任课教师角色测试、院系管理员角色测试。

学生角色测试功能如下：①模拟考试，提交试卷后显示答题情况；②正式考试，提交试卷后显示并记录考试结果。

任课教师角色测试功能如下：①试卷模块，包含试卷的添加、修改及删除，按试卷名称搜索试卷，指定试卷的考试人员，并对固定试卷指定试题功能；②试题模块，对试题进行管理。

院系管理员测试功能如下：①浏览学生考试和成绩记录，可通过院系和姓名对学生进行查询；②课程管理；③教师管理；④学生管理。

6.7.2　测试环境与配置

PC测试环境：Inter Core i7 4核 16GB。

内存：8GB。

操作系统：Windows 10。

浏览器：Google浏览器。

移动应用测试环境：Android使用华为P30 Pro，iOS使用iPhone 12。

6.7.3 测试方法及工具

系统使用的测试方法及工具说明如表10.27所示。

表10.27 测试方法及工具说明

测试内容	测试方法	测试工具
功能测试	黑盒测试、白盒测试、手工测试、回归测试	Postman/JUnit
安全测试	黑盒测试、白盒测试、手工测试、回归测试	Jmeter/JUnit
兼容性测试	黑盒测试、手工测试、回归测试	Google/IE/火狐浏览器
易用性测试	黑盒测试、手工测试、回归测试	
文档测试	黑盒测试、手工测试、回归测试	git

6.7.4 部分测试用例

因文档篇幅限制，只对试卷组卷及添加考生进行测试用例编写。

测试试卷组卷功能用例说明如表10.28所示。

表10.28 测试试卷组卷功能用例说明

序号	YL0001		
测试目的	测试试卷组卷功能		
测试级别	验收测试	测试类型	功能测试
测试方法与步骤	输入	试卷名、类型、科目、专业、及格分数、日期、开考时间、试题内容，点击“添加”	
	输出	试卷详细信息	
测试结果	1.非空，日期、数字和及格分（总分）的输入，通过测试		
	2.数据正确添加到数据库		
功能完成	是☑否☐		

测试添加考生功能用例说明如表10.29所示。

表10.29 测试添加考生功能用例说明

序号	YL00002		
测试目的	测试添加考生功能		
测试级别	验收测试	测试类型	功能测试
测试方法与步骤	输入	选择班级进行考生信息的添加，选择特定的用户进行考生信息添加	
	输出	显示出要考试的学生信息	
测试结果	1.正确添加考生信息		
	2.正确删除考生信息		
功能完成	是☑否☐		

6.7.5 测试结果及缺陷分析

（1）按照主要功能点逐一进行测试。

（2）考试功能正常，并能够正确显示最后结果。

（3）更新判断题，出现数组越界异常。

（4）添加试题正确，答案不正确。

（5）试卷修改，数组转换异常。

（6）试题添加后，试题信息中不能查询。

（7）试题分页没有正确显示数据。

6.7.6 测试结论

大学生在线学习系统中在线考试管理模块测试用例执行率达到100%，测试用例通过率须达到95%，并且其中未通过的测试用例不影响业务的正常运行。严重缺陷为0，一般缺陷为0，轻微缺陷小于10%。综合测试结果分析最终判定为测试通过。

6.8 尚未解决的问题

无。

10.5 大学生在线学习系统的编码规范说明

本节以大学生在线学习系统的编码规范为例展示本书第6章软件编码在实际项目中的应用。编码规范2开发环境涉及本书理论部分6.1节程序设计语言的分类、6.2节程序设计语言的选择等知识点；3编码规范涉及本书理论部分6.3节程序设计风格等知识点。大学生在线学习系统编码规范具体形式如下。

大学生在线学习系统编码规范（摘录）

1. 引言

1.1 编写目的

编码规范即编写出简洁、可维护、可靠、可测试、高效、可移植的代码，提高产品代码的质量，在代码编写过程中，适当的规范和标准绝不是消灭代码内容的创造性、优雅性，而是限制过度个性化，以一种普遍认可的统一方式做事，提升协作效率，降低沟通成本。通过使用编码规范可以降低排查问题的难度，减少后续项目的维护难度。编码规范的预期读者是系统开发人员，用于指导开发人员进行规范的代码编写。

1.2 项目背景

（1）系统名称：大学生在线学习系统。

（2）缩略词：i-growthing 学习平台。

（3）版本号：V1.0。

（4）系统开发的组织单位：××软件公司。

（5）项目任务提出者：××软件公司。

（6）项目开发者：××软件公司i-growthing项目组。

1.3 项目概述

目前市场上的在线学习系统大多专注于学生在线学习，没有对学生的专业技能、学习数据、过程记录进行数据统计分析，无法对学生后续学习进行有效规划。现根据系统的实现目标以及现行系统存在的问题，构建大学生在线学习系统，打造混合式教学模式，实现线上、线下教学有效对接与融合，打破时空限制，实现在线学习、在线考试、在线练习等功能。同时，在学生专业学习的过程中，通过对学生学习数据的统计、处理、分析，生成学生画像，并基于学生画像进行分析，根据分析结果辅助学生进行后续学习的决策以及学习优化。可通过此种方式达到对传统教学的改造与提升，进而提升教学质量。

本系统适用于线上、线下教学相结合的高校，可根据系统用户即高校学生的使用情况，依托于大数据技术，统计、分析学生在平台的学习状况、各地域及各院校的学生特点。可利用数据挖掘技术来发现平台课程支撑能力所存在的问题，以及学生在平台学习过程中存在的学习周期和学习习惯差异所导致的诸多问题。基于这些发现，可使用人工智能+教育的方式来助力并完善大学生在线学习系统。

2. 开发环境

2.1 开发语言

选用Java语言进行系统开发，原因如下。

（1）面向对象：Java是一种面向对象的编程语言，容易理解，略去了多重加载、指针等难以理解的概念，并实现了自动垃圾回收，极大地简化了程序设计。

（2）跨平台性：跨平台是Java最大的优势。在任何安装了JVM（Java虚拟机）的平台上，Java均可运行，它架构在操作系统之上，屏蔽了底层的差异。

（3）安全：Java中没有指针即无法直接访问内存，且不容易出现内存泄露现象。

（4）多线程：Java内置对多线程的支持，可以方便地在程序中实现多线程的功能。

（5）有丰富的类库：经过多年的积累与沉淀，出现了很多优秀的框架，如Apache和Spring。借助框架可以使我们不去关注Java底层的开发，只需关注业务的实现。

（6）使用广泛：Java在开发高访问、高并发、集群化的大型网站方面有很大优势。目前在市场上Java占有率较大，使用人群较多，参考资料较为丰富。

2.2 开发环境

（1）系统开发环境选择

系统开发环境说明如表10.30所示。

表10.30　系统开发环境说明

服务器软件	Nigix
Java运行环境	JDK 1.8
代码仓库	Maven
系统开发框架	SpringBoot + MyBatis Plus
数据库系统	MySQL 5.7

（2）Nigix环境搭建

详情见参考链接：http://nginx.p2hp.com/index.html（nginx中文网，官网）。

（3）Maven环境搭建

详情见参考链接：https://maven.apache.org/（Apache Maven project）。

（4）SpringBoot、MyBatis环境搭建（略）

（5）数据库环境搭建（略）

2.3 开发工具

本系统采用Java开发语言，并以SpringBoot + MyBatis Plus为系统开发框架。现对Java常见开发工具进行简要介绍。

（1）IntelliJ IDEA：IntelliJ IDEA是Java编程语言的集成开发环境。它在业界被公认为是最好的Java开发工具，尤其是在智能代码助手、代码自动提示、重构、JavaEE支持、各类版本工具（git、svn等）、JUnit、CVS整合、代码分析、创新的GUI设计等方面的功能表现特别优秀。

（2）Eclipse：Eclipse是一个开放源代码的、基于Java的可扩展开发平台。Eclipse只是一个框架和一组服务，用于通过插件组件构建开发环境。Eclipse附带了一个标准的插件集，包括Java开发工具。

（3）NetBeans：NetBeans包括开源的开发环境和应用平台。NetBeans IDE可以使开发人员利用Java平台快速创建Web、企业、桌面以及移动的应用程序。NetBeans IDE已经支持PHP、Ruby、Java、Groovy、Grails和C/C++等开发语言。实际使用中，NetBeans更适合JavaWeb的开发。

（4）MyEclipse：MyEclipse是在Eclipse的基础上增加插件开发而成的功能强大的企业级集成开发环境，主要用于Java、Java EE以及移动应用的开发。MyEclipse的功能非常强大，支持也十分广泛，尤其是对各种开源产品的支持相当不错。

选择一个合适的工具可以极大地提高开发效率。大学生在线学习系统选用IntelliJ IDEA作为开发工具的原因如下。

（1）高度智能：当 IntelliJ IDEA 为源码建好索引后，即可为各种上下文提供相关建议，使开发者体验到无与伦比的快速和智能，包括快速智能代码补全、实时代码分析和可靠的重构工具。

（2）开箱即用体验：任务关键型工具，例如集成版本控制系统以及多种支持的语言与框架随时可用，不用另外安装插件。

（3）框架针对性辅助：虽然 IntelliJ IDEA 是一种适用于 Java 的 IDE，但它也理解大量其他语言（例如 SQL、JPQL、HTML、JavaScript 等）并提供智能编码辅助。

（4）提高生产力：IDE 可以预测需求，然后自动完成开发工作中烦琐而又重复的任务，使开发者可以专注于处理更重要的工作。

（5）开发者人体工程学：在制订每一项设计和实现决策时，需牢记开发者工作流中断所产生的风险，并尽力消除或降低这类情况的发生，IDE会根据开发内容自动调用相关工具。

3. 编码规范

以下部分内容引用自阿里巴巴公司Java开发手册。

3.1 编程规约

3.1.1 命名规约

命名规约如表10.31所示。

表10.31 命名规约

编 号	命名规约	示 例
1	代码命名不能以下画线或者美元符号开头或者结尾	反例：_name / __name / $Object / name_ / name$ / Object$
2	代码命名不能采用中文拼音或者中文拼音与英文混合的方式	1）ali / alibaba / taobao / cainiao / aliyun / youku / hangzhou 等国际通用的名称，可视为英文。 2）username / password /email /mobile
3	类名使用UpperCamCamelCase风格，但DO、PO、DTO、VO、BO等除外	MarcoPolo / UserDO / XmlService / TcpUdpDeal / TaPromotion
4	方法名、参数名、变量名统一使用lowerCamelCase，必须遵守驼峰命名规则	localValue / getHttpMessage() / inputUserId
5	常量名全部大写，单词间用下画线隔开	MAX_STOCK_COUNT
6	抽象类必须以Abstract或者Base开头，异常类必须以Exception结尾，测试类以测试的类的名称开头，以Test结尾	IOException / ClassNotFountException / UserLoginTest / BaseUtil
7	类型与中括号紧挨相连来表示数组	String [ ]args;
8	POJO类中布尔类型变量不要加is前缀	反例：定义为基本数据类型 boolean isSuccess;的属性，它的方法也是 isSuccess()，RPC 框架在反向解析的时候，“以为”对应的属性名称是 success，导致属性获取不到，进而抛出异常
9	包名统一小写，点分隔符有且只有一个自然语义单词	包名：cn.workshop.obestudy.studyapi.mapper 类名：CourseMapper
10	避免不规范的缩写命名	反例：<某业务代码>AbstractClass“缩写”命名成AbsClass；condition“缩写”命名成condi。此类随意缩写严重降低了代码的可阅读性
11	如果用到设计模式，建议在类名中体现出具体模式	public class OrderFactory; public class LoginProxy; public class ResourceObserver;
12	接口类中的方法和属性不要加任何修饰符，并加上有效的Javadoc	/** * 课程服务 * * @author haowei */ public interface CourseService extends IService<Course> {

续表

编　号	命名规约	示　例

12	接口类中的方法和属性不要加任何修饰符，并加上有效的Javadoc	`/**`
		`* 获取课程树`
		`*`
		`* @param id 课程id`
		`* @return 课程树`
		`*/`
		`CourseTreeVo getCourseTree(Integer id);`
		
		`/**`
		`* 设置学习课程详情`
		`*`
		`* @param courseTree 课程树`
		`* @param userId 用户id`
		`*/`
		`void setStudyCourseDetail(CourseTreeVo courseTree, Integer userId);`
		`}`

13	接口和实现类的命名规则： 对于service和dao类，实现类必须用Impl结尾； 如果是形容能力的接口名称，取对应的形容词为接口名	CacheServiceImpl 实现 CacheService 接口， AbstractTranslator 实现 Translatable接口
14	枚举类名加Enum后缀，枚举成员名称全大写，单词间用下画线隔开	枚举名称：DealStatusEnum；成员名称：SUCCESS / UNKOWN_REASON

3.1.2　常量定义

常量定义如表10.32所示。

表10.32　常量定义

编　号	常量定义	示　例
1	代码中禁止出现魔法值	反例：String key="Id#taobao_"+tradeId; cache.put(key, value);，其中Id#taobao_属于魔法值
2	在Long类型中赋值，数值后使用大写L	Long a = 2L，此处不要写成小写l
3	不要在一个常量类中维护所有常量，要根据功能分开维护	缓存相关的常量放在类CacheConsts 下；系统配置相关的常量放在类ConfigConsts 下
4	如果变量值只在固定的范围内变化，用Enum类型定义	public Enum{ MONDAY(1), TUESDAY(2), WEDNESDAY(3), THURSDAY(4), FRIDAY(5), SATURDAY(6), SUNDAY(7);}

3.1.3　格式定义

格式定义如表10.33所示。

表10.33　格式定义

<table>
<tr><th>编　号</th><th>格式定义</th><th>示　例</th></tr>
<tr><td>1</td><td>如果大括号代码为空，则直接写为'{}'。如果大括号内有代码，则：左大括号左侧不换行，右侧换行；右大括号右侧换行，左侧如果不跟else等代码换行，否则不换行</td><td rowspan="4"><pre>/**
 * 课程服务实现
 * @author haowei
 */
@Service
public class CourseServiceImpl implements CourseService {
    //大括号内有代码，则：左大括号左侧不换行，右侧换行
    private void setNeedCourseLock() {
        // 代码省略
        // 运算符的左右必须有一个空格
String say = "hello";
      // 右大括号右侧换行，左侧如果不跟else等代码换行，否则不换行
        if
(isFirstStart) {
               if (Objects.nonNull(
catalogVo)
) {
               //代码省略

}
        }else {
        //代码省略

}
    }
}</pre></td></tr>
<tr><td>2</td><td>采用4个空格，禁止使用tab</td></tr>
<tr><td>3</td><td>注释的双斜线和内容要有空格</td></tr>
<tr><td>4</td><td>强制类型转换时，右括号与强制转换值之间不用空格</td></tr>
<tr><td>5</td><td>单行字符不超过120个，超过要换行</td><td><pre>StringBuffer sb = new StringBuffer();
// 超过120个字符的情况下，换行缩进4个空格，并且方法前的点符号一起换行
sb.append("zi").append("xin")…
.append("huang");</pre></td></tr>
<tr><td>6</td><td>方法在定义和传参时，必须要加空格</td><td>下例中实参的"a",后边必须要有一个空格。<pre>method("a",
 "b", "c");</pre></td></tr>
<tr><td>7</td><td>单个方法尽量不超过80</td><td></td></tr>
<tr><td>8</td><td>不同逻辑、不同语义、不同业务之间的代码插入一个空行分隔符</td><td></td></tr>
</table>

3.1.4 注释规约

注释规约如表10.34所示。

表10.34 注释规约

编号	注释规约
1	类、类属性、类方法的注释必须使用Javadoc规范，使用/** 内容 */格式，不得使用// × × × 方式
2	所有的抽象方法（包括接口中的方法）必须要用Javadoc注释，除了返回值、参数、异常说明外，还必须指出该方法做什么事情，实现什么功能
3	所有的类都必须添加创建者和创建日期
4	方法内部单行注释，在被注释语句上方另起一行，使用//注释。方法内部多行注释使用/* */注释，注意与代码对齐
5	所有的枚举类型字段必须要有注释，说明每个数据项的用途
6	与其用“半吊子”英文来注释，不如用中文注释把问题说清楚。专有名词与关键字保持英文原文即可
7	代码修改的同时，注释也要进行相应的修改，尤其是参数、返回值、异常、核心逻辑等的修改
8	谨慎注释代码。若注释，在上方详细说明，而不是简单地注释掉。如果无用，则删除
9	对于注释的要求：第一，能够准确反映设计思想和代码逻辑；第二，能够描述业务含义，使别的程序员迅速了解到代码背后的信息
10	好的命名、代码结构是自解释的，注释力求精简准确、表达到位。避免出现过多过滥的注释，代码的逻辑一旦修改，修改注释是相当大的负担
11	特殊注释标记，请注明标记人与标记时间。注意及时处理这些标记，可通过标记扫描，清理此类标记。线上故障有时候就来源于这些标记处的代码

注释类型及示例如表10.35所示。

表10.35 注释类型及示例

编号	注释类型	示例

1	类注释	/**
		* Copyright (C), 2006-2010, haowei info. Co., Ltd.
		* FileName: CourseController.Java
		* 课程相关业务的实现
		* @author haowei
		* @Date 2022年09月1日
		* @version 1.00
		*/
		@RestController
		@RequestMapping("/course")
		@Validated
		@Api(tags = "课程控制器")
		public class CourseController {
		@Resource
		private CourseService courseService;
		}

续表

<table>
<tr><th>编号</th><th>注释类型</th><th>示例</th></tr>
<tr><td>2</td><td>属性注释</td><td><pre>/**
* 课程id
*/
@TableId(type = IdType.AUTO)
private Integer id;</pre></td></tr>
<tr><td>3</td><td>方法注释</td><td><pre>/**
* 分页获取课程列表
* @param coursePageDto 请求参数
* @param bindingResult 请求参数
* @param request 请求参数
* @return ResponseData<
ResponsePage<CourseVo>>
 返回课程列表
*/
@PostMapping("getPage")
@ApiOperation(
"分页获取课程列表")
public ResponseData<
ResponsePage<CourseVo>> getPage(@Validated @RequestBody
CoursePageDto coursePageDto, BindingResult bindingResult,
httpServletRequest request) {
        ResponsePage<CourseVo> responsePage = ResponsePage.
formList(list, coursePage);
        return ResponseData.ok(responsePage);
}</pre></td></tr>
<tr><td>4</td><td>方法内部注释</td><td><pre>public ResponseData<List<CourseVo>> getRecommendCourse() {
        // 获取token，判断是否拥有课程（单行注释）
        String token = jwtInterceptor.getToken();
        Integer userId = JwtTokenUtil.getUserId(token);
        /* 多行注释
            获取课程列表
            判断课程列表是否属于当前用户
         */
        List<Course> list = courseService.list();
        return ResponseData.ok();
}</pre></td></tr>
</table>

3.2 数据库规约

3.2.1 建表规约

建表规约如表10.36所示。

表10.36　建表规约

编　号	建表规约	说　明
1	表达是与否概念的字段，必须使用is_xxx的方式命名，数据类型是unsigned tinyint（1表示是，0表示否）	任何字段如果为非负数，必须是unsigned
2	表名、字段名必须使用小写字母或数字，禁止出现数字开头，禁止两个下画线中间只出现数字。数据库字段名的修改代价很大，因为无法进行预发布	正例：getter_admin、task_config、level3_name 反例：GetterAdmin、taskConfig、level_3_name
3	表名不使用复数名词	表名应该仅仅表示表里面的实体内容，不应该表示实体数量，对应于 DO 类名也是单数形式，符合表达习惯
4	禁用保留字	如desc、range、match、delayed、order等
5	主键索引名为pk_字段名；唯一索引名为uk_字段名；普通索引名则为idx_字段名	uk_ 即 unique key；idx_ 即 index 的简称
6	小数类型为decimal，禁止使用float和double	float 和 double 在存储的时候，存在精度损失的问题，很可能在值的比较时，得到不正确的结果。如果存储的数据范围超过 decimal 的范围，建议将数据拆成整数和小数分开存储
7	如果存储的字符串长度几乎相等，使用char定长字符串类型	
8	varchar是可变长字符串，不预先分配存储空间，长度不要超过5000，如果存储长度大于此值，定义字段类型为text，独立出来一张表，用主键来对应，避免影响其他字段索引效率	
9	表必备三字段：id、create_time、update_time	其中 id 必为主键，类型为 unsigned bigint，单表时自增，步长为 1；分表时改为从 TDDL Sequence 取值，确保分表之间的全局唯一。gmt_create、gmt_modified 的类型均为date_time类型
10	表的命名最好是遵循“业务名称_表的作用”这一规约	tiger_task / tiger_reader / mpp_config
11	库名与应用名称尽量一致	
12	字段允许适当冗余，以提高查询性能，但必须考虑数据一致	1）不是频繁修改的字段。 2）不是varchar超长字段，更不能是text字段。 各业务线经常冗余存储商品名称，避免查询时需要调用 IC 服务获取
13	如果修改字段含义或对字段表示的状态追加时，需要及时更新字段注释	如果预计三年后的数据量根本达不到这个级别，请不要在创建表时就分库分表，单表行数超过500万行或者单表容量超过2GB，才推荐进行分库分表

续表

编　　号	建表规约	说　　明
14	合适的字符存储长度，不但节约数据库表空间，节约索引存储，更重要的是提升检索速度	人的年龄用 unsigned tinyint（表示范围 0～255，人的寿命不会超过 255 岁）；海龟就必须是 smallint，但如果是太阳的年龄，就必须是 int；如果是所有恒星的年龄都加起来，那么就必须使用 bigint

3.2.2　索引规约

索引规约如表 10.37 所示。

表 10.37　索引规约

编　　号	索引规约	说　　明
1	业务上具有唯一特性的字段，即使是多个字段的组合，也必须建成唯一索引	不要以为唯一索引影响了 insert 速度，这个速度损耗可以忽略，但提高查找速度是明显的；另外，即使在应用层做了非常完善的校验和控制，只要没有唯一索引，根据墨菲定律，必然有脏数据产生
2	超过三个表禁止 join。需要 join 的字段，数据类型必须绝对一致；多表关联查询时，保证被关联的字段需要有索引	即使双表 join 也要注意表索引、SQL 性能
3	在 varchar 字段上建立索引时，必须指定索引长度，没必要对全字段建立索引，根据实际文本区分度决定索引长度即可	索引的长度与区分度是一对矛盾体，一般对字符串类型数据，长度为 20 的索引，区分度会高达 90% 及以上，可以使用 count(distinct left(列名, 索引长度))/count(*) 的区分度来确定
4	页面搜索严禁左模糊或者全模糊，如果需要请通过搜索引擎来解决	索引文件具有 B-Tree 的最左前缀匹配特性，如果左边的值未确定，那么无法使用此索引
5	如果有 order by 的场景，请注意利用索引的有序性。order by 最后的字段是组合索引的一部分，并且放在索引组合顺序的最后，避免出现 file_sort 的情况，影响查询性	where a=? and b=? order by c; 索引：a_b_c
6	利用覆盖索引来进行查询操作，避免回表	IDB 能够建立索引的种类有主键索引、唯一索引、普通索引，而覆盖索引是一种查询的效果，用 explain 的结果是，extra 列会出现 using index
7	利用延迟关联或者子查询优化超多分页场景	先快速定位需要获取的 id 段，然后再关联：SELECT a.* FROM 表 1 a, (select id from 表 1 where 条件 LIMIT 100000,20) b where a.id=b.id
8	SQL 性能优化的目标：至少要达到 range 级别，要求是 ref 级别，如果可以是 consts 最好	consts 单表中最多只有一个匹配行，在优化阶段即可读取到数据。 ref 指的是使用普通的索引。 range 对索引进行范围检索
9	创建组合索引的时候，区分度最高的在最左边	如果 where a=? and b=?，a 列的几乎接近于唯一值，那么只需要单独创建 idx_a 索引即可

续表

编　号	索引规约	说　明
10	创建索引时避免有极端误解	误认为一个查询就需要创建一个索引。 误认为索引会消耗空间，严重拖慢更新和新增速度。 误认为唯一索引一律需要在应用层通过“先查后插”的方式解决

3.3　工程规约

3.3.1　应用分层

默认上层依赖于下层，箭头关系表示可直接依赖，如开放接口层可以依赖于Web层，也可以直接依赖于Service层。系统架构图如图10.40所示。

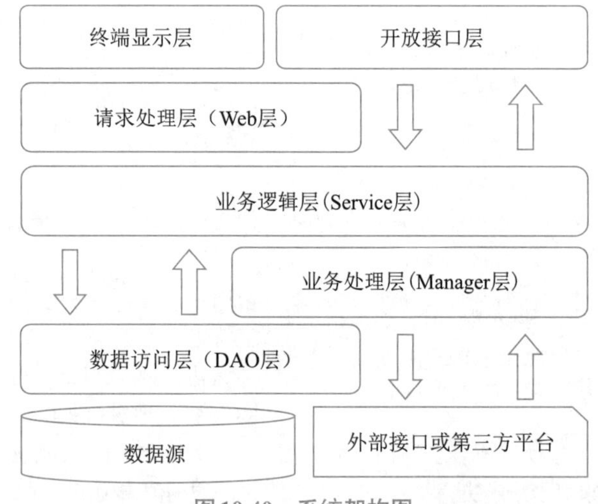

图10.40　系统架构图

现对各层内容进行详细阐述。

（1）开放接口层：可直接封装Service接口，将其暴露成RPC接口，或者通过Web封装成HTTP接口，并设置网关控制层等进行管理和控制。

（2）终端显示层：渲染并执行显示层。当前主要通过velocity渲染、JS渲染、JSP渲染及移动端展示层等实现。

（3）Web层：主要是对访问控制进行转发，对各类基本参数进行校验，或者对不重用的业务进行简单处理等。

（4）Service层：相对具体的业务逻辑层。

（5）Manager层：业务处理层。该层具有如下特征：对第三方平台封装的层，预处理返回结果及转化异常信息；下沉的Service层通用能力，如缓存方案、中间件通用处理；与DAO层交互，对DAO的业务通用能力进行封装。

（6）DAO层：数据访问层，与底层MySQL、Oracle、HBase、OB进行数据交互。

（7）外部接口或第三方平台：包括其他部门RPC开放接口、基础平台、其他公司的HTTP接口。

3.3.2 服务器规约

（1）高并发服务器建议调小TCP协议的time_wait超时时间。

说明：操作系统默认240 s后，才会关闭处于time_wait状态的连接，在高并发访问下，服务器端会因为处于time_wait的连接数太多，无法建立新的连接，所以需要在服务器上调小此等待值。

正例：在Linux服务器上请通过变更/etc/sysctl.conf 文件去修改该默认值（s），即net.ipv4.tcp_fin_timeout = 30。

（2）调大服务器所支持的最大文件句柄数（file descriptor，简写为fd）。

说明：主流操作系统的设计是将TCP/UDP连接采用与文件一样的方式去管理，即一个连接对应一个fd。Linux 服务器默认所支持最大fd为1024，当并发连接数很大时很容易因为fd不足而出现“open too many files”错误，导致新的连接无法建立。建议将Linux服务器所支持的最大句柄数调高数倍（与服务器的内存数量相关）。

（3）给JVM设置-XX:+HeapDumpOnOutOfMemoryError参数，让JVM碰到OOM场景时输出 dump信息。

说明：OOM的发生是有概率的，甚至有规律地相隔数月才出现一例，出现时的现场信息对查错非常有价值。

（4）服务器内部重定向必须使用 forward；外部重定向地址必须使用URL Broker生成，否则因线上采用HTTPS协议而导致浏览器提示“不安全”。此外，还会带来URL维护不一致的问题。

3.4 安全规约

（1）可被用户直接访问的功能必须进行权限控制校验。

说明：防止随意访问、操作别人的数据，比如查看、修改别人的订单。

（2）用户敏感数据禁止直接展示，必须对展示数据脱敏。

说明：如支付宝中查看个人手机号码会显示成158****9119，隐藏中间4位，防止隐私泄露。

（3）SQL注入。

用户输入的SQL参数严格使用参数绑定或者METADATA字段值限定，防止SQL注入，禁止字符串拼接SQL访问数据库。

（4）参数有效性验证，用户请求传入的任何参数必须做有效性验证。

说明：忽略参数有效性校验可能造成的后果为page size过大导致内存溢出，恶意order by导致数据库慢查询，正则输入源串拒绝服务ReDOS，任意重定向，SQL注入，Shell注入，反序列化注入。

3.4.1 安全过滤

禁止向HTML页面输出未经安全过滤或未正确转义的用户数据，表单、AJAX提交必须执行CSRF安全过滤，URL外部重定向传入的目标地址必须执行白名单过滤。

说明：CSRF（cross-site request forgery，跨站请求伪造）是一类常见的编程漏洞。对于存在CSRF漏洞的应用/网站，攻击者可以事先构造好URL，只要受害者用户一访问，后台便在用户不知情的情况下对数据库中的用户参数进行相应修改。

```
try {
if (CheckSafeUrl.getDefaultInstance().inWhiteList(targetUrl)){
    response.sendRedirect(targetUrl);
}
} catch (IOException e) {
logger.error("Check returnURL error! targetURL=" + targetURL, e);
}
```

3.4.2　配置 Robots 文件

Web 应用必须正确配置 Robots 文件，非 SEO URL 必须配置为禁止爬虫访问。

User-agent: * Disallow: /

3.4.3　限制次数和频率

在使用平台资源时，譬如短信、邮件、电话、下单、支付，必须实现正确的防重放限制，如数量限制、疲劳度控制、验证码校验，避免被滥刷、资损。

说明：如注册时发送验证码到手机，如果没有限制次数和频率，那么可以利用此功能干扰其他用户，并造成短信平台资源浪费。

3.4.4　风控策略

发帖、评论、发送即时消息等用户生成内容的场景必须实现防刷、文本内容违禁词过滤等风控策略。

附件 1：大学生在线学习系统部分代码

Controller 控制器代码

```
package cn.workshop.obestudy.studyapi.controller;
/**
 * 课程控制器
 *
 * @author haowei
 */
@RestController
@RequestMapping("/course")
@Validated
@Api(tags = "课程控制器")
public class CourseController {
    @Resource
    private CourseService courseService;
    @GetMapping("get")
    @ApiOperation("获取课程信息")
    public ResponseData<CourseVo> get(@NotNull @Parameter(description = "课
        程 id") Integer id, httpServletRequest request) {
        CourseVo courseVo = new CourseVo();
        Course course = courseService.getById(id);
        if (Objects.isNull(course)) {
            return ResponseData.warn("课程不存在");
        }
        BeanUtils.copyProperties(course, courseVo);
        // 获取 token
        String token = request.getHeader("Authorization");
```

```
        Integer userId = null;
        if (StrUtil.isNotBlank(token)) {
            userId = JwtTokenUtil.getUserId(token);
        }
        // 判断用户是否有此课程
        if (Objects.nonNull(userId)) {
            UserCourse userCourse = userCourseService.selectByUserIdAnd
                CourseId(userId, id);
            courseVo.setHasCourse(!Objects.isNull(userCourse));
        }
        else {
            courseVo.setHasCourse(false);
        }
        return ResponseData.ok(courseVo);
    }
}
```

PO代码

```
package cn.workshop.obestudy.studyapi.entity.po;
import java.io.Serializable;
/**
 * 学习 - 课程
 * @author haowei
 * @TableName st_course
 */
@TableName(value = "st_course")
@Data
public class Course implements Serializable {
    /**
     * 课程 id
     */
    @TableId(type = IdType.AUTO)
    private Integer id;
    /**
     * 课程名称
     */
    private String courseName;
    /**
     * 课程价格
     */
    private Double coursePrice;
    /**
     * 课程类型
     */
    private Integer courseType;
    /**
     * 课程描述
     */
    private String courseDesc;
    /**
```

```
     * 课程详情
     */
    private String courseDetail;
    /**
     * 课程状态（0 下架，1 上架）
     */
    private Integer courseState;
    /**
     * 学习须知
     */
    private String studyDetail;
    /**
     * 课程封面
     */
    private String courseImg;
    @TableField(exist = false)
    private static final long serialVersionUID = 1L;
    /**
     * 负责人 id
     */
    private Integer ownerId;
    /**
     * 机构 id
     */
    private Integer orgId;
    /**
     * 是否删除（0 是，1 否）
     */
    private Boolean isDelete;
    /**
     * 创建时间
     */
    @TableField(fill = FieldFill.INSERT)
    private String createTime;
    /**
     * 修改时间
     */
    @TableField(fill = FieldFill.INSERT_UPDATE)
    private String updateTime;
}
```

Service 代码

```
package cn.workshop.obestudy.studyapi.service.impl;
/**
 * 课程服务实现
 * @author haowei
 */
@Service
public class CourseServiceImpl extends ServiceImpl<CourseMapper, Course>
        implements CourseService {
```

```java
    @Resource
    private SectionService sectionService;
    @Override
    public CourseTreeVo getCourseTree(Integer id) {
        Course byId = getById(id);

        CourseTreeVo courseTreeVo = new CourseTreeVo();
        BeanUtils.copyProperties(byId, courseTreeVo);

        QueryWrapper<Catalog> queryWrapper = new QueryWrapper<>();
        queryWrapper.eq("course_id", id);
        queryWrapper.eq("catalog_state", 1);

        List<Catalog> list = catalogService.list(queryWrapper);
        List<CatalogVo> catalogVos = new ArrayList<>();
        for (Catalog catalog : list) {
            CatalogVo catalogVo = new CatalogVo();
            BeanUtils.copyProperties(catalog, catalogVo);
            QueryWrapper<Section> queryWrapper1 = new QueryWrapper<>();
            queryWrapper1.eq("catalog_id", catalog.getId());
            List<Section> sections = sectionService.list(queryWrapper1);
            List<SectionVo> sectionVos = new ArrayList<>();
            for (Section section : sections) {
                SectionVo sectionVo = new SectionVo();
                BeanUtils.copyProperties(section, sectionVo);
                sectionVos.add(sectionVo);
            }
            catalogVo.setSectionList(sectionVos);
            catalogVos.add(catalogVo);
        }
        courseTreeVo.setCatalogList(catalogVos);
        return courseTreeVo;
    }
}
```

CourseMapper.xml

```xml
<?xml version="1.0" encoding="UTF-8"?>
<!DOCTYPE mapper
        PUBLIC "-//mybatis.org//DTD Mapper 3.0//EN"
        "http://mybatis.org/dtd/mybatis-3-mapper.dtd">
<mapper namespace="cn.workshop.obestudy.studyapi.mapper.CourseMapper">

    <resultMap id="BaseResultMap"
type="cn.workshop.obestudy.studyapi.entity.po.Course">
        <id property="id" column="id" jdbcType="INTEGER"/>
        <result property="courseName" column="course_name" jdbcType="VARCHAR"/>
        <result property="coursePrice" column="course_price" jdbcType="DOUBLE"/>
        <result property="courseType" column="course_type" jdbcType="INTEGER"/>
        <result property="originPrice" column="origin_price" jdbcType="DOUBLE"/>
        <result property="courseDesc" column="course_desc" jdbcType="VARCHAR"/>
```

```
        <result property="courseDetail" column="course_detail" jdbcType="VARCHAR"/>
        <result property="courseState" column="course_state" jdbcType="INTEGER"/>
        <result property="studyDetail" column="study_detail" jdbcType="VARCHAR"/>
        <result property="courseImg" column="course_img" jdbcType="VARCHAR"/>
        <result property="ownerId" column="owner_id" jdbcType="INTEGER"/>
        <result property="orgId" column="org_id" jdbcType="INTEGER"/>
        <result property="isDelete" column="is_delete" jdbcType="BOOLEAN"/>
        <result property="createTime" column="create_time" jdbcType="VARCHAR"/>
        <result property="updateTime" column="update_time" jdbcType="VARCHAR"/>
    </resultMap>
    <sql id="Base_Column_List">
        id,
        course_name,course_price,
        course_type,origin_price,course_desc,
        course_detail,can_drag,unlock_type,
        course_state,study_detail,course_img,
        expire_mode,expire_date,
        owner_id,course_source,
        org_id,is_delete,create_time,
        update_time
    </sql>
</mapper>
```

10.6 大学生在线学习系统的软件测试

本节以大学生在线学习系统的单元测试和缺陷报告为例，展示如何运用本书第7章的软件测试理论、方法和策略，进行实际项目编码后的测试。单元测试2测试环境和3.2.1节软件测试的原则涉及本书理论部分7.1节软件测试概述；3测试概要涉及本书理论部分7.3.1节单元测试等知识点；4测试内容涉及本书理论部分7.3节软件测试过程和7.4节软件测试方法等知识点。

大学生在线学习系统软件单元测试文档如下。

大学生在线学习系统软件单元测试（摘录）

1. 引言

1.1 编写目的

本软件单元测试为大学生在线学习系统制定相应的测试用例，目的在于制定测试阶段的测试方法以及分析测试结果，描述系统是否符合需求。预期参考人员包括用户、测试人员、开发人员、项目管理者、其他质量管理人员和需要阅读本文档的高层经理。

1.2 项目背景

（1）系统名称：大学生在线学习系统。

（2）缩略词：i-growthing 学习平台。

（3）版本号：V1.0。

（4）系统开发的组织单位：××软件公司。

（5）项目任务提出者：××软件公司。

（6）项目开发者：××软件公司i-growthing项目组。

1.3 项目概述

目前市场上的在线学习系统大多专注于学生在线学习，没有对学生的专业技能、学习数据、过程记录进行数据统计分析，无法对学生后续学习进行有效规划。现根据系统的实现目标以及现行系统存在的问题，构建大学生在线学习系统，打造混合式教学模式，实现线上、线下教学有效对接与融合，打破时空限制，实现在线学习、在线考试、在线练习等功能。同时，在学生专业学习的过程中，通过对学生学习数据的统计、处理、分析，生成学生画像，并基于学生画像进行分析，根据分析结果辅助学生进行后续学习的决策以及学习优化。可通过此种方式达到对传统教学的改造与提升，进而提升教学质量。

本系统适用于线上线下教学相结合的高校，可根据系统用户即高校学生的使用情况，依托于大数据技术，统计、分析学生在平台的学习状况、各地域及各院校的学生特点。可利用数据挖掘技术来发现平台课程支撑能力所存在的问题以及学生在平台学习过程中存在的学习周期和学习习惯差异所导致的诸多问题。基于这些发现，可使用人工智能+教育的方式来助力并完善大学生在线学习系统。

1.4 参考文档

大学生在线学习系统计划任务书

大学生在线学习系统可行性分析（研究）报告

大学生在线学习系统需求规格说明书

大学生在线学习系统数据库设计报告

大学生在线学习系统详细设计说明书

大学生在线学习系统概要设计说明书

大学生在线学习系统项目计划

《计算机软件测试规范》（GB/T 15532—2008）

《计算机软件测试文档编制规范》（GB/T 9386—2008）

2. 测试环境

大学生在线学习系统所使用的软件/硬件测试环境如表10.38所示。

表10.38 软件/硬件测试环境

项目	说明
操作系统	Linux centos 5.7及以上
CPU/硬盘/内存	vCPU 4核/16GB内存/20GB存储
测试数据库	独立服务器安装数据库MySQL 5.7，2核/4GB内存/240GB存储
显示器配置	1920×1080及1360×768两种不同分辨率
移动端手机	Android使用OPPO/HUAWEI/小米，iOS使用iPhone 12/iPhone Se
网络	带宽上行300M，下行300M，手机端使用3G/4G/5G网络测试

续表

项　目	说　明
Web服务器	Java开发环境为JDK 1.8及以上版本，服务器采用Nigix版本运行；运行环境为Linux等常见操作系统，浏览器可使用IE等常见浏览器

3. 测试概要

3.1　测试要求

项目测试过程中，要满足以几点要求。针对测试标准进行测试用例的编写以及测试报告的生成。针对测试目标，相关人员要满足以下几点要求：业务人员提供的需求用例，可以100%反映业务需求；发生需求变更后，业务人员会及时更新需求用例或发布需求变更通知；任何测试需求的变更都应稳定、有序地进行；业务人员对测试人员提供必要的业务培训或协助。

测试最终要达到的要求：把尽可能多的问题在产品交给用户之前发现并改正；确保最终交给用户的产品功能符合用户的需求；确保产品完成了所承诺或公布的功能；确保产品满足性能和效率的要求；确保产品健壮和适应用户环境；建立软件质量的信心，提高被测软件的质量。

3.2　测试用例设计

3.2.1　软件测试的原则

软件测试的原则如图10.41所示。

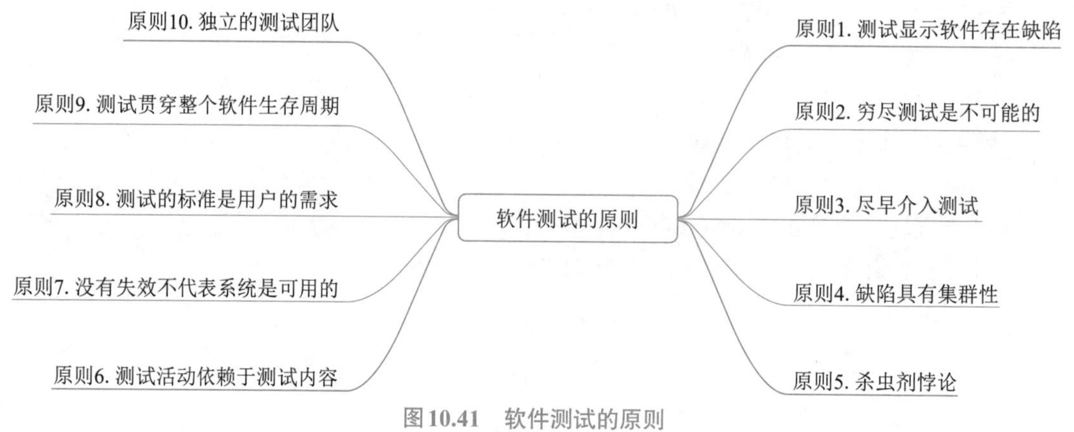

图10.41　软件测试的原则

3.2.2　测试用例设计原则

需求覆盖要求与需求用例一一对应，可根据需求变更文档，实时补充需求用例。

测试设计方法以测试类型为基础，包含正常功能测试和可靠性（异常处理和恢复等）测试；测试使用方法包括等价分类法、边界值分析法、因果图法等。

测试类型覆盖按照测试类型说明（每种类型都包含正常功能测试和可靠性测试）、业务正确性、业务数据流进行测试，实现关键业务数据流测试、关键功能点测试、独立需求功能点测试。其中数据一致性测试包括对数据在不同页面、不同系统间流转的一致性验证；数据同步测试包括测试数据更新、数据库同步等；数据有效性测试应分别测试满足和不满足模块输入要求的数据；状态转换测试包括状态转换功能点测试。

安全测试包括权限测试（登录系统使用不同权限的用户进行访问测试）、兼容性测试（对不同浏览器、不同操作系统、硬件设备支持等软硬件环境的兼容、出错处理进行测试），以及对页面访问、权限或HTTP异常等错误出现后的处理机制的测试。

以用户为中心的设计（use-centered design，UCD）包括可用性测试（以用户使用习惯为标准，验证用户操作的可用性）、用户界面测试（UI界面设计是否满足整体要求）。

3.2.3 测试方法与工具

大学生在线学习系统所使用的测试方法与工具如表10.39所示。

表10.39 测试方法与工具

测试内容	测试方法	测试工具
功能测试	黑盒测试、白盒测试、回归测试	Postman/JUnit
安全测试	黑盒测试、白盒测试、回归测试	Jmeter/JUnit
兼容性测试	黑盒测试、手工测试、回归测试	Google/IE/火狐浏览器
易用性测试	黑盒测试、手工测试、回归测试	
文档测试	黑盒测试、手工测试、回归测试	git

4. 测试内容

因篇幅原因，测试内容部分只针对移动端在线学习部分进行测试用例的编写，其他功能模块的测试与该部分方式相同，此部分利用白盒测试方法和黑盒测试方法进行测试。

4.1 使用黑盒测试进行功能测试

4.1.1 移动端用户注册登录测试用例

注册登录测试说明如表10.40所示。

表10.40 注册登录测试说明

项目/软件	大学生在线学习系统	程序版本	V1.0.1
功能模块	1.用户登录功能 2.用户注册功能	编制人	张国庆
用例编号	V1.0.1_i-growthing_user_0001	编制时间	2023年9月1日
功能特性	显示系统的初始窗体，并进行用户的合法性验证		
测试目的	1.明确用户注册时能否识别合法输入，阻止非法输入，以保证系统的安全特性。 2.明确用户登录时能否限制用户强制登录，进行登录权限限制		

注册登录测试内容说明如表10.41所示。

表10.41 注册登录测试内容说明

功能名称	测试描述	测试步骤	期望结果	实际结果	测试状态
1-1注册	点击页面下方账号	1.点击登录/注册 2.点击页面下方验证码登录/注册	1.进入登录页面 2.进入注册页面	符合预期	通过

续表

功能名称	测试描述	测试步骤	期望结果	实际结果	测试状态
1-2注册	输入不够11位的手机号	1.进入注册页面输入不够11位的手机号，例如：123456 2.不勾选隐私协议 3.点击发送验证码	1.显示123456 2.隐私协议未被勾选 3.出现弹窗“请勾选隐私协议！”	符合预期	通过
1-3注册	输入不够11位的手机号	1.进入注册页面输入不够11位的手机号，例如：123456 2.勾选隐私协议 3.点击发送验证码	1.显示123456 2.隐私协议被勾选 3.出现弹窗“请输入正确的手机号！”	符合预期	通过
1-4注册	输入随机11位数字	1.进入注册页面输入随机的11位手机号，例如：12345678912 2.不勾选隐私协议 3.点击发送验证码	1.显示12345678912 2.隐私协议未被勾选 3.出现弹窗“请勾选隐私协议！”	符合预期	通过
1-5注册	输入随机11位数字	1.进入注册页面输入随机的11位手机号，例如：12345678912 2.勾选隐私协议 3.点击发送验证码	1.显示12345678912 2.隐私协议被勾选 3.出现弹窗“请输入正确的手机号！”	符合预期	通过
1-6注册	输入11位正确的手机号	1.进入注册页面输入自己的11位手机号 2.不勾选隐私协议 3.点击发送验证码	1.显示自己正确的手机号 2.隐私协议未被勾选 3.出现弹窗“请勾选隐私协议！”	符合预期	通过
1-7注册	输入11位正确的手机号	1.进入注册页面输入自己的11位手机号 2.勾选隐私协议 3.点击发送验证码	1.显示自己正确的手机号 2.隐私协议被勾选 3.出现“验证码已发送，请注意查收”弹窗并且有不可点蓝色字体“重新发送（60 s），且60 s之后可以重新点击并收到新的验证码”	不符合	不通过
1-8注册	输入错误的验证码	1.进入验证码页面 2.收到6位验证码短信 3.输入错误的验证码	出现验证码错误弹窗	符合预期	通过
1-9注册	输入正确的验证码	1.进入验证码页面 2.收到6位验证码短信 3.输入正确的验证码	进入注册成功页面且弹窗提示“您已成功完成学习平台注册，请及时进行实名认证和个人资料的完善。”	符合预期	通过

续表

功能名称	测试描述	测试步骤	期望结果	实际结果	测试状态
1-10登录	验证码登录成功	1.点击账号→设置→账号/绑定设置→修改密码 2.输入正确验证码 3.设置密码为12345或yyyyy	1.进入输入验证码页面 2.进入输入密码页面 3.出现弹窗“密码必须为6～12位的字母或数字”	不符合	不通过
1-11登录	验证码登录成功	1.点击账号→设置→账号/绑定设置→修改密码 2.输入正确验证码 3.设置密码为123456或者uuuuu	1.进入输入验证码页面 2.进入输入密码页面 3.出现弹窗“密码修改成功”且进入APP页面	符合预期	通过
1-12登录	验证码登录成功	1.点击账号→设置→账号/绑定设置→修改密码 2.输入正确的验证码 3.点击右侧小眼睛图标	1.进入输入验证码页面 2.进入输入密码页面 3.输入密码时，点击小眼睛图标，可以看到你所输入的密码	符合预期	通过
1-13登录	密码设置成功，退出登录	1.点击登录/注册 2.输入注册的手机号及错误密码 3.点击登录	1.进入密码登录页面，且“登录”按钮呈灰色 2.出现密码错误弹窗	符合预期	通过
1-14登录	密码设置成功，退出登录	1.点击登录/注册 2.输入注册的手机号及正确密码 3.点击登录	1.进入密码登录页面，且“登录”按钮呈灰色 2.出现弹窗“登录成功”且进入APP页面	符合预期	通过
测试人员：		开发人员：	负责人：		

4.1.2 账号中心测试用例

账号中心测试说明如表10.42所示。

表10.42 账号中心测试说明

项目/软件	大学生在线学习系统	程序版本	V1.0.1
功能模块	1.实名认证	编制人	张国庆
	2.资料编辑		
	3.设置		
	4.意见反馈、关于		
用例编号	V1.0.1_i-growthing_user_0002	编制时间	2023年9月1日
功能特性	用户登录系统后，进入个人中心页面，进行相关功能的操作		
测试目的	1.验证用户是否可以进行实名认证，是否可以对用户资料进行编辑 2.验证用户积分与商品兑换功能逻辑 3.验证系统相关功能的设置是否逻辑正常		

账号中心测试内容说明如表10.43所示。

表 10.43　账号中心测试内容说明

功能名称	测试描述	测试步骤	期望结果	实际结果	测试状态
2-1实名认证	登录成功后进入实名认证界面，随机输入正确的姓名和不足18位的身份证号	1.点击开始认证→点击同意 2.输入姓名和身份证号（例如：你的名字+123456789） 3.点击下一步	1.进入实名认证的页面 2.提示请输入正确的身份证号	符合预期	通过
2-2实名认证	登录成功后进入实名认证界面，随机输入一个名字和18位的身份证号	1.点击开始认证→点击同意 2.输入姓名和身份证号（例如：王+123456789111111111） 3.点击下一步	1.进入实名认证的页面 2.提示请输入正确的姓名	符合预期	通过
2-3实名认证	登录成功后进入实名认证界面，随机输入你的名字和你的身份证号	1.点击开始认证→点击同意 2.输入自己正确的姓名和正确的身份证号 3.点击下一步	1.进入实名认证的页面 2.进入人脸识别的页面	符合预期	通过
2-4实名认证	证件信息已经完成	根据图示动作进行人脸识别	人脸识别成功且账号页“您还未进行实名认证”的提示消失，提示为“已实名认证”；展示用户id和昵称（未编辑昵称时昵称为随机6位数）	符合预期	通过
2-5系统消息的收发	点击右上角的系统消息	1.点击右上角系统消息 2.点击该条消息	1.进入系统消息页面，展示系统发送的消息 2.查看消息明细	符合预期	通过
2-6资料的编辑	实名认证之后	点击编辑资料	若用户已完成实名认证，自动补充姓名、证件类型（身份证）、证件号码（只展示首位和末位）、性别、生日信息，其他信息由用户自由填写	符合预期	通过
2-7隐私设置	点击设置	1.点击设置 2.点击隐私设置 3.点击右侧“关闭”/“开启”按钮	1.进入设置页面，包含账号/绑定设置、隐私设置、意见反馈、关于4个功能 2.进入隐私设置页面，展示分享学习动态给好友、我的课程、我的资料三项内容 3.开启/关闭三项内容	符合预期	通过

续表

功能名称	测试描述	测试步骤	期望结果	实际结果	测试状态
2-8修改密码	进行密码修改	1.点击账号/绑定设置→修改密码 2.输入验证码 3.设置新密码→输入新密码→点击完成	1.进入验证码页面 2.密码修改成功，跳转到账号页面	符合预期	通过
2-9更换手机号	更换相同的手机号	1.点击更换手机号 2.向当前手机号发送验证码，输入验证码，再输入旧的手机号，输入手机收到的验证码	1.进入换手机号的流程，账户其他数据不变 2.提示为“用户已存在”	符合预期	通过
2-10更换手机号	更换新的手机号	1.点击更换手机号 2.向当前手机号发送验证码，输入验证码，再输入新的手机号，输入新手机收到的验证码	1.进入换手机号的流程 2.账户其他数据不变，完成绑定	符合预期	通过
2-11账号注销	点击设置	1.点击账号注销 2.点击“确认注销”按钮	1.进入注销页面 2.完成注销	符合预期	通过
2-12反馈	进入首页	1.点击意见反馈 2.输入反馈的内容和联系邮箱，点击提交	1.进入意见反馈页面 2.完成意见的反馈	符合预期	通过
2-13关于	进入首页	点击设置→点击关于	1.进入关于我们页面，包含APP Logo、名称、版本、关于我们、服务条款、隐私协议、使用说明	符合预期	通过
测试人员：		开发人员：	负责人：		

4.1.3　课程内容测试用例

课程内容测试用例说明如表10.44所示。

表10.44　课程内容测试用例说明

项目/软件	大学生在线学习系统	程序版本	V1.0.1
功能模块	1.课程管理	编制人	张国庆
	2.线上学习逻辑验证		
用例编号	V1.0.1_i-growthing_user_0003	编制时间	2023年9月1日
功能特性	用户登录系统后，完成选课，进入在线学习页面进行课程学习		

续表

测试目的	1. 验证课程是否可以正常查看 2. 验证在用户的学习过程中，相关功能可以正常使用 3. 验证线上学习逻辑是否正确

课程内容测试内容说明如表10.45所示。

表10.45　课程内容测试内容说明

功能名称	测试描述	测试步骤	期望结果	实际结果	测试状态
3-1课程模块	选择课程	1. 点击在线选课→课程查找→选择课程 2. 若选课成功	1. 在我的课程中出现该门课程相关信息 2. 若任课教师开启授课，课程下方就会出现“加入课堂”按钮	不符合	不通过
3-2课程模块	没有选择课程	1. 点击在线选课→课程查找→随机点击选择一门课程 2. 若该门课程不属于该生所处年级	提示“选课失败，请重新选择”	符合预期	通过
3-3课程模块	进入在线学习页面	1. 点击线上学习→我的课程 2. 随机选择一门课程	1. 展示课程相关资源 2. 展示课程记录信息	符合预期	通过
3-4课程模块	进入在线学习页面	1. 点击线上学习→我的课程 2. 随机选择一门课程 3. 点击课程介绍	显示课程介绍内容	符合预期	通过
3-5课程模块	进入在线学习页面	1. 点击线上学习→我的课程 2. 随机选择一门课程 3. 点击下载资料	1. 显示资料或者相关作业 2. 下载之后可查看	符合预期	通过
3-6线上学习逻辑	学生选课成功后可在我的课程处出现所选课程	1. 点击在线选课→课程查找→选择课程 2. 选课成功 3. 点击在线学习→我的课程	我的课程中出现所选课程	不符合	不通过
测试人员：		开发人员：	负责人：		

4.2　使用白盒测试进行登录功能测试

白盒测试用例与黑盒测试用例相同，可参考以上内容编写白盒测试用例。

4.2.1　登录功能白盒测试

登录功能控制流图如图10.42所示。

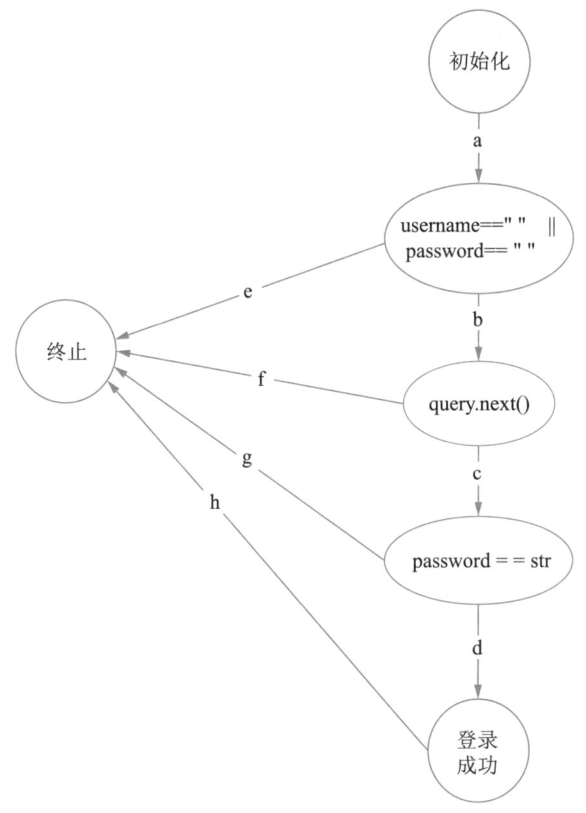

图 10.42　登录功能控制流图

语句覆盖用例说明如表 10.46 所示。

表 10.46　语句覆盖用例说明

用例编号	执行路径	输入值	期望结果	说明
1	abcdh	username='hw' password='123'	登录成功	让所有分支判定节点都为真

判定覆盖用例说明如表 10.47 所示。

表 10.47　判定覆盖用例说明

用例编号	执行路径	输入值	期望结果	说明
1	abcdh	username='hzy' password='123'	登录成功终止	让所有分支判定节点都为真
2	ae	username=''	终止登录失败	让第一个分支判定节点为假
3	abf	username='111' password='123'	终止	让第一个分支判定节点为真，第二个分支判定节点为假
4	abcg	username='hzy' password='111'	终止	让第一、二个分支判定节点为真，第三个分支判定节点为假

条件覆盖用例说明如表 10.48 所示。

表 10.48　条件覆盖用例说明

用例编号	执行路径	输入值	期望结果	说　明
1	abcdh	username='hzy' password='123'	登录成功终止	让所有分支判定节点都为真
2	ae	username=''	终止登录失败	让第一个分支判定节点为假
3	abf	username='111' password='123'	终止	让第一个分支判定节点为真，第二个分支判定节点为假
4	abcg	username='hzy' password='111'	终止	让第一、二个分支判定节点为真，第三个分支判定节点为假

判定—条件覆盖用例说明如表 10.49 所示。

表 10.49　判定—条件覆盖用例说明

用例编号	执行路径	输入值	期望结果	说　明
1	abcdh	username='hzy' password='123'	登录成功终止	让所有分支判定节点都为真
2	ae	username=''	终止登录失败	让第一个分支判定节点为假
3	abf	username='111' password='123'	终止	让第一个分支判定节点为真，第二个分支判定节点为假
4	abcg	username='hzy' password='111'	终止	让第一、二个分支判定节点为真，第三个分支判定节点为假

条件组合覆盖用例说明如表 10.50 所示。

表 10.50　条件组合覆盖用例说明

用例编号	执行路径	输入值	期望结果	说　明
1	abcdh	username='hzy' password='123'	登录成功终止	让所有分支判定节点都为真
2	ae	username=''	终止登录失败	让第一个分支判定节点为假
3	abf	username='111' password='123'	终止	让第一个分支判定节点为真，第二个分支判定节点为假
4	abcg	username='hzy' password='111'	终止	让第一、二个分支判定节点为真，第三个分支判定节点为假

路径覆盖用例说明如表 10.51 所示。

表 10.51　路径覆盖用例说明

用例编号	执行路径	输入值	期望结果	说　明
1	abcdh	username='hzy' password='123'	登录成功终止	让所有分支判定节点都为真
2	ae	username=''	终止登录失败	让第一个分支判定节点为假

续表

用例编号	执行路径	输入值	期望结果	说明
3	abf	username='111' password='123'	终止	让第一个分支判定节点为真，第二个分支判定节点为假
4	abcg	username='hzy' password='111'	终止	让第一、二个分支判定节点为真，第三个分支判定节点为假
5	abcdh	username='111' password='123'	登录成功	让所有分支判定节点都为真

4.2.2 登录功能接口测试（swagger 接口文档）

登录功能接口示例如图10.43所示。

图10.43 登录功能接口示例

接口测试：

（1）若只输入手机号，返回结果为密码不可以为空或用户不存在，如图10.44所示。

（2）输入手机号和密码，若成功，则返回SUCCESS；若不成功，则返回“用户不存在”，如图10.45所示。

（a）输入手机号

响应内容　Raw　Headers　Curl

```
{
  "code": -2,
  "message": "param error",
  "data": [
    {
      "key": "password",
      "msg": "密码不可以为空"
    }
  ]
}
```

（b）返回结果：密码不可以为空

响应内容　Raw　Headers　Curl

```
{
  "code": 1,
  "message": "用户不存在",
  "data": "用户不存在"
}
```

（c）返回结果：用户不存在

图10.44　测试结果样例1

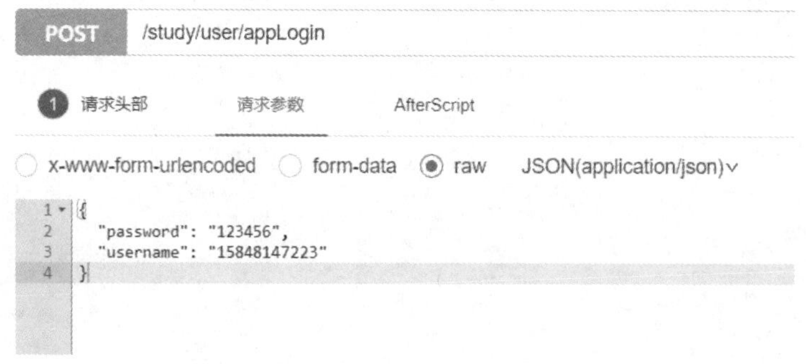

（a）输入手机号

响应内容　Raw　Headers　Curl

```
{
  "code": 0,
  "message": "SUCCESS",
  "data": "eyJ0eXAiOiJKV1QiLCJhbGciOiJIUzI1NiJ9
      .eyJleHAiOjE2NjUwNDU2ODMsInVzZXJJZCI6MTAwMSwicHVi
      .BsY5k7aOxyggfeOp9QFRldw4GA3e8gWuhTZlMmuDqoM"
}
```

响应内容　Raw　Headers　Curl

```
{
  "code": 1,
  "message": "用户不存在",
  "data": "用户不存在"
}
```

（b）返回结果：用户不存在

图10.45　测试结果样例2

4.2.3　登录功能接口测试（JUnit）

接口代码：

```
/**
 * 用户登录服务测试类
```

```
 *
 * @author haowei
 */
@SpringBootTest(classes = StudyAdminApiApplication.class, properties = "")
public class CourseScoreServiceTest {
    @Test
    public void getScoreTemplateRedisDataTest() {
        public ResponseData<String> login(@Validated @RequestBody AdminLogin
            Dto adminLoginDto, BindingResult
        bindingResult) {
            ParamValidUtil.valid(bindingResult);
            QueryWrapper<Admin> queryWrapper = new QueryWrapper<>();
            queryWrapper.eq("username", adminLoginDto.getUsername());
            Admin old = adminService.getOne(queryWrapper);
            if (Objects.isNull(old)) {
                return ResponseData.warn("用户不存在");
            }
            if (Objects.isNull(old.getPassword())) {
                return ResponseData.warn("密码不可以为空");
            }
            if (!StrUtil.equals(old.getPassword(), SecureUtil.md5(adminLogin
               Dto.getPassword()))) {
               return ResponseData.warn("密码错误");
            }
            String token = JwtTokenUtil.createToken(old.getUsername(), roleName,
            old.getId(), old.getRoleType(), null, GlobalValue.DEFAULT_TOKEN_SECRET);
            redisSpringUtils.setValueAndExpire(GlobalValue.TOKEN_REDIS_KEY_
            PREFIX_ADMIN + old.getUsername(), token, GlobalValue.TOKEN_EXPIRE_TIME);
            return ResponseData.ok(token);
        }
    }
}
```

输入用户名和密码，通过测试类进行测试。

利用本书理论部分7.3节软件测试过程与7.4节软件测试方法的主要理论测试后形成的大学生在线学习系统软件系统缺陷报告如下。

大学生在线学习系统软件系统缺陷报告（摘录）

1. 引言

1.1 编写目的

缺陷报告是把测试的过程和结果写成文档，并对发现的问题和缺陷进行分析，为修正软件存在的质量问题提供依据，同时为软件验收和交付打下基础。预期参考人员包括用户、测试人员、开发人员、项目管理者、其他质量管理人员和需要阅读本报告的高层经理。

1.2 项目背景

（1）系统名称：大学生在线学习系统。

（2）缩略词：i-growthing 学习平台。

（3）版本号：V1.0。

（4）系统开发的组织单位：××软件公司。

（5）项目任务提出者：××软件公司。

（6）项目开发者：××软件公司 i-growthing 项目组。

1.3　项目概述

目前市场上的在线学习系统大多专注于学生在线学习，没有对学生的专业技能、学习数据、过程记录进行数据统计分析，无法对学生后续学习进行有效规划。现根据系统的实现目标以及现行系统存在的问题，构建大学生在线学习系统，打造混合式教学模式，实现线上、线下教学有效对接与融合，打破时空限制，实现在线学习、在线考试、在线练习等功能。同时，在学生专业学习的过程中，通过对学生学习数据的统计、处理、分析，生成学生画像，并基于学生画像进行分析，根据分析结果辅助学生进行后续学习的决策以及学习优化。可通过此种方式达到对传统教学的改造与提升，进而提升教学质量。

本系统适用于线上线下教学相结合的高校，可根据系统用户即高校学生的使用情况，依托于大数据技术，统计、分析学生在平台的学习状况、各地域及各院校的学生特点。可利用数据挖掘技术来发现平台课程支撑能力所存在的问题以及学生在平台学习过程中存在的学习周期和学习习惯差异所导致的诸多问题。基于这些发现，可使用人工智能+教育的方式来助力并完善大学生在线学习系统。

1.4　参考文档

大学生在线学习系统计划任务书

大学生在线学习系统可行性分析（研究）报告

大学生在线学习系统需求规格说明书

大学生在线学习系统数据库设计报告

大学生在线学习系统详细设计说明书

大学生在线学习系统概要设计说明书

大学生在线学习系统项目计划

《计算机软件测试规范》（GB/T 15532—2008）

《计算机软件测试文档编制规范》（GB/T 9386—2008）

2. 测试环境

测试环境说明如表 10.52 所示。

表 10.52　测试环境说明

项　目	说　明
操作系统	Linux centos 5.7 及以上
CPU/硬盘/内存	vCPU 4 核/16GB 内存/20GB 存储
测试数据库	独立服务器安装数据库 MySQL 5.7，2 核/4GB 内存/240GB 存储
显示器配置	1920×1080 及 1360×768 两种不同分辨率
移动端手机	Android 使用 OPPO/HUAWEI/小米，iOS 使用 iPhone 12/iPhone Se

续表

项　目	说　明
网络	带宽上行300M，下行300M，手机端使用3G/4G/5G网络测试
Web服务器	Java开发环境为JDK 1.8及以上版本，服务器采用Nigix版本运行；运行环境为Linux等常见操作系统，浏览器可使用IE等常见浏览器

3. 测试内容

3.1 被测软件

被测软件：大学生在线学习系统。

软件名称：i-growthing.apk。

软件版本：V1.0。

后台服务器地址：45.123.25.36（外网IP，测试IP）。

后台访问地址：http://www.ig.com（虚拟网址，测试网址）。

3.2 测试策略

项目依次进行单元测试、集成测试、确认测试、系统测试、验收测试。

3.2.1　单元测试

测试方法：该部分以白盒测试为主，黑盒测试为辅。

测试描述：根据设计文档设计测试用例；创建被测模块的桩模块或驱动模块；利用被测试模块、驱动模块和桩模块来建立测试环境，进行测试。

测试工具：Jest。

3.2.2　集成测试

测试方法：该部分将白盒测试技术与黑盒测试技术相结合。

测试描述：在把各个模块连接起来时，穿越各个模块接口的数据是否会丢失；一个模块的功能是否会对另一个模块的功能产生不利的影响；各个子功能组装完成后，能否达到预期的父功能；全局数据结构是否有问题；单个模块产生的误差累计起来是否会放大。

使用子系统内集成测试；子系统间集成测试；模块间集成测试。

测试工具：JUnit。

3.2.3　确认测试

测试方法：该部分使用黑盒测试中的 α 测试与 β 测试。

测试描述：定义一些特殊的测试用例，旨在说明软件与需求是否一致；软件是否满足合同规定的所有功能和性能；功能和性能指标是否满足软件需求说明的要求；用户是否可以接受功能和性能指标；发现严重错误和偏差时与用户协商，寻求一个妥善解决问题的方法。

测试工具：无。

3.2.4　系统测试

测试方法：该部分对系统进行压力测试（也称为强度测试）、容量测试、负载测试、性能测试、安全测试及容错测试。

测试描述：确定存量数据的规模（用户一般会要求制造出3～5年的存量数据）；确定需要进行压力测试的业务（一般是用户使用最频繁，或者业务操作复杂的业务）；确定操作用户的数量、各类操作用户的比例；峰值业务量的要求（一般是1 h内最多要处理的笔数）；对实时业务响应时间的要求［如在峰值情况下，单笔业务的处理时间（如小于60 s）］；对于批量处理过程的时间要求［如进行日终（月终、年终）处理、与外系统间批量数据传输时的时间］。

测试工具：JMeter。

3.2.5　验收测试

测试方法：该部分使用黑盒测试中的α测试和β测试。

测试描述：以用户为主的测试，软件开发人员和质量保证人员参加，由用户设计测试用例；不是对系统进行全覆盖测试，而是对核心业务流程进行测试；根据合同、需求规格说明书或验收测试计划对产品进行验收测试；通过验收测试的软件产品参照配置管理规范中所规定的标识方法更改测试状态，同时项目经理负责编制验收报告。

测试工具：无。

3.3　缺陷表

现将测试过程中部分缺陷进行列举，如表10.53～表10.56所示。

表10.53　无法进入输入验证码界面

<table>
<tr><td>测试人</td><td colspan="3">测试人员1</td><td>时间</td><td>2023/9/7</td></tr>
<tr><td>功能模块名</td><td colspan="3">修改密码</td><td>功能编号</td><td>1.1</td></tr>
<tr><td>测试项编号</td><td colspan="5">V1.0.1_i-growthing_user_0001</td></tr>
<tr><td>测试需求</td><td colspan="5">1.1</td></tr>
<tr><td>用例编号</td><td colspan="5">10</td></tr>
<tr><td>严重程度</td><td>严重</td><td>优先级</td><td>高</td><td>状态</td><td>激活</td></tr>
<tr><td>分配给</td><td colspan="5">测试人员1</td></tr>
<tr><td>发送给</td><td colspan="5">ceshimanager@163.com</td></tr>
<tr><td>缺陷标题</td><td colspan="5">无法进入输入验证码界面</td></tr>
<tr><td colspan="6">详细描述：
（1）点击账号→设置→账号/绑定设置→修改密码
（2）输入正确验证码
（3）设置密码为12345或yyyyy
预期结果：
（1）进入输入验证码页面
（2）进入输入密码页面
（3）出现弹窗“密码必须为6～12位的字母或数字”
实际结果：
点击获取验证码时，无法进入输入验证码界面，系统无反应</td></tr>
<tr><td>附件</td><td colspan="5">1.png</td></tr>
<tr><td>相关缺陷</td><td colspan="5">无</td></tr>
</table>

续表

注　　释	修改密码，点击获取验证码，无法进入输入验证码界面，该缺陷必须抓紧时间处理，否则无法进行下一步测试操作		
解　　决			
解 决 者	开发人员 1	解决日期	2023/9/8
解决 build	STEP1.2.0901 版本	解决方案	Fixed
解决详细描述	在 changgePwd.vue 页面中，修改 btCode_Click 方法，在弹出消息后添加页面跳转代码		
关 闭 者	测试人员 1		

表 10.54　验证码第二次获取不到

测 试 人	测试人员 1		时　　间	2023/9/8	
功能模块名	用户注册		功能编号	1.2	
测试项编号	V1.0.1_i-growthing_user_0001				
测试需求	1.1				
用例编号	7				
严重程度	严重	优先级	中	状态	关闭
分 配 给	测试人员 1				
发 送 给	ceshimanager@163.com				
缺陷标题	验证码第二次获取不到				
详细描述： （1）进入注册页面输入自己的 11 位手机号码 （2）勾选隐私协议 （3）点击发送验证码 预期结果： （1）显示自己正确的手机号 （2）隐私协议被勾选 （3）出现“验证码已发送，请注意查收”弹窗，且有不可点蓝色字体“重新发送（60 s），且 60 s 之后可以重新点击并收到新的验证码 实际结果： 点击获取验证码，第一次正常获取验证码，第二次获取不到验证码					
附　　件	2.png				
相关缺陷	无				
注　　释	用户注册，第一次正常获取验证码，第二次获取不到验证码，该问题暂不影响系统的正常测试，但会影响用户使用，希望尽快处理				
解　　决					
解 决 者	开发人员 1		解决日期	2023/9/8	
解决 build	STEP1.2.0901 版本		解决方案	Wont fixed	
解决详细描述	在获取验证码以后，将计时器销毁，重新进行计时器的创建，目前该问题已经解决				
关 闭 者	测试人员 1				

表 10.55　点击修改用户资料后无反应

测试人	测试人员 1		时间	2023/9/12	
功能模块名	资料编辑		功能编号	2.1	
测试项编号	V1.0.1_i-growthing_user_0002				
测试需求	2.1				
用例编号	6				
严重程度	严重	优先级	中	状态	激活
分配给	测试人员 1				
发送给	ceshimanager@163.com				
缺陷标题	点击修改用户资料后无反应				

详细描述：

（1）点击编辑资料

（2）修改用户数据

（3）点击确定

预期结果：

（1）进入资料编辑页面，根据实际修改用户信息

（2）提示：保存成功

实际结果：

点击“保存”按钮，系统未进行保存成功提示，页面也没有跳转

附件	3.png		
相关缺陷	无		
注释	该问题暂不影响系统的正常测试，但影响用户使用，希望尽快处理		
解决			
解决者	开发人员 1	解决日期	2023/9/12
解决 build	STEP1.2.0901 版本	解决方案	Wont fixed
解决详细描述	用户保存接口修改业务逻辑，MofityUserController.java 文件添加对相关输入参数非空及格式的验证		
关闭者	测试人员 1		

表 10.56　学生无法进行正常学习

测试人	测试人员 1		时间	2023/9/12	
功能模块名	线上学习		功能编号	3.1	
测试项编号	V1.0.1_i-growthing_user_0003				
测试需求	3.1				
用例编号	1				
严重程度	严重	优先级	中	状态	关闭
分配给	测试人员 1				
发送给	ceshimanager@163.com				
缺陷标题	学生无法进行正常学习				

续表

详细描述： （1）点击个人中心→在线选课，根据年级、课程名或课程号进行课程选择 （2）点击“确认选课”按钮 （3）若任课教师未开启授课，提示课程未开始 预期结果： （1）选课完成后，该课程出现在个人中心→我的课程中 （2）点击课程名，若任课教师开启授课，学生可点击“加入课堂”按钮 实际结果： 学生选课完成后，进入我的课程，没有相关课程信息			
附　件	4.png		
相关缺陷	无		
注　释	选课完成后，在个人中心没有该课程信息，影响用户使用，希望尽快处理		
解　决			
解决者	开发人员1	解决日期	2023/9/12
解决build	STEP1.2.0901版本	解决方案	Wont fixed
解决详细描述	学生选课完成后，选课信息未更新，课程未同步到学生的课程列表，应修改选课逻辑，解决回调不成功的问题		
关闭者	测试人员1		

因篇幅原因，这里仅给出了4个缺陷的例子。缺陷报告应包括所有测试中出现的bug，其他缺陷报告可仿照此格式来撰写。

4. 测试结果与建议

4.1 测试结果

测试人员作为项目小组的成员，从项目获取需求时就对系统业务进行充分了解，从而制订出合理的测试计划，并在开发和实施过程中，不断地跟踪和测试项目的各阶段性版本。

在测试过程中，测试人员应充分理解系统业务需求，并按照项目的测试计划，准备充足的测试环境和资源，根据项目需求规格说明书中的要求对项目的设计、安装、实施结果进行测试，并对系统的安全性、可靠性、易用性、可维护性和系统性能进行测试。

经过对测试结果的分析，确认项目的设计和实施达到了项目需求规格说明书中要求的能力，因此项目可以进入下一阶段，其中部分bug已经修复，将未修改的bug修改完成后再次进行测试，若测试通过，项目可以上线。

4.2 测试建议

项目的开发和实施虽然满足了当前业务的功能和性能要求，并实施了相应的系统安全、备份等方案，但随着系统的运行和后期工程的投入生产，在现有系统软件及硬件的条件下，系统可能会面临一定的压力，所以在后期工程的开发过程中，要兼顾一期工程的性能优化和功能调整，以及在系统安全、备份方面加大资源投入力度，保证系统达到7×24 h稳定、可靠运行的要求。

10.7　大学生在线学习系统的软件维护

本节以大学生在线学习系统的维护记录为例，展示如何运用本书第8章的软件维护理论、过程，进行实际项目的维护。

大学生在线学习系统软件维护文档如下。

大学生在线学习系统软件维护（摘录）

版本修订记录如表10.57所示。

表10.57　版本修订记录

时　间	版　本	变更说明	变更位置	变更内容	编辑人
2023年9月1日	V1.0.1	无变更	学生端、教师端	考试系统的bug修复以及系统优化	张国庆

1.1　维护细则

为清除系统运行中出现的错误和故障，系统维护人员要对系统进行必要的修改和完善，大学生在线学习系统要进行以下方面维护。

（1）改正性维护（纠错性维护）

说明：诊断和修正系统中遗留的错误即纠错性维护，该项维护在系统运行中发生异常或故障时进行。核心是出现错误后纠正，因此又称为改正性维护。

（2）适应性维护

说明：适应性维护是为了使系统适应环境变化而进行的维护工作。核心是环境发生变化。若环境未发生改变，对系统做出的改进不属于适应性维护。

（3）完善性维护

说明：在系统的使用过程中，用户往往要求扩充原有系统的功能，增加一些在软件需求规范书中没有规定的功能与性能需求，以及对处理效率和编写程序的要求。核心是基于用户对软件进行完善。例如：用户觉得某处不行，我们去改，这就是完善性维护。

（4）预防性维护

说明：系统维护工作不应总是被动地等待用户提出要求后才进行，应主动预防，即选择那些还有较长使用寿命，目前尚能正常运行，但可能将要发生变化或调整的系统进行维护，目的是通过预防性维护为未来的修改与调整奠定更好的基础。核心是预防，即目前尚可工作，为了预防而做出改变。

1.2　维护内容

在项目运行过程中，本次主要进行改正性维护以及适应性维护。

1.2.1　缺陷处理流程

缺陷处理流程如图10.46所示。

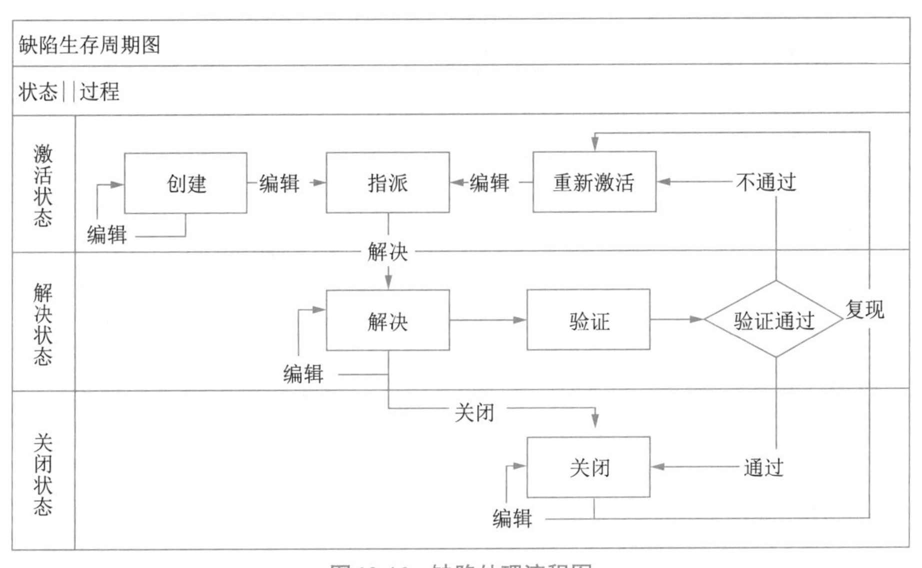

图10.46　缺陷处理流程图

1.2.2　系统功能修复问题申请表

系统功能修复问题申请表如表10.58所示。

表10.58　系统功能修复问题申请表

序号：IG-EXAM-001　　　　填表时间：2023年09月14日

反馈部门	××大学	反馈人	李建国	系统名称	大学生在线学习系统
对接人	张国庆	状态	未处理	备注	bug处理、系统优化
问题描述	bug修改： 关于考试管理功能，部分功能需要进行bug处理，该部分bug不影响系统的正常运行，其维护工作可随时进行。对业务影响较大（甚至影响整个系统的正常运行）的错误，必须制订计划，进行修改，并且要进行复查。具体处理详见bug列表（见表10.59）。 系统优化： 在用户使用考试管理功能的过程中，有些页面以及功能逻辑存在一定问题，目前不影响系统使用，需要进行优化处理，具体问题详见优化列表（见表10.60）。 记录人：张建国　　记录时间：2023年09月12日				
问题处理结果	系统相关bug以及优化已处理完毕，解决方案详见bug修复情况列表（见表10.61）和优化处理情况列表（见表10.62）。 处理人：李国庆　　处理时间：2023年09月15日				

制表：××有限责任公司　　　　联系电话：150 3625 ××××

1.2.3　运行状况问题列表

bug列表如表10.59所示。

表 10.59　bug 列表

问题描述	任务类型	环　境	附　件	提出人	处理人	优先级	提出日期
试卷分数总计应该从 0 分开始，随着考题的添加而发生变化（并且，总分不一定是 100 分）	bug	教师端	image.png	系统用户	开发人员	高	2023 年 8 月 20 日
已经输入考卷名称，但是有提示显示未输入；考题、正确答案、题目分数均是如此	bug	教师端	image.png	系统用户	开发人员	高	2023 年 8 月 20 日
题目数量与实际不符（编辑几次就显示几道题，实际只是对同一题目编辑多次）	bug	教师端	image.png	系统用户	开发人员	高	2023 年 8 月 20 日
出题时，明明创建的是单选题，预览却显示多选题（刚开始是多选题，保存考卷之后再次进入变成单选题）	bug	教师端	image.png	系统用户	开发人员	高	2023 年 8 月 20 日
出试卷时，只添加一道题目，考卷保存不成功，显示系统错误	bug	教师端	40558.mp4	系统用户	开发人员	高	2023 年 8 月 20 日
当成功添加完一个考卷时，页面并不会直接显示那个考卷，需要刷新才能看到新的考卷	bug	教师端	142721.mp4	系统用户	开发人员	高	2023 年 8 月 20 日
刚开始创建题目，默认是单选题，此后，上一道题目的题型是什么，下一道题目就会默认为相应的题型（即，我第二道题创建的是多选题，第三道题的题型也应该是多选；目前所有题目创建完之后默认的新题目的题型均是单选，有问题）	bug	教师端	144004.mp4	系统用户	开发人员	高	2023 年 8 月 20 日
随机卷点击保存应该会跳出随机组卷方案的弹窗可供填写，目前没有	bug	教师端	145057.mp4	系统用户	开发人员	高	2023 年 8 月 20 日
当一道题目保存之后，点击编辑是编辑此道题目，不是说相同的题目再添加一道	bug	教师端	105958.mp4	系统用户	开发人员	高	2023 年 8 月 20 日

续表

问题描述	任务类型	环境	附件	提出人	处理人	优先级	提出日期
编辑之前创建的考卷，添加了一道题目之后保存考卷，再次进入此考卷，刚刚添加的题目题干不显示	bug	教师端	114057.mp4 image.png	系统用户	开发人员	高	2023年8月20日
产品里新增考试，试卷满分是100分，设置的通过分数是60分，但是出现“及格分数不得高于考试分数”的提示	bug	教师端	image.png	系统用户	开发人员	高	2023年8月20日
考试试卷不显示题目数量、共计分数	bug	学生端	image.png	系统用户	开发人员	中	2023年8月20日
考试倒计时漏斗不会随着页面上下滑动而消失，现在页面往下滑动后漏斗不见了	bug	学生端	160143.mp4 image.png	系统用户	开发人员	中	2023年8月20日
考试中，点击继续答题后，会再弹出一次再消失	bug	学生端	163534.mp4	系统用户	开发人员	中	2023年8月20日
考试页面中，学员不通过考试，数字后面少了“分”字	bug	学生端	image.png	系统用户	开发人员	低	2023年8月20日
已经考试了并且提交试卷了，但是弹窗出错（有简答题的情况下会发生该问题）	bug	学生端	c8f5593d17.mp4 171111.mp4	系统用户	开发人员	低	2023年8月20日
创建了新考卷，考试页面点进去根本不是该考卷的内容，并且不是空白可做题的状态	bug	学生端	20210823_143040.mp4	系统用户	开发人员	低	2023年8月20日
考试结束若没有提交试卷并不会自动保存试卷，会显示未参加考试	bug	学生端	4f76.mp4	系统用户	开发人员	低	2023年8月20日
考试开始后看到的考卷和后台添加的考卷不一致	bug	学生端	144609.mp4	系统用户	开发人员	低	2023年8月20日
当产品里选择的考卷是随机卷时，点击开始考试，考卷是空白的（后台考卷是有题目的）	bug	学生端	image.png	系统用户	开发人员	低	2023年8月20日
考试还未开始，“开始考试”的按钮应该是灰色的，而且将鼠标指针放上去的时候应该是不可点击的状态	bug	学生端	1631846229(1).png image.png	系统用户	开发人员	低	2023年8月20日

续表

问题描述	任务类型	环境	附件	提出人	处理人	优先级	提出日期
当创建完一个考卷后，随后更改考卷类型（即随机卷改为固定卷或固定卷改为随机卷），再添加此考卷考试，当学生进入考试时，考卷为空白，一直处于加载状态	bug	学生端	image.png	系统用户	开发人员	低	2023年8月20日
对于该考试，若学生只进入查看过题目但没有任何答题记录，应该也算进入考试，只不过成绩为0分，没通过考试，现在系统错误地显示学生未参加考试 （只要学生点击“开始考试”按钮进去看到过题目，无论是否勾选答题，都算已考试）	bug	学生端	image.png	系统用户	开发人员	低	2023年8月20日
当成功创建一道考题并且保存后，若再次点开编辑这道题，会在题目列表页面消失。为了使它重新出现，必须再次保存它	bug	教师端	image.png 134431.mp4	系统用户	开发人员	低	2023年8月20日

优化列表如表10.60所示。

表10.60 优化列表

问题描述	任务类型	环境	附件	提出人	处理人	提出日期
删除考卷时的提醒需要带着考卷编号	优化	教师端	image.png	系统用户	开发人员	2023年8月20日
题目删除按键需要一个弹窗提醒，以确认是否删除	优化	教师端	image.png	系统用户	开发人员	2023年8月20日
试题列表页面的“下移、编辑、删除”是在试题保存后一直显示的，目前只有将鼠标指针移至某道题上时，这三项才会出现	优化	教师端	image.png	系统用户	开发人员	2023年8月20日
产品里面，考试的编号、名称、类型等的文字应该是不动的，现在将鼠标指针移上去，这些文字都在动	优化	教师端	151408.mp4	系统用户	开发人员	2023年8月20日

续表

问题描述	任务类型	环　境	附　件	提出人	处理人	提出日期
在产品页面新增考试，这个框超出边界	优化	教师端	会动 .mp4 image.png	系统用户	开发人员	2023年8月20日
在产品页面添加考试时，将“是否允许查看答案”改成四个字一行	优化	教师端	image.png	系统用户	开发人员	2023年8月20日
添加完一场考试后，点击再次添加考试，出现的内容是上次添加的考试内容，刷新才会显示正常	优化	教师端	153534.mp4	系统用户	开发人员	2023年8月20日
添加考试页面，“考卷名称”这一块可适当拉宽，让它显示的字数多一点，“时长”适当缩短，不需要那么大一块	优化	教师端	image.png	系统用户	开发人员	2023年8月20日
删除考卷时，如果有绑定产品，一个弹窗就够了，不需要两个弹窗	优化	教师端	image.png	系统用户	开发人员	2023年8月20日
简答题明细表缺失表头，并且少了满分列	优化	教师端	image.png	系统用户	开发人员	2023年8月20日
考卷总数永远是16，而且没有翻页（实际考卷的总数远比16多）	优化	教师端	image.png	系统用户	开发人员	2023年8月20日
考试中，“立即交卷”字号太小了，将其修改成和题目一样大的字号	优化	学生端	image.png	系统用户	开发人员	2023年8月20日
考试页面展示的考试时间，应该是最早开始的日期摆在最上面	优化	学生端	image.png	系统用户	开发人员	2023年8月20日
考试页面中，立即参加考试和后面的提示语中间的空格太多了	优化	学生端	image.png	系统用户	开发人员	2023年8月20日
考试中，温馨提示里，“继续答题”的按钮应该在红色框的位置	优化	学生端	image.png	系统用户	开发人员	2023年8月20日
考试中，在简答题框里填写的答案字号太小了，应该和选择题的选项的字号一样大	优化	学生端	image.png	系统用户	开发人员	2023年8月20日
在考试页面中，查看答案解析需要一个图标，请参照需求文档修改	优化	学生端	image.png	系统用户	开发人员	2023年8月20日
查看考试试卷答案时，正确答案的样式和位置都与需求文档不一样，请参照需求文档修改	优化	学生端	image.png	系统用户	开发人员	2023年8月20日
查看考试试卷答案时，试卷标题正下方缺少“答案解析”文案，请参照需求文档修改	优化	学生端	image.png	系统用户	开发人员	2023年8月20日
查看考试试卷答案时，没有写单选题×题，共××分，请参照需求文档修改	优化	学生端	image.png	系统用户	开发人员	2023年8月20日

续表

问题描述	任务类型	环境	附件	提出人	处理人	提出日期
在考试页面中，统一考试结束后的提示语使用的“,”，或者将通过考试的改成“！”，请参照需求文档修改	优化	学生端	image.png	系统用户	开发人员	2023年8月20日

1.3 维护验收

1.3.1 bug修复情况列表

bug修复情况列表如表10.61所示。

表10.61 bug修复情况列表

问题描述	任务类型	提出人	处理人	提出日期	处理状态	退回原因
试卷分数总计应该从0分开始，随着考题的添加而发生变化（并且，总分不一定是100分）	bug	系统用户	测试人员	2023年8月30日	已处理	
已经输入考卷名称，但是有提示显示未输入；考题、正确答案、题目分数均是如此	bug	系统用户	测试人员	2023年8月30日	已处理	
题目数量与实际不符（编辑几次就显示几道题，实际只是对同一题目编辑几次）	bug	系统用户	测试人员	2023年8月30日	已处理	
出题时，明明创建的是单选题，预览却显示多选题（刚开始是多选题，保存考卷之后再次进入变成单选题）	bug	系统用户	测试人员	2023年8月30日	已处理	
出考卷时，只添加一道题目，考卷保存不成功，显示系统错误	bug	系统用户	测试人员	2023年8月30日	已处理	
当成功添加完一个考卷时，页面并不会直接显示那个考卷，需要刷新才能看到新的考卷	bug	系统用户	测试人员	2023年8月30日	已处理	
刚开始创建题目，默认是单选题，此后，上一道题目的题型是什么，下一道题目就会默认为相应的题型（即，我第二道题创建的是多选题，第三道题的题型也应该是多选；目前所有题目创建完之后默认的新题目的题型均是单选，有问题）	bug	系统用户	测试人员	2023年8月30日	已处理	
随机卷点击保存应该会跳出随机组卷方案的弹窗可供填写，目前没有	bug	系统用户	测试人员	2023年8月30日	已处理	

续表

问题描述	任务类型	提出人	处理人	提出日期	处理状态	退回原因
当一道题目保存之后，点击编辑是编辑此道题目，不是说相同的题目再添加一道	bug	系统用户	测试人员	2023年8月30日	已处理	
编辑之前创建的考卷，添加了一道题目之后保存考卷，再次进入此考卷，刚刚添加的题目题干不显示	bug	系统用户	测试人员	2023年8月30日	已处理	
产品里新增考试，试卷满分是100分，设置的通过分数是60分，但是出现“及格分数不得高于考试分数”的提示	bug	系统用户	测试人员	2023年8月30日	已处理	
考试试卷不显示题目数量、共计分数	bug	系统用户	测试人员	2023年8月30日	不处理	该信息暂时可不显示，后期处理
考试倒计时漏斗不会随着页面上下滑动而消失，现在页面往下滑动后漏斗不见了	bug	系统用户	测试人员	2023年8月30日	已处理	
考试中，点击继续答题后，会再弹出来一次再消失	bug	系统用户	测试人员	2023年8月30日	已处理	
考试页面中，学员不通过考试，数字后面少了“分”字	bug	系统用户	测试人员	2023年8月30日	已处理	
已经考试了并且提交试卷了，但是弹窗出错（有简答题的情况下会发生该问题）	bug	系统用户	测试人员	2023年8月30日	已处理	
创建了新考卷，考试页面点进去根本不是该考卷的内容，并且不是空白可做题的状态	bug	系统用户	测试人员	2023年8月30日	已处理	
考试结束若没有提交试卷，并不会自动保存试卷，会显示未参加考试	bug	系统用户	测试人员	2023年8月30日	已处理	
考试开始后看到的考卷和后台添加的考卷不一致	bug	系统用户	测试人员	2023年8月30日	已处理	
当产品里选择的考卷是随机卷时，点击开始考试，考卷是空白的（后台考卷是有题目的）	bug	系统用户	测试人员	2023年8月30日	已处理	
考试还未开始，“开始考试”的按钮应该是灰色的，而且将鼠标指针放上去的时候应该是不可点击的状态	bug	系统用户	测试人员	2023年8月30日	已处理	

续表

问题描述	任务类型	提出人	处理人	提出日期	处理状态	退回原因
当创建完一个考卷后，随后更改考卷类型（即随机卷改为固定卷或固定卷改为随机卷），再添加此考卷考试，当学生进入考试时，考卷为空白，一直处于加载状态	bug	系统用户	测试人员	2023年8月30日	已处理	
对于该考试，若学生只进入查看过题目但没有任何答题记录，应该也算进入考试，只不过成绩为0分，没通过考试，现在系统错误地显示学生未参加考试 （只要学生点击“开始考试”按钮进去看到过题目，无论是否勾选答题，都算已考试）	bug	系统用户	测试人员	2023年8月30日	已处理	
当成功创建一道考题并且保存后，若再次点开编辑，这道考题会在题目列表页面消失。为了使它重新出现，必须再次保存它	bug	系统用户	测试人员	2023年8月30日	已处理	

优化处理情况列表如表10.62所示。

表10.62　优化处理情况列表

问题描述	任务类型	提出人	处理人	处理日期	处理状态	退回原因
删除考卷时的提醒需要带着考卷编号	优化	系统用户	开发人员	2023年8月30日	已处理	
题目删除按键需要一个弹窗提醒，以确认是否删除	优化	系统用户	开发人员	2023年8月30日	已处理	
试题列表页面的“下移、编辑、删除”是在试题保存后，一直显示的，目前只有将鼠标指针移至某道题上面时，这三项才会出现	优化	系统用户	开发人员	2023年8月30日	已处理	
产品里面，考试的编号、名称、类型等的文字应该是不动的，现在将鼠标指针移上去，这些文字都在动	优化	系统用户	开发人员	2023年8月30日	已退回	如果是刚需，后面可以改造结构
在产品页面新增考试，这个框超出边界	优化	系统用户	开发人员	2023年8月30日	已处理	
在产品页面添加考试时，将“是否允许查看答案”改成四个字一行	优化	系统用户	开发人员	2023年8月30日	已处理	

续表

问题描述	任务类型	提出人	处理人	处理日期	处理状态	退回原因
添加完一场考试后，点击再次添加考试，出现的内容是上次添加的考试内容，刷新才会显示正常	优化	系统用户	开发人员	2023年8月30日	已处理	
添加考试页面，“考卷名称”这一块可适当拉宽，让它显示的字数多一点，“时长”适当缩短，不需要那么大一块	优化	系统用户	开发人员	2023年8月30日	已处理	
删除考卷时，如果有绑定产品，一个弹窗就够了，不需要两个弹窗	优化	系统用户	开发人员	2023年8月30日	已处理	
简答题明细表缺失表头，并且少了满分列	优化	系统用户	开发人员	2023年8月30日	已处理	
考卷总数永远是16，而且没有翻页（实际考卷的总数远比16多）	优化	系统用户	开发人员	2023年8月30日	已处理	
考试中，“立即交卷”字号太小了，将其修改成和题目一样大的字号	优化	系统用户	开发人员	2023年8月30日	已处理	
考试页面展示的考试时间，应该是最早开始的日期摆在最上面	优化	系统用户	开发人员	2023年8月30日	已处理	
考试页面中，立即参加考试和后面的提示语中间的空格太多了	优化	系统用户	开发人员	2023年8月30日	已处理	
考试中，温馨提示里，“继续答题”的按钮应该在红色框的位置	优化	系统用户	开发人员	2023年8月30日	已处理	
考试中，在简答题框里填写的答案字号太小了，应该和选择题的选项的字号一样大	优化	系统用户	开发人员	2023年8月30日	已处理	
在考试页面中，查看答案解析需要一个图标，请参照需求文档修改	优化	系统用户	开发人员	2023年8月30日	已处理	
查看考试试卷答案时，正确答案的样式和位置都与需求文档不一样，请参照需求文档修改	优化	系统用户	开发人员	2023年8月30日	已处理	
查看考试试卷答案时，试卷标题正下方缺少“答案解析”文案，请参照需求文档修改	优化	系统用户	开发人员	2023年8月30日	已处理	
查看考试试卷答案时，没有写单选题×题，共××分，请参照需求文档修改	优化	系统用户	开发人员	2023年8月30日	已处理	
在考试页面中，统一考试结束后的提示语使用的“,”，或者将通过考试的改成“！”，请参照需求文档修改	优化	系统用户	开发人员	2023年8月30日	已处理	

1.3.2 项目维护验收表

项目维护验收表如表10.63所示。

表10.63 项目维护验收表

项目维护验收表			
项目名称	大学生在线学习系统	项目经理	张国庆
验收时间	2023年09月01日	验收地点	使用方项目部
验收内容			
大学生在线学习系统	项目名称	验收通过	
	系统1.1版本部分bug修复	是 ☑ 否 □	
	系统1.1版本部分优化功能修复	是 ☑ 否 □	
其　　他	无		

使用方意见：

1.在双方代表对大学生在线学习系统进行测试后发现，平台运行正常，功能符合需求。
2.已完成针对系统的培训且效果良好。
3.资料及文档基本齐全。

项目经理签字：李建国　　　　时间：2023年09月01日

实施方意见：

系统维护内容均按甲方需求进行了修改，符合验收标准。

项目经理签字：张国庆　　　　时间：2023年09月01日